QUÍMICA
DE
ALIMENTOS

CB021349

Blucher

ELIANA PAULA RIBEIRO
ELISENA A. G. SERAVALLI

2.ª edição revista

Química de alimentos

2ª edição - 2007
8ª reimpressão - 2020
Editora Edgard Blücher Ltda.

Blucher

Rua Pedroso Alvarenga, 1245, 4º andar
04531-934 - São Paulo - SP - Brasil
Tel.: 55 11 3078-5366
contato@blucher.com.br
www.blucher.com.br

FICHA CATALOGRÁFICA

Ribeiro, Eliana Paula
Química de alimentos / Eliana Paula Ribeiro, Elisena A. G. Seravalli. 2ª edição - São Paulo: Blucher, 2007.

Bibliografia.
ISBN 978-85-212-0366-7

1. Alimentos - Análise 2. Alimentos - Composição I. Seravalli, Elisena A. G. II. Título.

03-6921 CDD-664

Índices para catálogo sistemático:
1. Química de alimentos: Tecnologia 664

APRESENTAÇÃO

O Centro Universitário do Instituto Mauá de Tecnologia em convênio com a Editora Edgard Blücher Ltda. traz a público o livro **QUÍMICA DE ALIMENTOS** — escrito pelas Professoras Eliana Paula Ribeiro e Elisena Aparecida Guastaferro Seravalli.

Esta ação do Centro Universitário do Instituto Mauá de Tecnologia fundamenta-se nos seus objetivos estatutários de promover o ensino técnico e científico em grau universitário e em todos os demais graus, visando à formação de recursos humanos altamente qualifidados nos seus campos de atuação, como contribuição ao desenvolvimento social e econômico do país.

Mantido pelo Instituto Mauá de Tecnologia, o Centro Universitário compreende a Escola de Engenharia Mauá, a Escola de Administração Mauá e o Centro de Educação Continuada em Engenharia e Administração.

As duas autoras, professoras da Escola de Engenharia Mauá, desenvolvem intensa atividade de pesquisa e ensino de graduação e de pós-graduação na área de Engenharia de Alimentos.

Esta publicação oferece aos estudantes e profissionais informações detalhadas sobre os principais contituintes dos alimentos e as transformações, físicas e químicas, a que estes contituintes estão sujeitos antes, durante e após o processamento do alimento. A apresentação dos assuntos no livro obedece a uma divisão prática, didática e de fácil acesso à informação, tornando-o uma referência tanto para os estudantes como para os profissionais da área da Engenharia de Alimentos.

Com esta publicação, o Centro Universitário do Instituto Mauá de Tecnologia amplia sua contribuição para o desenvolvimento do ensino superior na área tecnológica.

São Paulo, 11 de dezembro de 2003
Prof. Otávio de Mattos Silvares
Reitor
Centro Universitário do Instituto Mauá de Tecnologia

PREFÁCIO

Este livro foi escrito com o objetivo de oferecer um texto básico e acessível sobre Química de Alimentos aos estudantes e profissionais da área de alimentos. A idéia foi a de elaborar um texto prático e resumido, mas, caso seja necessário um tratamento mais aprofundado dos assuntos em questão, sugerimos que a bibliografia utilizada e relacionada no final de cada capítulo também seja consultada.

Com base em nossa experiência em ministrar a disciplina Química de Alimentos por mais de dez anos aos alunos do curso de graduação em Engenharia de Alimentos da Escola de Engenharia Mauá, decidimos transformar o material fornecido aos alunos sob a forma de apostilas e de textos num livro. Neste livro foram abordados os principais componentes presentes num alimento e suas alterações ao longo dos principais processos utilizados pela indústria de alimentos.

Várias pessoas contribuíram, direta ou indiretamente, para a publicação deste livro e gostaríamos de agradecer a algumas delas. Ao Professor Walter Borzani, agradecemos o estímulo e esclarecimento de dúvidas durante a redação e a revisão geral. Nossos sinceros agradecimentos àqueles que colaboraram de forma valiosa para melhor elaborar alguns capítulos como "Carboidratos" pelo Professor José Luiz Feijfar, "Água" pelo Professor Otávio de Mattos Silvares e pela Professora Alessandra Faria Baroni, a revisão geral pelo Professor Marcello Nitz, e a elaboração da capa por Everaldo Pereira.

Um agradecimento especial à nossa amiga, Professora Antonia Miwa Iguti, pela redação do capítulo sobre "Proteínas".

Agradecemos, também, aos nossos colegas dos cursos de Engenharia Química e de Alimentos do CEUN-IMT o incentivo e a colaboração e, principalmente, ao Instituto Mauá de Tecnologia as facilidades concedidas para o desenvolvimento deste trabalho.

São Caetano do Sul, SP.
dezembro de 2003

As autoras

LIVROS PUBLICADOS PELA EDITORA EDGARD BLÜCHER LTDA., EM CONVÊNIO COM O INSTITUTO MAUÁ DE TECNOLOGIA.

1. **Rozenberg**, Izrael Mordka
   Química Geral
   São Paulo : IMT/Edgard Blücher

2. **França**, Luis Novaes Ferreira; **Matsumara**, Amadeu Zenjiro
   Mecânica Geral
   São Paulo : IMT/Edgard Blücher

3. **Freitas**, Moacyr de
   Infra-estrutura de pontes de vigas; distribuição de ações horizontais, método geral de cálculo
   São Paulo : IMT/Edgard Blücher

4. **Ara**, Amilton Braio; **Musetti**, Ana Villares; **Schneiderman**, Boris
   Introdução à Estatística
   São Paulo : IMT/Edgard Blücher

CONTEÚDO

1. Água

1.1 INTRODUÇÃO

A água é um componente essencial aos seres vivos. É um composto que desempenha funções importantes como, por exemplo, estabilizador da temperatura do corpo, transportador de nutrientes e de produtos de degradação, reagente e meio de reação, estabilizador da conformação de polímeros formados por biomoléculas, facilitador do comportamento dinâmico de macromoléculas, etc.

A água pode ocorrer como componente intracelular ou extracelular, em vegetais e animais, e apresenta-se com teor variável nos diferentes alimentos, conforme dados apresentados na Tabela 1.1.

TABELA 1.1 — *Teores de água de alguns alimentos*

Alimento	Teor de água (g/100 g)
Carnes	50—70
Maçã, laranja	85—90
Tomate, morango	90—95
Cenoura, batata	80—90
Aspargo, lentilha	90—95
Arroz cru, milho cru	12—15
Leite em pó, ovo desidratado	9—12
Queijo prato	40—45
Pão francês	30—35
Leite	87—89

Fonte: Franco (1992).

A água na quantidade, localização e estrutura adequada é essencial para o processo vital, influencia na textura, na aparência, no sabor e na deterioração química e microbiológica dos alimentos. Quanto maior o teor de água de um alimento, maior é sua sensibilidade à deterioração e é por isso que a maioria dos métodos de preservação de alimentos baseia-se na remoção da água pela secagem, na redução da mobilidade da água por congelamento ou, ainda, na adição de solutos.

1.2 PROPRIEDADES FÍSICAS DA ÁGUA

Nas Tabelas 1.2 e 1.3 são apresentadas algumas das constantes físicas da água no estado líquido e no estado sólido (gelo). Quando as propriedades físicas da água são comparadas com as de moléculas de peso molecular e composição atômica semelhantes às da água (Tabela 1.4), como metano (CH_4), amônia (NH_3) e ácido fluorídrico (HF), verifica-se que a água apresenta pontos de fusão e de ebulição muito mais elevados que aqueles para essas substâncias. A água apresenta também altos valores de tensão superficial, constante dielétrica, calor específico e calor de mudança de fase (fusão, vaporização ou sublimação) (Tabelas 1.2 e 1.3). Os altos valores das propriedades caloríficas da água são importantes nas operações de processamento de alimentos como secagem e congelamento. A água apresenta um valor moderadamente baixo para densidade e uma capacidade não usual de se expandir na solidificação, que pode resultar em um dano estrutural do alimento quando congelado. Além disso, a condutividade térmica da água líquida é maior que a de outros líquidos, e a condutividade térmica da água no estado sólido é maior que a de outros sólidos não-metálicos.

TABELA 1.2 — *Propriedades físicas da água*

Constantes físicas	Valores
Peso molecular	18,01534
Ponto de fusão (101,325 kPa)	0,00 °C
Ponto de ebulição (101,325 kPa)	100,00 °C
Temperatura crítica	373,99 °C
Pressão crítica	22,064 MPa
Ponto triplo	0,0099 °C e 0,610 kPa
Calor de fusão a 0 °C e 101,325 kPa	6,01 kJ/mol
Calor de vaporização a 101,325 kPa	40,6 kJ/mol
Calor de sublimação a 0 °C e 101,325 kPa	50,91 kJ/mol

Fonte: adaptado de Fennema (1996).

TABELA 1.3 — *Propriedades físicas da água nos estados líquidos e sólido (gelo) em função da temperatura*

Constantes físicas	20 °C	0 °C	0 °C (gelo)	–20 °C (gelo)
Densidade (kg/m^3)	0,9982	0,9998	0,9168	0,9193
Viscosidade (Pa·s)	1,002 x 10^{-3}	1,793 x 10^{-3}	—	—
Tensão superficial (em relação ao ar) (N/m^2)	72,75 x 10^{-3}	75,6 x 10^{-3}	—	—
Pressão de vapor (Pa)	2,337 x 10^3	6,104 x 10^2	6,104 x 10^2	1,034 x 10^2
Calor específico (kJ/kg·K)	4,1819	4,2177	2,1009	1,9544
Constante dielétrica estática	80,36	80,00	91,00	98,00
Condutividade térmica (W/mK)	5.983 x 10^2	5,644 x 10^2	22,40 x 10^2	24,33 x 10^2
Difusividade térmica (m^2/s)	1,4 x 10^{-5}	1,3 x 10^{-5}	1,1 x 10^{-4}	1,1 x 10^{-4}

Fonte: adaptada de Fennema (1996).

A condutividade térmica da água no estado sólido (gelo) a 0 °C é aproximadamente quatro vezes maior que o da água líquida na mesma temperatura (Tabela 1.3), indicando que o gelo irá conduzir energia térmica mais rapidamente que a água imobilizada. A difusividade térmica da água e do gelo é muito importante, uma vez que esses valores indicam a velocidade com a qual as formas sólidas e líquidas da água sofrem mudanças de temperatura. A água no estado sólido apresenta uma difusividade térmica de, aproximadamente, nove vezes maior que a da água líquida (Tabela 1.3), indicando que, em um dado meio, quando submetido ao mesmo gradiente de temperatura, a água no estado sólido sofrerá mudanças de temperatura em uma velocidade maior que a água líquida.

TABELA 1.4 — *Valores de ponto de fusão, de ebulição e de calor de vaporização de algumas substâncias à pressão de 101,325 kPa*

Substância	Ponto de fusão (°C)	Ponto de ebulição(°C)	Calor de vaporização (kJ/kg)
CH_4	–184	–161	0,58
NH_3	–78	–33	1,37
HF	–92	19	1,51
H_2O	0	100	2,27

Fonte: adaptada de Fennema (1985).

1.3 A MOLÉCULA DE ÁGUA

As propriedades da água são atribuídas à estrutura de sua molécula e a sua habilidade de formar pontes de hidrogênio com outras moléculas de água, e também à formação de estruturas típicas nos estados líquido e sólido.

A interação química entre dois átomos de hidrogênio e um átomo de oxigênio é formada pela interação de elétrons nos orbitais atômicos (Figura 1.1). O hidrogênio, através do elétron no orbital 1s, forma uma ligação covalente sigma (σ) com um orbital híbrido sp^3 do oxigênio, e o outro orbital híbrido do oxigênio, com um elétron, forma a mesma ligação sigma com um outro átomo de hidrogênio. Cada uma dessas ligações sigma tem uma energia de dissociação de 460,6 kJ/mol.

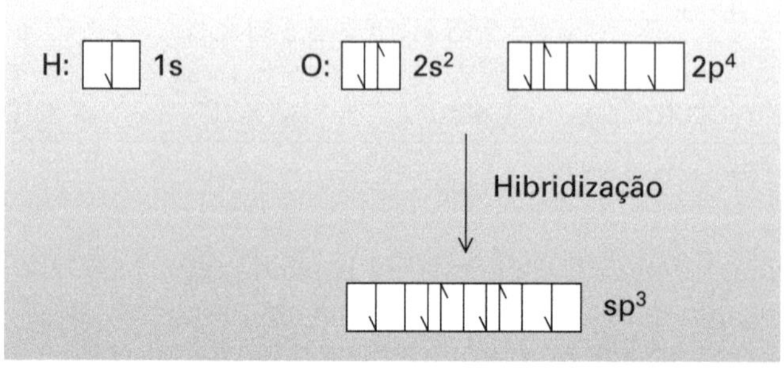

FIGURA 1.1 Representação dos orbitais atômicos de hidrogênio e oxigênio.

Em função do fato de dois dos orbitais híbridos do oxigênio interagirem com o de hidrogênio formando a ligação sigma, e dos dois pares restantes de elétrons não-ligantes do oxigênio estenderem-se acima e abaixo do átomo de oxigênio, a estrutura da água apresenta a forma de um tetraedro distorcido (Figura 1.2). O tetraedro perfeito possui um ângulo de ligação de 109°28' e a molécula de água apresenta um ângulo de ligação de 104° e 30', e a distância entre os núcleos dos átomos de hidrogênio e oxigênio é de 0,0957 nm. Esse menor ângulo de ligação é devido à existência de um efeito repulsivo entre os dois pares de elétrons não ligantes do oxigênio, que reduz o ângulo de ligação entre os dois átomos de hidrogênio e oxigênio. Os elétrons em orbitais ligantes, ou seja, entre H e O, estão deslocados para o lado do oxigênio devido ao alto valor de eletronegatividade do oxigênio (atrai os elétrons para si), produzindo uma carga positiva em cada um dos hidrogênios e duas cargas negativas no oxigênio.

A molécula de água apresenta um alto momento dipolar, o mais alto entre todas as moléculas triatômicas. Esse alto valor de momento dipolar é devido ao fato de a molécula possuir diferenças de cargas e ser não linear.

A estrutura tetraédrica da molécula de água confere-lhe uma baixa densidade molecular e volume, enquanto a diferença de cargas resulta em um alto valor de constante dielétrica. Estas características, juntamente com o alto momento dipolar, são as responsáveis pelas características especiais da água como solvente. Seu pequeno volume permite sua penetração nas estruturas cristalinas e entre moléculas de grandes dimensões. Suas características elétricas e o seu momento dipolar permitem a sua participação em ligações iônicas e covalentes e a sua alta constante dielétrica é um fator importante na solvatação e separação de íons.

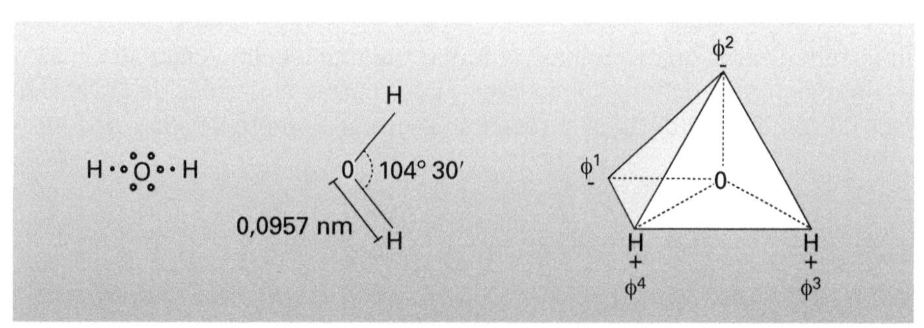

***FIGURA* 1.2** Representação da estrutura tetraédrica da água e de seu ângulo de ligação. Onde ϕ^1 e ϕ^2 representam os pólos negativos e ϕ^3 e ϕ^4, os pólos positivos da estrutura da molécula da água.

1.4 ASSOCIAÇÃO ENTRE AS MOLÉCULAS DE ÁGUA

Cada molécula de água pode ligar quatro outras moléculas de água. As forças intermoleculares são muito fortes e esse comportamento pode ser atribuído à capacidade que a molécula de água tem para estabelecer pontes de hidrogênio tridimensionais.

A ponte de hidrogênio é uma ligação eletrostática dipolo-dipolo com baixo nível energético (4,19 a 41,9 kJ/mol), quando comparada com as ligações covalentes (aproximadamente 334,94 kJ/mol). Esse tipo de ligação ocorre entre o hidrogênio e átomos eletronegativos, como flúor, oxigênio e nitrogênio, e ela é mais forte quanto mais eletronegativos forem os átomos ($F > O > N$) ligados ao hidrogênio. Quanto maior a diferença de eletronegatividade entre o hidrogênio e o outro átomo, mais estável será a ligação (menor energia) e menor será à distância entre os átomos. Para as pontes de hidrogênio envolvendo o oxigênio, a energia de dissociação é de aproximadamente 20 kJ/mol.

A água é constituída de hidrogênio e oxigênio, o qual é fortemente eletronegativo e, como foi visto, em função dessa forte eletronegatividade ele atrai para si os elétrons do hidrogênio. O hidrogênio adquire carga positiva e um mínimo campo elétrico, enquanto o oxigênio tem carga negativa. Os dois átomos de hidrogênio, cada um com uma carga positiva, estão localizados em dois vértices de um tetraedro imaginário (Figura 1.2), de forma que esses dois vértices podem ser representados como linhas de força positivas e, são, portanto, sítios doadores de hidrogênio. Os outros dois vértices do tetraedro são ocupados pelos pares de elétrons não ligantes do oxigênio, apresentando cargas negativas e constituindo-se em duas linhas de forças negativas e, portanto, em dois sítios receptores de hidrogênio (Figura 1.3).

Em virtude dessas quatro linhas de força, cada molécula de água é capaz de fazer ligações do tipo pontes de hidrogênio com quatro outras moléculas de água. Em função do fato de cada molécula de água apresentar o mesmo número de sítios doadores e

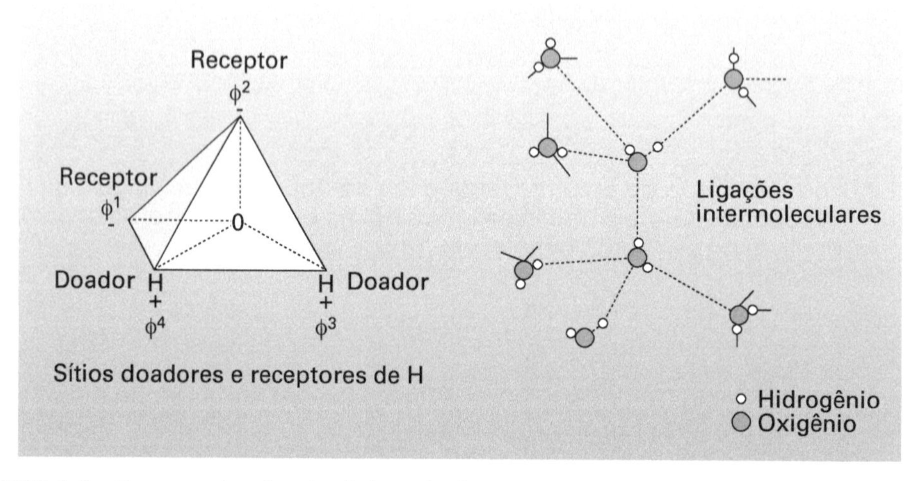

FIGURA 1.3 Representação das linhas de força na molécula de água e de suas ligações intermoleculares. Onde ϕ^1 e ϕ^2 representam os pólos negativos e ϕ^3 e ϕ^4, os pólos positivos na estrutura da molécula da água.

receptores de hidrogênio, arranjados de forma a permitir pontes de hidrogênio tridimensionais, faz com que as forças entre as moléculas de água sejam muito fortes e maiores que as de outras moléculas que também fazem pontes de hidrogênio, como HF e NH_3 (Tabela 1.4). A amônia e o ácido fluorídrico não apresentam o mesmo número de sítios doadores e receptores de hidrogênio e, portanto, não fazem pontes de hidrogênio tridimensionais. Em função disso, suas estruturas são mais abertas e suas ligações mais fracas. A capacidade da água de estabelecer pontes de hidrogênio tridimensionais explica suas propriedades pouco comuns como altos pontos de fusão e ebulição, tensão superficial, e outras, uma vez que esses altos valores estão relacionados com uma quantidade maior de energia necessária para quebrar as pontes de hidrogênio intermoleculares.

A água pura contém, além das moléculas de HOH, outros constituintes em quantidades muito pequenas. Estão presentes os isótopos ^{16}O, ^{1}H, ^{17}O, ^{18}O, ^{2}H (deutério) e ^{3}H (trítio), num total de dezoito variantes isótopos de HOH. A água também contém partículas iônicas, como íons hidroxônio (H_3O^+), íons hidroxila (OH^-) e seus isótopos.

A água líquida encontra-se em constante movimento com formação e ruptura de ligações. Para que a água passe para o estado vapor é necessário fornecer energia para romper as pontes de hidrogênio, energia essa que correspondente ao calor latente de vaporização da água. No estado vapor, as moléculas de água ficam livres e mais afastadas, ocupando um maior volume. Para que a água passe para o estado sólido é necessário retirar energia do sistema e diminuir os movimentos das moléculas. No estado sólido, a água adquire uma estrutura mais ordenada, o retículo cristalino, sem moléculas livres.

1.5 ESTRUTURA NO ESTADO SÓLIDO

A água no estado sólido (gelo) apresenta uma estrutura com geometria hexagonal simétrica. Cada molécula de água pode associar-se a outras quatro moléculas (número de coordenação quatro). A energia da ligação das pontes de hidrogênio no gelo atinge 20 kJ/mol. Essa estrutura apresenta espaços livres, fazendo com que o gelo tenha volume específico maior que o da água no estado líquido. Na ponte de hidrogênio, o átomo de hidrogênio está situado a 0,10 nm de um átomo de oxigênio e 0,176 nm de outro. A estrutura hexagonal do gelo é apresentada na Figura 1.4.

Quando se observa a estrutura do gelo (Figura 1.4), a estrutura simétrica hexagonal torna-se facilmente visível. A estrutura tetraédrica da água é evidente quando se observa a molécula A e seus vizinhos 1, 2 e 3 visíveis, o 4 está no plano abaixo da molécula. O gelo não é um sistema estático e nem homogêneo. A mobilidade de algumas moléculas da água no estado sólido tem certa relação com a velocidade de deterioração de alimentos e de materiais biológicos armazenados em baixas temperaturas.

Cada molécula de água no estado sólido (gelo) tem quatro linhas de força de atração num espaçamento tetraédrico (Figura 1.5) e é potencialmente capaz de se se associar por meio de pontes de hidrogênio a quatro outras moléculas de água. Nesse arranjo, cada átomo de oxigênio faz ligações covalentes com 2 átomos de hidrogênio, cada um a uma distância de 0,096 nm e forma pontes de hidrogênio com outros 2 átomos de hidrogênio, cada um a uma distância de 0,180 nm. Isto resulta numa estrutura tetraédrica aberta com átomos de oxigênio adjacentes espaçados por 0,276 nm e separados por átomos de hidrogênio. Todos os ângulos de ligação são de aproximadamente 109° (Figura 1.5). Quando ocorre a mudança de estado de sólido para líquido, a rigidez é perdida, mas a água líquida ainda mantém um grande número de redes semelhantes àquelas encontradas no estado sólido, porém, isto não implica num arranjo idêntico ao do gelo na forma cristalina. Algumas dessas diferenças são explicadas pelo fato de o ângulo de ligação da água ser menor que o do gelo e também pela diferença na distância média entre átomos de oxigênio na água líquida (0,310 nm) e no estado sólido (0,276 nm).

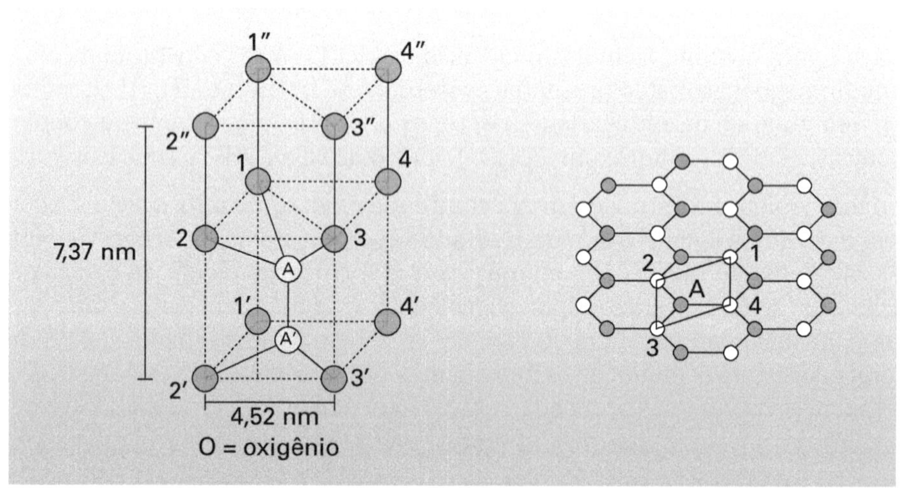

FIGURA 1.4 Representação da estrutura da água no estado sólido.

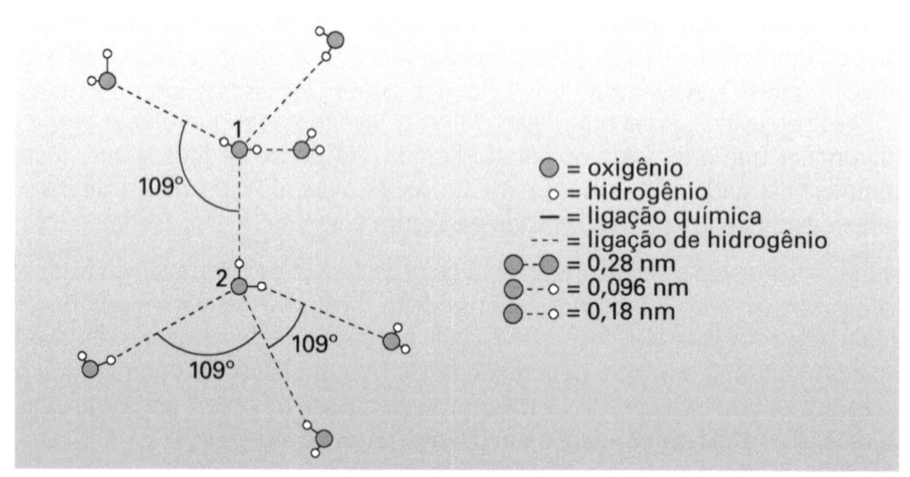

FIGURA 1.5 Arranjo das ligações de hidrogênio das moléculas de água no estado sólido.

No congelamento, as moléculas de água se associam de maneira ordenada para formar uma estrutura rígida que é mais aberta (menos densa) que a forma líquida, contudo, permanece ainda um movimento considerável de átomos e moléculas no gelo logo abaixo do ponto de congelamento.

A 0 °C a água contém redes semelhantes àquelas encontradas no gelo. Nessa temperatura, aproximadamente metade das pontes de hidrogênio presentes a –183 °C permanecem intactas e a 100 °C, 1/3 ainda estão intactas. Todas as pontes de hidrogênio se quebram quando a água líquida a 100 °C se transforma em vapor a 100 °C, o que explica o grande calor de vaporização da água.

O diagrama de fase (Figura 1.6) indica a existência de três fases: sólido, líquido e vapor, apresentando linhas de equilíbrio: linha de pressão de vapor (AD), linha de pressão de fusão (CD) e linha de pressão de sublimação (BD), que separam as três fases. Essas linhas se encontram em um ponto chamado de ponto triplo (D), no qual as três fases coexistem em equilíbrio. Observando a figura, verifica-se que quando o gelo saturado é aquecido a pressões inferiores à do ponto triplo (0,6105 kPa), transforma-se em vapor. O gelo nessa pressão pode ser aquecido e simplesmente ter sua temperatura elevada até à condição de saturação, quando passa a sublimar. Esta é à base do método de secagem denominado de liofilização.

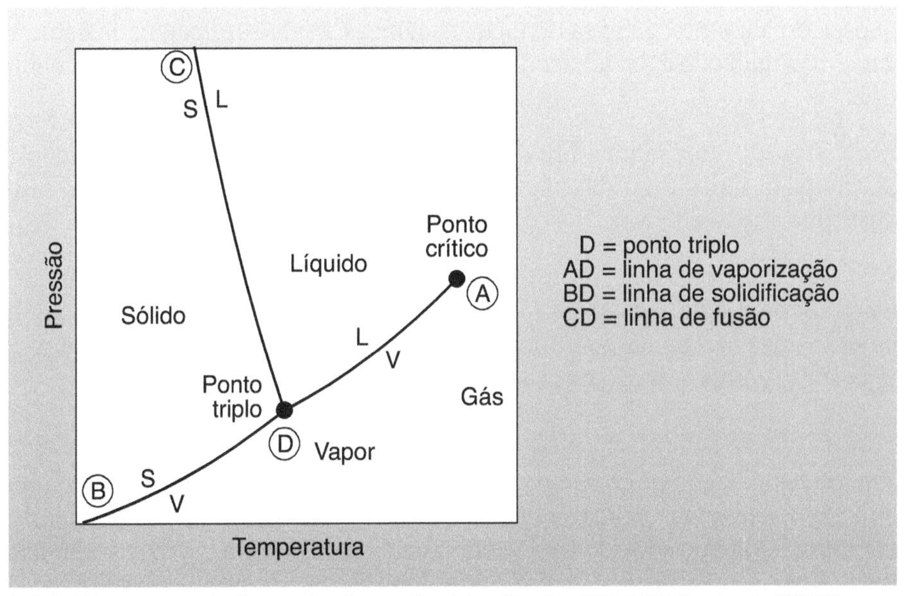

FIGURA 1.6 Diagrama de fases da água líquida. *Fonte: SONNTAG et. al. (2002)*

1.6 INTERAÇÕES DA ÁGUA COM SÓLIDOS

A adição de sólidos à água resulta em alteração das suas propriedades e também do sólido adicionado. Em vista de suas características, a água interage fortemente com substâncias hidrofílicas (afinidade pela água), por meio de ligações iônicas, dipolo-dipolo ou covalentes, o que resulta em alterações na estrutura e mobilidade da água e na estrutura e reatividade das substâncias hidrofílicas. As substâncias hidrofóbicas (aversão à água) apresentam afinidade por meios hidrofóbicos.

A água presente nos alimentos encontra-se em duas formas, ou seja, água livre e água ligada. Alguns autores dividem a água encontrada em alimentos em água ligada, água de capilar e água livre.

1.6.1 Água ligada e água livre

A água ligada é definida como a água em contato com solutos e outros constituintes não aquosos, que exibe mobilidade reduzida e que não congela a –40 °C. Portanto, a água ligada não se comporta da mesma forma que a água pura. O teor de água livre varia com o tipo de alimento. Existem vários graus de ligação da água e, em função desse fato, a água ligada é subdividida em água constitucional, água vicinal e água de multicamadas. A água ligada está presente em quantidades muito pequenas no alimento (por exemplo, em batata, a quantidade de água ligada está em torno de 0,090 g de água/g de matéria seca), e não está disponível para o crescimento de microrganismos nem para reações enzimáticas.

- *Água constitucional*: representa uma pequena fração da água presente em alimentos com alto teor de umidade. É a água ligada mais fortemente aos constituintes não aquosos do alimento, através de ligações iônicas. Pode ser imaginada como sendo a primeira camada de água adjacente aos constituintes não aquosos do alimento (sólidos).
- *Água vicinal*: representa a próxima camada de água adjacente à água constitucional. Ocupa os sítios mais próximos da maioria dos grupos hidrofílicos presentes nos constituintes não aquosos.
- *Água de multicamadas*: representa a água ligada em menor intensidade que a água vicinal. Seria a água ligada de forma mais fraca aos constituintes não aquosos do alimento, mas que ainda possui uma intensidade de ligação com os solutos que não lhe permite comportar-se como água pura.

Além da água ligada quimicamente ao alimento, pequena quantidade de água, presente em alguns sistemas celulares, pode exibir mobilidade reduzida e menor pressão de vapor que a água pura devido ao seu confinamento físico em capilares com diâmetros menores ou iguais a 0,10 μm. A maior parte dos alimentos possui capilares com diâmetros que variam de 10 a 100 μm.

A água livre presente no alimento é a água que apresenta as mesmas propriedades da água pura, que está disponível para o crescimento de microrganismos e para reações enzimáticas, mas que não flui livremente do alimento quando o mesmo é cortado.

O termo *capacidade de ligar água* é utilizado para descrever a habilidade de uma matriz de moléculas, normalmente macromoléculas, de aprisionar grandes quantidades de água e prevenir, assim, sua exudação. Essa água não flui livremente do alimento, mas é facilmente retirada durante o processo de secagem e convertida em gelo durante o congelamento. Esse tipo de água constitui a principal fração da água presente nos alimentos e quaisquer alterações na sua quantidade ou forma de ligação com os sólidos afeta a qualidade do alimento. Por exemplo, quando a carne é submetida à cocção, as proteínas são desnaturadas, perdendo a capacidade de ligar água. Conseqüentemente, a carne perde massa e se torna mais dura.

1.6.2 Ligações da água com sólidos

As moléculas são divididas em dois grupos, em função da sua capacidade de interagir com a água: substâncias hidrofílicas (afinidade pela água) e hidrofóbicas (aversão pela água). As substâncias hidrofílicas são polares e capazes de estabelecer ligações iônicas, pontes de hidrogênio ou ligações covalentes com a água. As substâncias hidrofóbicas são de natureza apolar.

A água, que interage com os íons e grupos iônicos presentes, é a aquela que se liga mais fortemente com os constituintes sólidos do alimento. As ligações iônicas são muito mais fortes que as ligações pontes de hidrogênio, mas muito mais fracas que as ligações covalentes. A estrutura normal da água pura é rompida, quando da adição de solutos dissociáveis, como exemplo, sais inorgânicos (NaCl), que não possuem nem sítios doadores nem receptores de hidrogênio e que fazem ligações iônicas com a água. A capacidade de um íon ou grupo iônico de alterar a estrutura da água é função da intensidade de seu campo elétrico.

A interação da água com grupos polares neutros (sem carga), capazes de fazer pontes de hidrogênio, é a mais encontrada em alimentos. Quando uma substância, com estes grupos polares for adicionada à água, ela irá estabelecer novas pontes de hidrogênio, de tal maneira que as pontes de hidrogênio já existentes entre as moléculas de água serão substituídas.

A adição de substâncias hidrofóbicas, apolares, à água (tais como os hidrocarbonetos, os ácidos graxos, os triglicerídeos, proteínas e outros) é termodinamicamente desfavorável devido à redução na entropia. Essa redução na entropia decorre do aumento de ligações ponte de hidrogênio entre as moléculas de água adjacentes aos grupos apolares, provocado pela repulsão entre as moléculas de água e os grupos apolares. Existem dois tipos de estrutura que podem ser formadas em decorrência da adição de substâncias hidrofóbicas à água: hidratos clatratos e micelas.

Os hidratos clatratos são estruturas cristalinas semelhantes aos cristais de gelo, formados por moléculas de água unidas por pontes de hidrogênio em estruturas, semelhantes a uma gaiola, capazes de aprisionar moléculas com grupos hidrofóbicos. Essas moléculas aprisionadas nesse tipo de estrutura são de baixo peso molecular e apresentam forma e tamanho adequados para ficarem presas, tais como: dióxido de carbono, dióxido de enxofre, álcool etílico, óxido de etileno, aminas de cadeia curta.

A formação de micelas ocorre principalmente com as proteínas, estruturas dotadas de grupos polares e apolares. As proteínas em meio aquoso organizam-se na forma esférica, sendo que seus grupos polares ficam na superfície da esfera e os grupos hidrofóbicos na parte interna. As interações entre os grupos hidrofóbicos são forças do tipo Van der Waals. Esse tipo de estrutura (a micela) é alterada por mudanças nas condições do meio, tais como pH, temperatura, concentração salina, etc.

1.7 ATIVIDADE DE ÁGUA E A CONSERVAÇÃO DE ALIMENTOS

1.7.1 Introdução

A deterioração de um alimento é, normalmente, resultante do crescimento de microrganismos, atividade enzimática e reações químicas, as quais, na sua maioria, dependem da presença de água. Perecibilidade é o termo utilizado para designar a facilidade com que um alimento se deteriora.

Observou-se que vários alimentos com o mesmo teor de água diferem significativamente em perecibilidade. Isto é atribuído ao fato de a água estar presente no alimento, porém, sem estar disponível para o crescimento de microrganismos e reações, já que está ligada aos constituintes sólidos do alimento e/ ou apresentando mobilidade reduzida e não se comportando como água pura.

O termo atividade de água foi criado para designar o quanto de água está disponível no alimento, ou seja, para indicar a intensidade com que a água está associada aos constituintes não aquosos.

A estabilidade e a segurança de um alimento, além de outras propriedades, são mais previsíveis pela medida da atividade de água do que do teor de umidade. A determinação da atividade de água não fornece uma estimativa totalmente real, entretanto, correlaciona-se suficientemente bem com as velocidades de crescimento microbiano e de outras reações de deterioração, sendo assim, um indicador útil quanto à estabilidade de um produto e sua segurança microbiológica.

1.7.2 Definição e determinação

As leis da termodinâmica estabelecem que a alteração da energia livre de Gibbs determina quando uma dada reação pode ou não ocorrer, sendo o equilíbrio químico associado à condição:

$$\Delta G_{(T,p)} = 0 \qquad \text{(Eq. 1)}$$

onde: T = temperatura
p = pressão

Em um sistema aquoso ideal, o potencial químico (energia livre de Gibbs molar parcial), μ_i, para o componente i, é proporcional à sua fração molar x_i, que pela lei de Raoult é proporcional à pressão parcial de vapor, p_i. Numa mistura em que a água é o único componente volátil, o seu potencial químico é expresso em termos de pressão de vapor, e, supondo-se que o sistema se comporta como um gás ideal, obtém-se a equação 2:

$$d\mu_i = RT\ d\ ln\ p_i \qquad \text{(Eq. 2)}$$

onde: R = constante dos gases ideais
T = temperatura absoluta
μ_i = potencial químico
p_i = pressão parcial de vapor em kPa

Para um sistema real, com desvios das leis de Raoult e Henry, a equação 2 é apenas uma aproximação. Lewis e Randall (1961) introduziram o conceito de fugacidade (f_i) para aplicar aos sistemas reais as equações matemáticas já formuladas para os sistemas ideais.

$$d\mu_i = RT\, d\, ln f_i \qquad \text{(Eq. 3)}$$

onde: R = constante dos gases ideais
T = temperatura absoluta
μ_i = potencial químico
f_i = fugacidade para o componente i

A razão entre a fugacidade e a pressão parcial (para o componente i) chama-se coeficiente de fugacidade, φ_i:

$$\varphi_i = f_i / p_i \qquad \text{(Eq. 4)}$$

Como para os gases ideais $f_i = p_i$, logo $\varphi_i = 1$

A atividade de água foi definida (Lewis e Randall, 1961) pela razão entre as fugacidades da água numa mistura e em um estado de referência. Sendo o estado de referência, neste caso, água líquida pura na mesma temperatura da mistura considerada:

$$a_w = f/f^0 \qquad \text{(Eq. 5)}$$

onde: a_w = atividade de água
f = fugacidade
f^0 = fugacidade no estado de referência.

Considerando que a fugacidade pode ser interpretada como uma pressão de vapor corrigida e que a temperatura ambiente a pressão de vapor de água é baixa, pode-se considerar o coeficiente de fugacidade igual a 1 e pode-se definir a_w em termos de p/p_0, então:

$$a_w = p/p_0 \qquad \text{(Eq. 6)}$$

onde: a_w = atividade físico-química da água em um sistema em equilíbrio com todas as fases (sólido, líquido e vapor)
p = pressão de vapor da água no alimento
p_0 = pressão de vapor da água pura na mesma temperatura, que deve sempre ser especificada.

Conforme visto anteriormente, esta igualdade baseia-se na utilização de duas hipóteses: idealidade do gás e existência de equilíbrio termodinâmico. É importante ressaltar que, em alimentos, estas hipóteses não são muitas vezes reais, principalmente, nos alimentos de umidade baixa e intermediária que apresentam um teor elevado de sólidos e não estão em equilíbrio e sim em um estado de metaestabilidade termodinâmica.

Assim sendo, a equação (6) seria escrita de forma mais adequada como:

$$a_w \cong p/p_0 \qquad \text{(Eq. 7)}$$

Como a relação p/p_0 é mensurável e algumas vezes não é igual a a_w, alguns autores, em publicações mais recentes, preferem utilizar o termo pressão de vapor relativa (PVR) para esta relação e não a_w.

Para facilitar a compreensão, tendo-se em mente as limitações da expressão, neste livro será adotada a definição de atividade de água como: $a_w = p/p_0$

A atividade de água é uma medida relativa a um estado padrão (pressão de 101,325 kPa e temperatura de 25 °C), ou seja, água pura, a qual possui um valor de atividade igual a 1. No alimento, a atividade de água sempre será menor que 1, pois os seus constituintes diminuem a mobilidade da água.

Da psicometria tem-se que: UR = $(p/p_v) \times 100$.

No equilíbrio, a atividade de água do alimento é igual à pressão de vapor exercida por uma solução ou alimento, em uma atmosfera fechada, que envolve esta solução ou alimento:

$$a_w = \text{URE}/100 \qquad \text{(Eq. 8)}$$

onde: URE = umidade relativa de equilíbrio.

No equilíbrio também existe equivalência entre a umidade relativa do ar e a atividade de água dos alimentos em contato com esse ar.

Segundo a lei de Raoult, válida para soluções ideais:

$$p = xp_0 \qquad \text{(Eq. 9)}$$

onde: p = pressão de vapor exercida pelo solvente na solução
p_0 = pressão de vapor exercida pelo solvente puro
$x = n_1/(n_1 + n_2)$
x = fração molar do solvente na solução
n_1 = número de moles do solvente
n_2 = número de moles do soluto

Das equações (6) e (9) têm-se que:

$$a_w = x \qquad \text{(Eq. 10)}$$

A relação entre atividade de água e fração molar (Eq. 10) aplica-se a soluções ideais no equilíbrio, e podem ser calculadas as concentrações correspondentes a diversas atividades de solvente, no caso água. Na Tabela 1.5 é apresentada a molalidade de diversos solutos em diferentes valores de a_w a 25 °C. Na segunda coluna dessa tabela, é apresentada a molalidade teórica, calculada segundo a lei de Raoult, correspondente a a_w na primeira coluna, as outras quatro colunas são valores experimentais. A maior parte dos compostos químicos abaixa a a_w muito mais do que permite prever a teoria, devido a fortes associações entre moléculas de água e moléculas dos compostos em solução, dissociação dos eletrólitos presentes, forças que atuam sobre a estrutura da água, etc.

É importante ressaltar que a atividade de água do alimento é uma propriedade intrínseca da amostra, enquanto a umidade relativa (de equilíbrio) depende da atmosfera em equilíbrio com a amostra.

A atividade de água de um alimento pode ser reduzida pelo aumento da concentração de solutos na fase aquosa do alimento, tanto pela remoção de água como pela adição de sólidos como, por exemplo, sal ou açúcar.

TABELA 1.5 — *Molalidade de diversos solutos em diferentes valores de a_w a 25 °C*

a_w	Molalidade				
	Ideal	NaCl	$CaCl_2$	Sacarose	Glicerina
0,995	0,2810	0,150	0,101	0,272	0,277
0,990	0,5660	0,300	0,215	0,534	0,554
0,980	1,130	0,607	0,418	1,03	1,11
0,960	2,310	1,20	0,870	1,92	2,21
0,920	4,830	2,31	1,34	3,48	4,44
0,850	9,800	4,03	2,12	5,98	8,47
0,800	13,90	5,15	2,58	—	11,5
0,700	23,80	—	3,40	—	18,3
0,650	30,00	—	3,80	—	22,0

Fonte: adaptada de Cheftel (1988).

A determinação da atividade de água do alimento pode ser realizada pelos seguintes métodos:

- *Ponto de congelamento*: medida da depressão do ponto de congelamento, através de crioscópio eletrônico, e do teor de umidade da amostra. Cálculo de a_w de acordo com as relações apresentadas nas equações 5 e 7.

- *Sensores de umidade relativa*: a amostra com teor de umidade conhecido é colocada em um local fechado e pequeno a uma temperatura constante, até ocorrer o equilíbrio. Em seguida, efetua-se a medida da umidade relativa do ar por uma das técnicas eletrônicas ou psicrométricas. A atividade de água é determinada pela equação 7.

- *Equilíbrio em uma umidade relativa constante*: a amostra é colocada em um local fechado, pequeno, normalmente dessecadores, a uma temperatura constante e é mantida nessa atmosfera com umidade relativa constante, obtida por meio de soluções salinas saturadas adequadas, até atingir o equilíbrio, quando, então, determina-se à migração de água da amostra. É importante ressaltar que o equilíbrio entre a amostra e o meio circundante é um processo longo em amostras alimentícias pequenas (1,0 g) e quase impossível em grandes amostras.

1.7.3 Influência da temperatura

A atividade de água é dependente da temperatura. A equação modificada de Clausius-Clapeyron é utilizada para estimar essa relação.

A equação é :

$$\frac{d \ln a_w}{d(1/T)} = \frac{-\Delta H}{R} \qquad \text{(Eq. 11)}$$

onde: a_w = atividade de água
T = temperatura absoluta
R = constante universal dos gases perfeitos
ΔH = variação de entalpia

Quando se congela uma solução relativamente diluída, a atividade de água da fase líquida residual depende apenas da temperatura e não da concentração inicial da solução, pois, quando o congelamento se inicia, são formados cristais de gelo praticamente puros, enquanto os solutos restantes na fase líquida tornam-se mais concentrados.

No caso do congelamento de soluções diluídas, sendo o congelamento um fenômeno em equilíbrio do ponto de vista termodinâmico, a pressão de vapor d'água da solução residual líquida deve ser, em qualquer temperatura, igual à do gelo.

Se a temperatura do gelo diminui, a manutenção do equilíbrio exige que a pressão de vapor da fase líquida também diminua e, segundo a lei de Raoult, a concentração da solução na fase líquida aumenta. Essa concentração realiza-se por congelamento de uma quantidade suplementar de água sob a forma de gelo puro. A atividade de água dessa fase líquida é igual à atividade de água no gelo, assim como são iguais as pressões de vapor d'água nas fases, conforme dados apresentados na Tabela 1.6.

TABELA 1.6 — *Pressão de vapor d'água nos estados líquido e sólido e atividade de água em função da temperatura*

Temperatura (°C)	Pressão de vapor d'água líquida (kPa)	Pressão de vapor d'água no estado sólido (kPa)	Atividade de água
0	0,6105	0,6105	1,00
–5	0,4217	0,4017	0,953
–10	0,2865	0,2599	0,907
–20	0,1257	0,1034	0,823
–30	0,05106	0,03813	0,750
–40	0,01893	0,01293	0,680

Fonte: adaptada de Cheftel (1988).

1.7.4 Isotermas

Os gráficos que relacionam o teor de água do alimento, expresso como massa de água por unidade de massa de matéria seca da amostra, com a sua atividade de água em uma temperatura constante, são denominados de isotermas de sorção. Esses gráficos fornecem informações úteis para processos de concentração, secagem e hidratação de alimentos, uma vez que a facilidade de retirar ou adicionar água está relacionada com a atividade de água do alimento e, ainda, para verificar e acompanhar a estabilidade de produtos alimentícios, principalmente durante o armazenamento.

As isotermas podem ser de adsorção (adição de água à amostra seca) ou desorção (retirada de água). Se a um alimento totalmente seco for gradualmente adicionado água, e efetuadas medidas de atividade de água, obtém-se uma isoterma de adsorção. Se a mesma amostra que foi totalmente hidratada for agora desidratada e efetuar-se o mesmo procedimento, na mesma temperatura, será obtida uma isoterma de desorção. Geralmente, as isotermas de adsorção são utilizadas para a medida de produtos higroscópicos, e as isotermas de desorção para acompanhamento de processos de secagem.

As isotermas de sorção apresentam várias formas (Figura 1.7). A maioria dos alimentos apresenta isotermas com formato sigmoidal. Alguns alimentos como frutas e confeitos, que contêm grandes quantidades de açúcar e outras moléculas pequenas e solúveis, apresentam isotermas do tipo J (Figura 1.7).

O formato e a posição da isoterma são determinados por vários fatores, tais como composição da amostra, estado físico da amostra (cristalina, vítrea ou amorfa), pré-tratamentos dados à amostra, temperatura e metodologia.

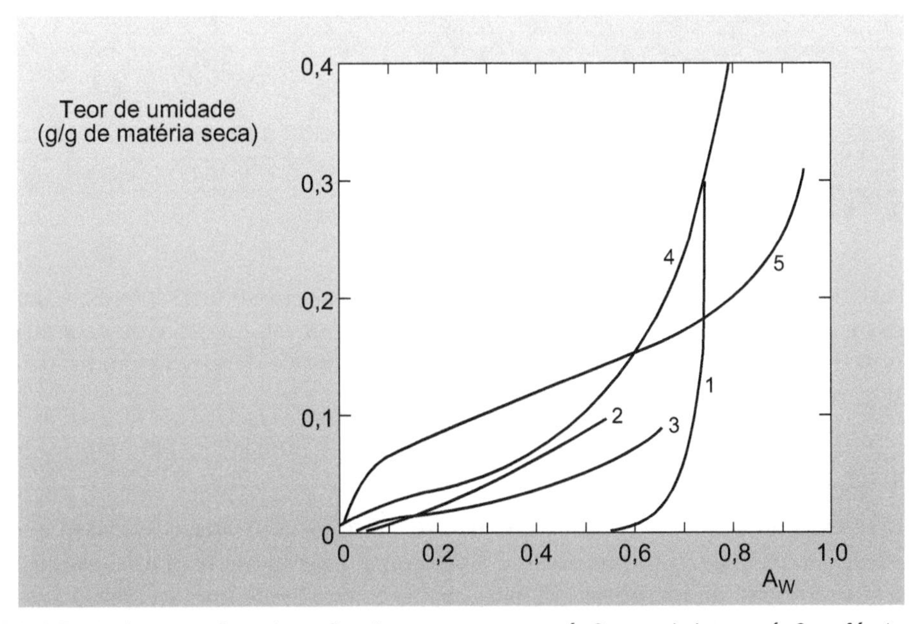

FIGURA 1.7 Isotermas de adsorção. 1 sacarose em pó, 2 vegetal em pó, 3 café, 4 carne de porco, 5 amido de arroz. *Fonte*: FENNEMA (1996).

Na Figura 1.8 é apresentada uma isoterma dividida em três regiões. A água presente na região I é a mais fortemente adsorvida e imóvel que existe no alimento. Essa água é adsorvida pelos sítios polares do alimento e também se liga a outras moléculas de água através de pontes de hidrogênio. É denominada de água da monocamada. A entalpia de vaporização dessa água é muito maior que a da água pura, não se congela a –40 °C, não atua como solvente e comporta-se como um sólido. Na extremidade final da região I, na interface com a região II, corresponde à água da monocamada.

A água contida na região II da isoterma contém a água da região I mais a água da região II. Essa água ocupa, os sítios remanescentes e várias camadas adicionais em torno dos grupos hidrofílicos, e é denominada de água de multicamadas. O teor de água presente nas regiões I e II é menor que 5% da água contida em um alimento com alto teor de umidade (maior que 90%).

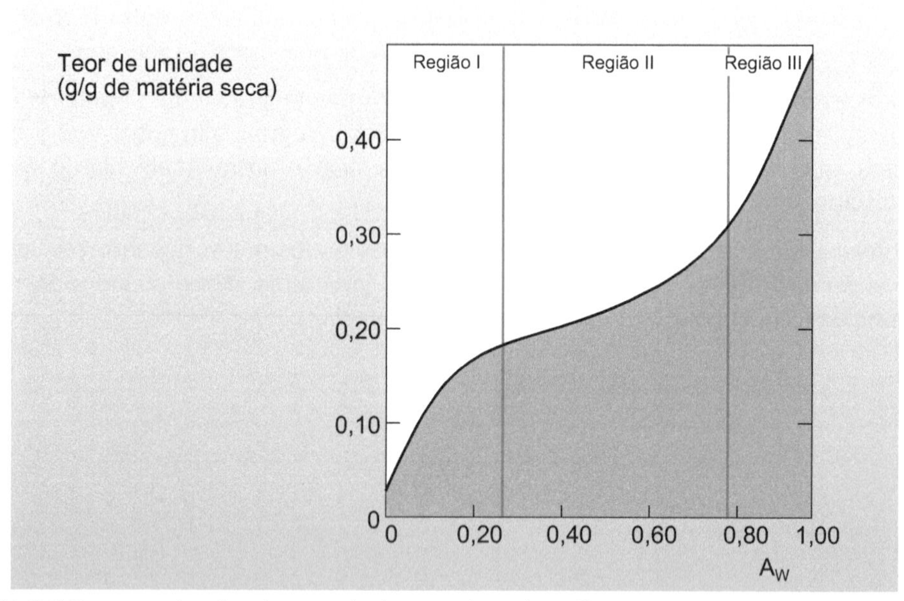

FIGURA 1.8 Representação de uma isoterma de adsorção.

Na região III, encontra-se a água ligada mais fracamente e mais móvel, a água livre, que possui a mesma entalpia de vaporização da água pura. É congelável, está disponível como solvente e suficientemente abundante para permitir o desenvolvimento de microrganismos, reações enzimáticas e químicas.

As linhas divisórias entre as três regiões não são definidas por nenhum valor determinado de umidade relativa.

A isoterma de desorção (Figura 1.9) não se sobrepõe à de adsorção. Esse fenômeno é denominado de *histerese*. Histerese é a diferença existente entre as duas curvas. Ao se observar à região da histerese (Figura 1.9), verifica-se que em um dado valor de atividade de água, o conteúdo de umidade da amostra é maior durante a desorção do que durante a resorção.

A intensidade da histerese, a forma das curvas, pontos iniciais e finais podem variar em função de fatores como natureza do alimento, mudanças físicas que ele sofre quando a água é removida ou adicionada, temperatura, velocidade de desorção e quantidade de água removida durante a desorção. A temperatura exerce uma forte influência. A histerese não é visível em altas temperaturas e se torna mais evidente quando a temperatura é reduzida.

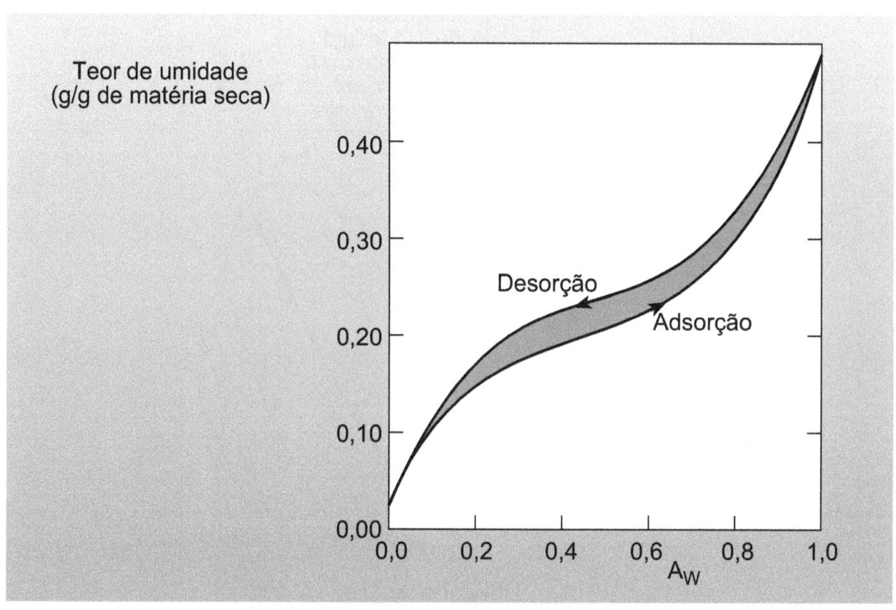

FIGURA 1.9 Isotermas de adsorção e de desorção.

1.7.5 Atividade de água e estabilidade dos alimentos

A Figura 1.10 ilustra as velocidades relativas das principais reações e do crescimento de microrganismos, em função da atividade de água. É importante ressaltar que as taxas exatas das reações, a forma e a posição das curvas podem ser alteradas em função da composição, estado físico e capilaridade da amostra, da composição da atmosfera (teor de oxigênio), da temperatura e da histerese.

Os alimentos são classificados em função da atividade de água em três grupos: alimentos com baixa umidade (a_w até 0,60); alimentos com umidade intermediária (a_w entre 0,60 e 0,90) e alimentos com alta umidade (a_w com valores acima de 0,90).

Em alimentos com alto teor de água, em que a atividade de água é maior que 0,90, poderão formar-se soluções diluídas com os componentes do alimento que serão substratos para os microrganismos crescerem. Nessa faixa de atividade de água, as reações químicas e enzimáticas podem ter sua velocidade reduzida em função da baixa concentração de reagentes. Alimentos nessa condição são facilmente contaminados por microrganismos.

Se a atividade de água estiver na faixa de 0,40 a 0,80, é possível que a velocidade das reações químicas e enzimáticas aumente devido à elevação nas concentrações dos reagentes. Em regiões de atividade de água menor ou igual a 0,60, o crescimento de microrganismos é mínimo (Figura 1.10).

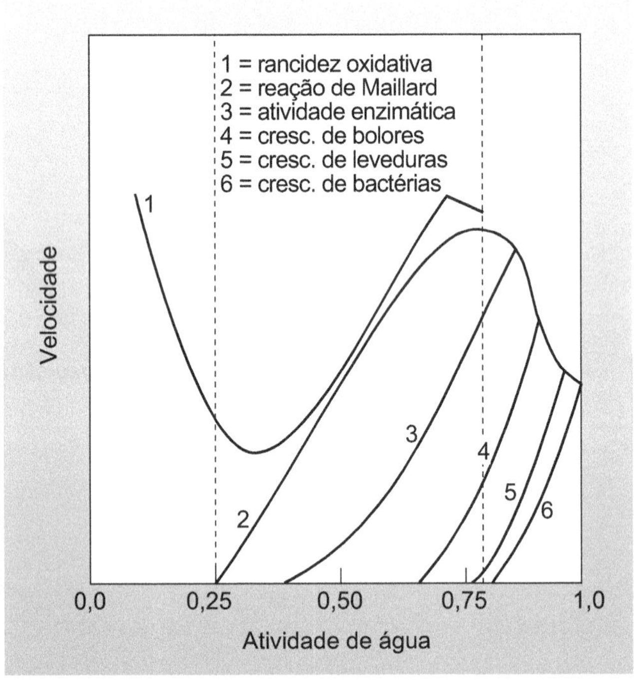

FIGURA 1.10 Velocidade de reações e de crescimento de microrganismos em função da atividade de água.

Se $a_w \geq 0{,}30$, tem-se a água da monocamada que não está disponível para as reações químicas e enzimáticas e para o crescimento de microrganismos. Entretanto, ao se observar a Figura 1.10, verifica-se que a reação de rancidez oxidativa tem velocidade máxima nessa faixa de atividade de água, reduz-se com a elevação da atividade e aumenta novamente com o acréscimo da atividade. Esse comportamento é atribuído ao fato de, em baixos valores de atividade de água, a velocidade da reação aumenta, devido a uma maior proximidade entre os reagentes. Se o teor de água aumenta, a velocidade diminui, devido ao efeito de diluição dos reagentes, mas, se mais água for adicionada, a velocidade aumentará devido ao aumento da quantidade de oxigênio dissolvido e a uma maior atividade por parte dos íons metálicos, catalisadores da reação. Em valores de $a_w \geq 0{,}8$, a velocidade diminui novamente, provavelmente devido à diluição dos metais catalisadores e redução de seu efeito.

Os efeitos da atividade de água em um alimento estão também relacionados, além das reações químicas e enzimáticas e do crescimento de microrganismos, com a alteração de sua aparência e textura. Como, por exemplo, a compactação de produtos como café solúvel, leite em pó, o amolecimento de biscoitos e a alteração de folhas verdes (murcham).

Observando a Figura 1.10, pode-se verificar que a redução da atividade de água de um alimento aumenta sua estabilidade, por isso que a secagem e o congelamento são os métodos de conservação mais utilizados em alimentos. Entretanto, se o alimento for susceptível a rancidez oxidativa, sua atividade de água não pode ser reduzida até valores muito baixos, como os da região da monocamada, porque a reação de rancidez oxidativa irá ocorrer de forma muito rápida.

O conhecimento do valor da monocamada fornece uma estimativa do teor de água, na qual um alimento seco tem maior estabilidade. A determinação do valor da monocamada para um alimento específico pode ser realizada, se os dados da isoterma de adsorção desse alimento são conhecidos.

A partir desses dados, pode-se utilizar a equação de **B**runauer, **E**mmett e **T**eller (**BET**) para a obtenção do valor da monocamada.

$$\frac{a_w}{m(1-a_w)} = \frac{1}{m_1 C} + \frac{C-1}{m_1 C} a_w \qquad \text{(Eq. 12)}$$

onde: a_w = atividade de água
C = constante empírica e depende do material
m = teor de água (g de água/g de matéria seca)
m_1 = valor da monocamada (g de água da monocamada/g de matéria seca)

A partir da equação de BET, é visível que um gráfico de $a_w/m(1 - a_w)$, em função de a_w, conhecido como gráfico de BET, resultará em uma linha reta (Figura 1.11). O coeficiente linear da reta será igual a $1/m_1C$, e o coeficiente angular será igual a $(C-1)/(m_1C)$, dados suficientes para se obter o valor da monocamada. O modelo de BET é limitado a valores de a_w na faixa de 0,10 a 0,50.

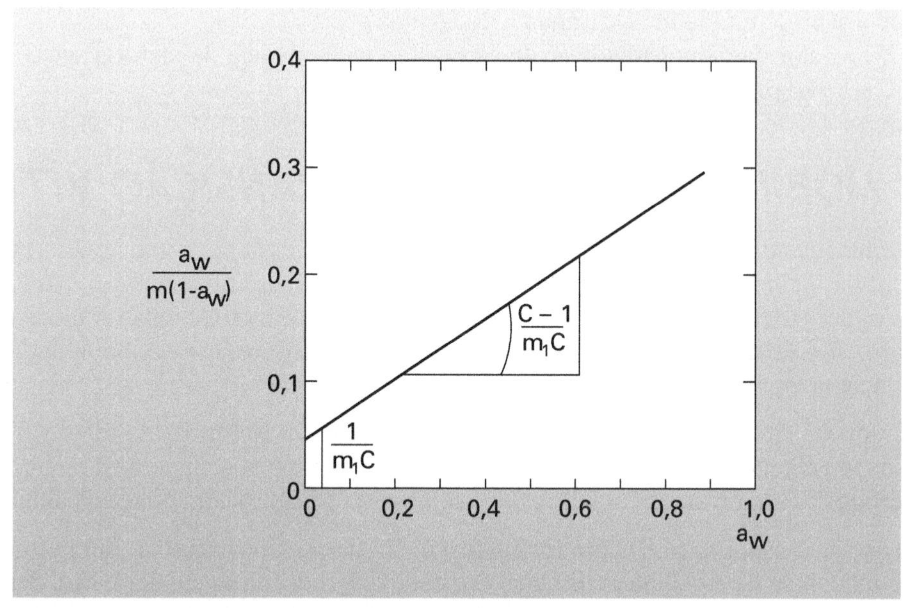

FIGURA 1.11 Representação de um gráfico de B.E.T.

Na Tabela 1.6, são apresentados teores de água da monocamada de alguns alimentos.

TABELA 1.7 — *Teores de água da monocamada (m_1) para alimentos desidratados*

Alimento	m_1 (g H_2O/100 g matéria seca)
Cacau	3,90
Leite integral	1,20 — 1,90
Amido de batata	6,58
Amido de milho	5,68
Frango	4,78

Fonte: adaptado de Russo (1994).

Outro modelo bastante utilizado é o de **G**uggeheim, **A**nderson e De **B**oer, conhecido como modelo de **GAB**. Este modelo utiliza uma equação de três parâmetros e é considerado como o que melhor ajusta os dados da maioria dos produtos alimentícios, principalmente para os de valores mais elevados de atividade de água. Essa equação pode ser considerada como uma generalização da equação de BET, que considera as modificações do comportamento da água quando adsorvida, resultante da interação com o sólido adsorvente, incluindo a formação de multicamadas. A equação de GAB é expressa por:

$$X = \frac{X_m C K a_w}{(1 - K a_w)(1 - K a_w + C K a_w)} \quad \text{(Eq. 13)}$$

onde: X = teor de umidade (g de água/g de sólidos secos)
X_m = valor da monocamada (g de água da monocamada/g de matéria seca)
C e K são parâmetros ajustáveis.

1.8 MOBILIDADE DA ÁGUA E TRANSIÇÃO VÍTREA

A determinação da atividade de água é utilizada, há muito tempo, como uma ferramenta para prever e controlar o processamento e a estabilidade de um alimento. Atualmente outros parâmetros são necessários para melhor prever e controlar as alterações em um alimento. Em estudos mais recentes, tem aumentado o interesse pela mobilidade molecular da água e pela transição vítrea.

A redução da mobilidade da água e as características das isotermas de adsorção variam muito de um alimento para outro. A isoterma de um determinado alimento é resultante do comportamento de diversos constituintes químicos do alimento com relação à água.

O estado físico, cristalino, amorfo ou vítreo, em que se encontram as diferentes substâncias influencia na mobilidade da água. O estado depende, na sua maior parte, dos tratamentos tecnológicos e dos processos utilizados como desidratação e congelamento.

1.8.1 Características da transição vítrea

Em temperaturas mais altas que as de fusão, os constituintes sólidos do alimento são encontrados na forma fundida, amorfa. O termo amorfo refere-se a um estado não cristalino, não cristalizado de uma substância. Quando ocorre uma condição de supersaturação e o soluto permanece não cristalino, a solução supersaturada é denominada de amorfa. Um sólido amorfo é denominado de vítreo ou vidro. No entanto, em temperaturas suficientemente baixas, e dependendo das condições utilizadas, esses compostos podem se solidificar por dois mecanismos: cristalização ou vitrificação. Para uma melhor ilustração desses dois mecanismos, será apresentado o comportamento volume-temperatura da glicerina, um composto de baixo peso molecular (Figura 1.12).

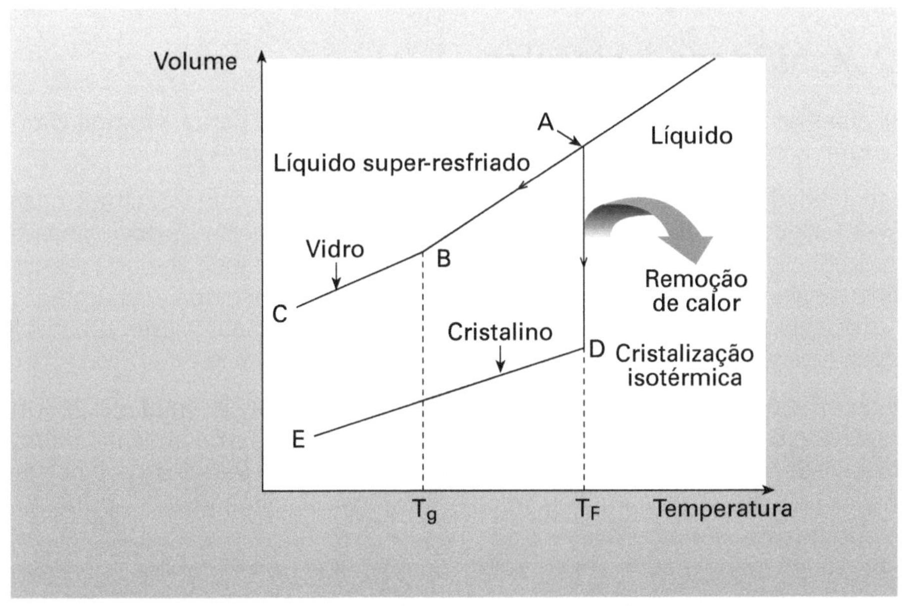

FIGURA 1.12 Representação do comportamento esquemático volume-temperatura para glicerina: **A**= ponto de saturação; **A—B**= líquido supersaturado ou sub-resfriado; **B**=ponto de transição vítrea; **D—E**= sólido cristalino; **B—C**= sólido vítreo.

Em temperaturas elevadas (próximo a 100 °C), a glicerina é um líquido de baixa viscosidade. À medida que a temperatura é reduzida, o volume se contrai, de uma forma aproximadamente linear (linha AB), até atingir a temperatura de solidificação (T_F). Nesse ponto, pode ocorrer a cristalização isotérmica, removendo-se mais calor (latente). À medida que a cristalização prossegue, uma contração brusca de volume a acompanha (linha DE). Quando a cristalização se completa, a temperatura pode, então, diminuir de novo, havendo a contração térmica normal do sólido cristalino. Entretanto, pode não acontecer a cristalização. Como a glicerina é muito viscosa na sua temperatura de fusão (T_F) e a nucleação da fase sólida é lenta, se não existem núcleos presentes, a glicerina pode continuar a esfriar como um líquido super-resfriado (equilíbrio meta-estável), seguindo a curva ABC. A viscosidade aumenta à medida que a temperatura do líquido diminui, atingindo valores da ordem de 10^{11} Pa.s e abaixo dessa temperatura, denominada de temperatura vítrea e simbolizada por T_g, o material é denominado de sólido vítreo (linha

BC). Esse sólido, estruturalmente é amorfo, tal como um líquido, mas, mecanicamente, comporta-se como um sólido. Apesar da T_g ter um valor termodinâmico bem definido para um composto orgânico puro, não é tão bem definida para soluções e a transição vítrea (não equilíbrio) ocorre em uma faixa estreita de temperaturas, e a localização dessa faixa depende da velocidade de resfriamento.

Os sólidos vítreos podem ser obtidos a partir de líquidos gomosos por resfriamento rápido, por rápida remoção do solvente, que em alimentos é a água, e cuja remoção pode ser realizada por secagem, congelamento, liofilização ou por adição de compostos que liguem fortemente a água e a tornem indisponível como plastificante, entendendo-se como plastificante um material que, incorporado a um polímero, aumenta a sua deformabilidade.

1.8.2 Mobilidade molecular

As moléculas de uma substância no estado vítreo, em função de sua elevada viscosidade, apresentam mobilidade rotacional e translacional insignificantes.

A mobilidade molecular (M_m) parece estar relacionada com a limitação da difusão em alimentos que contêm água e grandes quantidades de amorfos, principalmente moléculas hidrofílicas. Como, por exemplo, alimentos ricos em amido (bolos, massas, pães), alimentos à base de proteínas, alimentos de umidade intermediária, desidratados, liofilizados e congelados. Os principais constituintes que influenciam na Mm de um alimento são a água e os solutos dominantes.

Quando um alimento é resfriado e/ou reduzido em teor de umidade de forma que uma parte é convertida em estado vítreo, a mobilidade é extremamente reduzida. No Quadro 1.1 são apresentadas algumas propriedades e características comportamentais governadas pela mobilidade molecular, ou seja, alterações limitadas por difusão em produtos contendo regiões amorfas.

QUADRO 1.1 Propriedades e características dependentes da mobilidade molecular
Alimentos secos ou semi-secos
Adesividade
Cristalização e recristalização
"*Sugar bloom*" em chocolates
Textura
Atividade enzimática
Reação de Maillard
Gelatinização e retrogradação do amido
Inativação térmica de esporos
Alimentos congelados
Cristalização do gelo
Cristalização da lactose
Atividade enzimática

Fonte: adaptado de Fennema (1996).

Para a avaliação da mobilidade, os diagramas de estado são mais adequados que os de fase, pois fornecem informações tanto de estados de equilíbrio como de equilíbrio meta-estável, enquanto os diagramas de fase referem-se apenas a estados de equilíbrio. O estado meta-estável refere-se a um pseudo-equilíbrio ou equilíbrio aparente que é instável, porém, ele possui energia livre maior que a do estado de equilíbrio termodinâmico global nas mesmas condições de pressão, temperatura e composição. A conversão do estado meta-estável para um estado de equilíbrio estável de menor energia livre não irá ocorrer, se a energia de ativação for alta o suficiente. Como os alimentos que são congelados, desidratados e parcialmente desidratados não existem em um estado de equilíbrio termodinâmico e sim em estados de equilíbrio metaestáveis, então é mais adequado utilizar os diagramas de fase para esses alimentos (Figura 1.13).

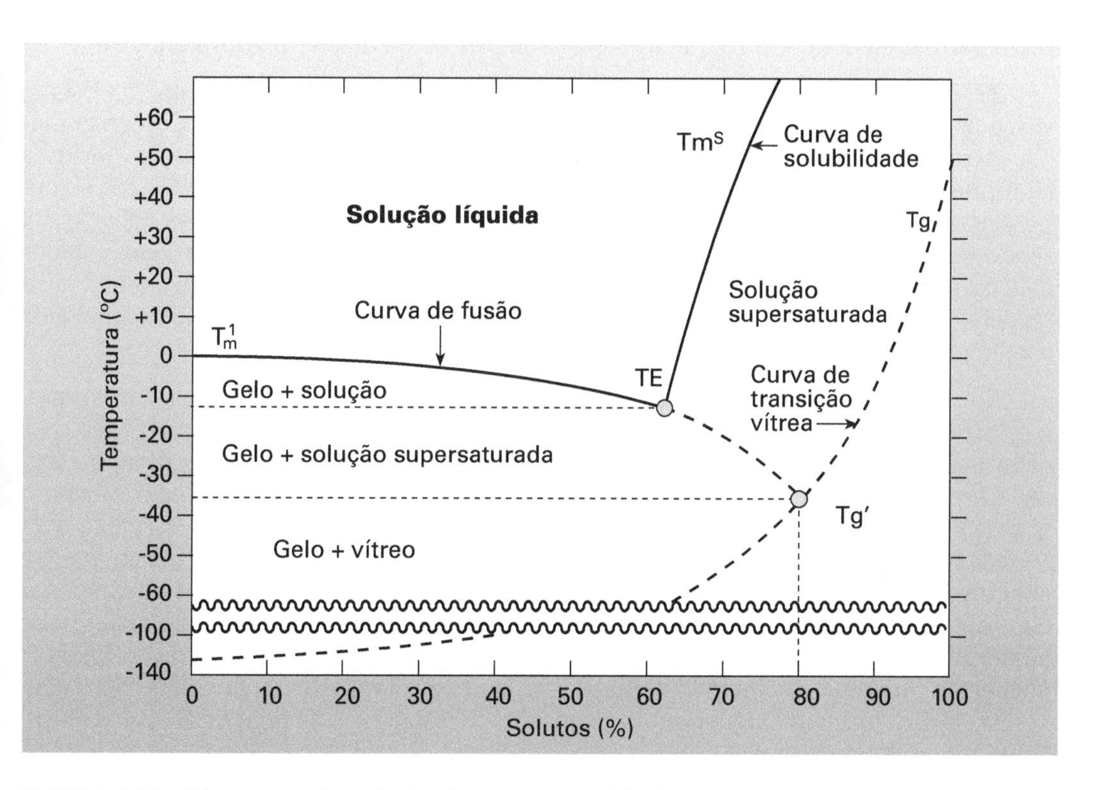

FIGURA 1.13 Diagrama de estado de um sistema binário.
Onde: T_m^l = curva de fusão; T_E = ponto eutético; T_E—T_m^s = curva de solubilidade; T_g = curva de transição vítrea; T'_g = temperatura de transição vítrea de um soluto em uma solução concentrada pela máxima formação de gelo. As linhas pontilhadas representam condições de equilíbrio meta-estável, e as demais linhas representam o equilíbrio termodinâmico.
Fonte: adaptado de FENNEMA (1996).

1.8.3 Transição vítrea

A curva da temperatura de transição vítrea (T_g — T'_g), é o lugar geométrico das temperaturas, no qual uma solução supersaturada (líquido amorfo) converte-se em vidro. É uma transição de segunda ordem, envolvendo uma etapa de mudança no calor específico na temperatura de transição. As transições de primeira ordem envolvem mudanças no estado físico entre gases, líquidos e sólidos cristalinos. A transição vítrea é observada em substâncias que contêm regiões de sua estrutura variáveis em tamanho, que são amorfos ou parcialmente amorfos, como os alimentos. Substâncias poliméricas, com regiões amorfas e cristalinas, irão apresentar a transição vítrea apenas nas regiões amorfas. A T_g é dependente do tipo de soluto e do teor de água. O ponto da curva de transição vítrea T'_g é uma T_g especial que se aplica apenas a amostras que contêm gelo e apenas quando o gelo foi formado até sua máxima concentração. Essa transição ocorre numa faixa de temperatura, embora seja freqüentemente referida como uma temperatura única.

Regiões de alimentos com diferentes sólidos alimentícios podem existir em estado vítreo ou gomoso. Quando o material muda do estado vítreo para o gomoso, ocorrem mudanças nas suas propriedades termodinâmicas, mobilidade molecular, constante dielétrica e propriedades mecânicas. Essa transição é influenciada pela plasticização por água ou outros ingredientes, peso molecular dos ingredientes, quantidade e tipo de interações. Assim sendo, se uma região do alimento ganha ou perde umidade, pode se mover entre os estados gomoso e vítreo. A quantidade de plastificante, por exemplo, água, junto com a temperatura, determina em qual estado a região está. O diagrama de estado define o teor de umidade e a temperatura na qual o alimento está: vítreo, gomoso, cristalino, etc.

Em função de a transição vítrea ser de segunda ordem, não envolve calor latente, mas a transição é detectada pela alteração em várias propriedades dielétricas (constante dielétrica), mecânicas (viscosidade) e termodinâmicas (entalpia, volume livre, capacidade térmica, coeficiente de expansão térmica). Essas alterações permitem detectar a transição por vários métodos. O método de medida mais utilizado para determinar a T_g é a calorimetria diferencial de varredura (DSC, "Differential Scanning Calorimetry") o qual mede a mudança no calor específico da amostra quando submetida a um aumento constante de temperatura. Outros métodos adequados e sensíveis incluem análise termomecânica dinâmica e espectroscopia mecânica. Estudos importantes de mobilidade molecular e de difusão têm sido realizados pela utilização de Ressonância Nuclear Magnética (NMR, "Nuclear Magnetic Ressonance") e Ressonância de Spin de Elétrons (ESR, "Electron Spin Ressonance").

1.8.4 Efeitos na estabilidade física

As mudanças no teor de umidade de sistemas alimentícios alteram as concentrações e podem afetar sua segurança alimentar e vida-de-prateleira. Muitas alterações físicas e químicas resultam da migração de umidade que pode estar relacionada com a transição vítrea.

Os açúcares amorfos são muito higroscópicos e, se forem expostos a altos valores de umidade, ocorrerá a cristalização, a qual, por sua vez, resultará em textura granulosa ou arenosidade no alimento. Enquanto a cristalização controlada é desejável em alguns produtos (caramelos moles, leite condensado), em outros como sorvetes e "marshmallows" não é.

Os pós, em determinadas condições de temperatura (acima da T_g do pó) e umidade, tornam-se adesivos e podem formar grumos — a água faz a ligação entre os grãos de pó, característica que é denominada de coalescência. Em alimentos preparados a partir da mistura de ingredientes diversos, esses problemas podem ocorrer, quando se adicionam ingredientes de alta a_w ou higroscópicos com pós.

No caso de produtos com alto teor de amido, o aquecimento provoca a gelatinização do amido e transforma uma rede cristalina impermeável à água em amorfo capaz de se solubilizar em água.

O efeito da transição vítrea na estabilidade e nas velocidades das alterações mecânicas e deteriorativas é apresentado na Figura 1.14. A partir dessa figura, observa-se que, em temperaturas abaixo da T_g, os alimentos são estáveis. Em temperaturas um pouco maiores que a T_g, as alterações ocorrem de forma acentuada.

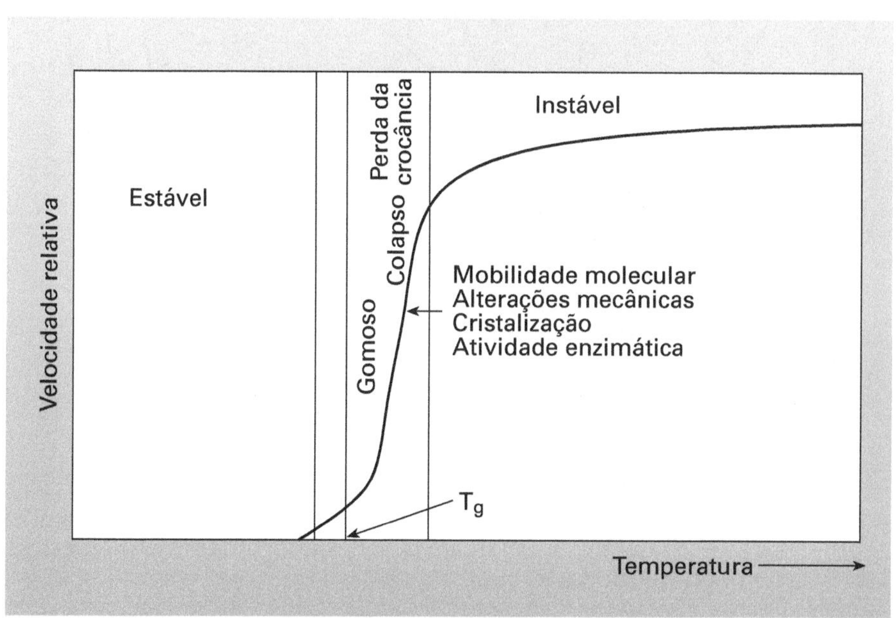

FIGURA 1.14 Representação do efeito da temperatura de transição vítrea (T_g) nas velocidades de alterações mecânicas e das reações de deterioração em alimentos. *Fonte*: adaptado de Roos *et. al.* (1996).

Os fatores físicos que influenciam na vida-de-prateleira de sistemas alimentícios incluem cristalização, adesividade e textura. A taxa de cristalização aumenta com a elevação do teor de umidade, limitando a vida-de-prateleira. A velocidade de cristalização também aumenta, em função da temperatura acima da temperatura de transição vítrea, de forma proporcional à intensidade de saturação do sistema aquoso. Em temperaturas menores que a T_g, a cristalização e outras reações ocorrem muito lentamente, em função da alta viscosidade. O movimento molecular é muito reduzido nesta viscosidade, exceto para pequenas moléculas como oxigênio e vapor d'água que podem se difundir através dos poros maiores. Em temperaturas acima da T_g, a viscosidade diminui e permite o movimento de outras moléculas, permitindo que as reações ocorram.

A mobilidade é dependente da disponibilidade dos compostos químicos em alimentos e da viscosidade, enquanto a atividade de água depende da disponibilidade da água. Assim, as duas determinações são complementares, fornecendo assim parâmetros mais adequados para prever e controlar as modificações de um alimento.

Na figura 1.15 é apresentada a relação entre a atividade de água e a temperatura de transição vítrea, pela sobreposição das Figuras 1.14 e 1.10, nas velocidades de deterioração e alterações mecânicas em alimentos.

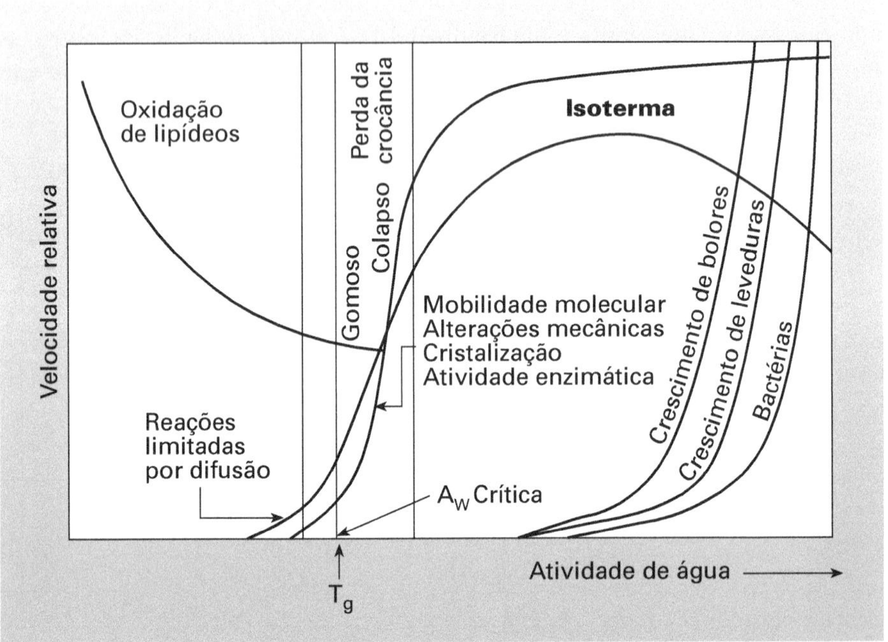

FIGURA 1.15: Representação da relação entre atividade de água, T_g e as taxas das reações de deterioração e alterações mecânicas em alimentos. *Fonte*: adaptado de Roos *et. al.* (1996).

Analisando a Figura 1.15, verifica-se que os alimentos apresentam estabilidade apenas em temperaturas menores que a T_g, e mesmo que o alimento apresente um valor de atividade de água propício à ocorrência de uma determinada reação de deterioração, se a sua temperatura for inferior à T_g, a reação não ocorrerá.

A estabilidade de alimentos amorfos depende da T_g, e os valores de a_w podem ser usados tanto para manipular T_g quanto para adequar o comportamento do material sob várias condições de estocagem. A compreensão da isoterma de sorção (Figura 1.9) e de sua relação com T_g fornece uma ferramenta valiosa para controlar o comportamento do material, durante o processamento e subseqüente armazenamento e, também, para determinar os requisitos das embalagens de alimentos.

1.9 NOMENCLATURA

$\Delta G_{(t,p)}$ = energia livre de Gibbs
T = temperatura
p = pressão de vapor
p_i = pressão parcial de vapor em kPa
μ_i = potencial químico (energia livre de Gibbs molar parcial)
x_i = fração molar = $n_1/(n_1 + n_2)$
n_1 = número de moles do soluto
n_2 = número do moles do solvente
R = constante dos gases ideais = 8,314 3 J · K^{-1} · mol^{-1}
f_i = fugacidade
ϕ = coeficiente de fugacidade
f^o = fugacidade no estado de referência
p_0 = pressão de vapor da água pura em uma temperatura especifica
a_w = atividade físico-química da água em um sistema em equilíbrio
UR = umidade relativa do ar = $(p/p_v) \times 100$
URE = umidade relativa de equilíbrio
ΔH = variação de entalpia
C = constante empírica, varia com as características do material
m = teor de água (g de água/g de matéria seca) na isoterma de B.E.T.
m_1 = valor da monocamada (g de água/g de matéria seca) na isoterma de B.E.T.
X = teor de água (g de água/g de matéria seca) na isoterma de GAB
X_m = teor de água (g de água/g de matéria seca) na isoterma de GAB
T_F = temperatura de solidificação
T_g = temperatura de transição vítrea
M_m = mobilidade molecular
T_E = Ponto eutético
T'_g = temperatura de transição vítrea de um soluto em uma solução concentrada pela máxima formação de gelo

1.10 BIBLIOGRAFIA

ALFREY, T.; GURNEE, E.T. **Polímeros Orgânicos**. São Paulo, Editora Edgard Blücher LTDA, 1971.

BOBBIO, P.A.; BOBBIO, F.O. **Química do Processamento de Alimentos**. 2.ª ed., São Paulo, Livraria Varela, 1992.

BUYONG, N.; FENNEMA,O. Amount and size of ice crystals in frozen samples as influenced by hydrocolloids. **Journal of Dairy Science, 71** (—): 2630-2639 (1988).

CHEFTEL, J.C.; CHEFTEL, H. **Introduccion a la Bioquímica y Tecnología de Los Alimentos**. Vol. I, Zaragoza – SP., Editorial Acribia, 1988.

CHIRIFE, J.; BUERA, M. del P. Water activity, water glass dynamics, and the control of microbiological growth in foods. **Critical Reviews in Food Science and Nutrition, 36** (5): 465-513, (1996).

FENNEMA, O.R. ed. **Principles of Food Science. Part I: Food Chemistry**. 3.ª ed., New York, Marcel Dekker Inc., 1996.

FENNEMA, O.R. ed. **Principles of Food Science. Part I: Food Chemistry**. 2.ª ed., New York, Marcel Dekker Inc., 1985.

FRANCO, G. **Tabela de Composição Química dos Alimentos**. 8.ª ed., Rio de Janeiro, Livraria Atheneu Editora, 1992.

JOUPPILA, K.; ROOS, Y. H. Water sorption isotherms of freeze dried milk products: applicability of linear and non-linear regression analysis in modelling. **International Journal of Food Science and Technology, 32** (—): 459-471, 1997.

LABUZA, T. P.; MEDELLIN, R. C. Prediction of moisture protection requirements for foods. **Cereal Foods World, 6** (7): 335-343, 1981.

LABUZA, T. P. Standard procedure for isotherm determination. **Cereal Foods World, 28** (—), 1983.

LABUZA, T. P.; HYMAN, C. R. Moisture migration and control in multi-domain foods. **Trends in Food Science and Technology, 9** (2): 47-55 (1998).

LEUNG, H.K. Structure and properties of water. **Cereal Food World, 26** (—), 1981.

LEWICK, P. P. Raoult's law based food water sorption isotherm. **Journal of Food Engineering, 43** (1): 31-40, 2000.

NORENA, C.Z.; HUBINGER, M. D.; MENEGALLI, F. C. Técnicas básicas de determinação de atividade de água: uma revisão. **Bol. SBCTA, 30** (1): 91-96 (1996).

PELEG, M. An Empirical Model for the Description of Moisture Sorption Curves. **Journal of Food Science 53** (4): 1216-1219 (1988).

PIMENTA, M. M. F S. **Interpretação do Comportamento e Estabilidade dos Alimentos Considerados Como Sistemas Poliméricos Naturais Plastificados Pela Água**. Tese de Doutorado, Departamento de Engenharia Química, Faculdade de Engenharia da Universidade do Porto, Porto — Pt., 1997

QUAST, D. G. Físico-química da água em alimentos desidratados. **Boletim do C.T.P.A., 13**, 1968.

QUAST, D.G.; TEIXEIRA NETO, R. O. Atividade de água em alguns alimentos de teor intermediário de umidade. **Coletânea do ITAL**, **6**, 1975.

ROOS, Y. H.; KAREL, M. Plasticizing effect of water on thermal behavior and crystallization of amorphous food models. **Journal of Food Science**, **56** (—), 38-43, 1991.

ROOS, Y. H.; KAREL, M. Applying state diagrams in food processing and product development. **Food Technology**, **45** (12): 38-43, 1991.

ROOS, Y. H.; KAREL, M. Water and molecular weight effects on glass transitions in amorphous carbohydrates and carbohydrates solutions. **Journal of Food Science**, **56** (—): 1676-1681, 1991.

ROSS, Y., H. Water activity and physical state effects on amorphous food stability. **Journal of Food Processing and Preservation**, **16** (6): 433–447.(1993).

ROSS, Y., H.; KAREL, M., KOKINI, J. C. Glass transitions in low moisture and frozen foods effects on shelf life and quality. **Food Technology**, **50** (11): 95–108.(1996).

RUSSO, C. L' attivitá della' acqua negli alimenti: quale credibita' ha ancora la sua mesura? **Industrie Alimentari**, **33** (5): 505-521 (1994).

SLADE, L.; LEVINE, H.; TROLLER, J. A. Beyond water activity: Recent advances based on na alternative approach to the assessment of food quality and safety. **Critical Reviews in Food Science and Nutrition**, **30** (—): 115-360 (1991)

SLADE, L.; LEVINE, H. Glass transitions and water food structure interations. **Advances in Food Nutrition Research**, **38** (—): 103-269 (1995).

SONNTAG, R. E., BORGNAKKE, C., WYLEN, G. J., Fundamentos da Termodinâmica. Trad. ZERBINI. E. J., 6.ª ed., São Paulo - Editora Edgard Blücher Ltda., 2002.

TROLLER, J. A; CHRISTIAN, J. H. B. **Water Activity and Food**. London – UK, Academic Press, Inc., 1978.

2 Carboidratos

2.1 INTRODUÇÃO

Os carboidratos, um dos principais componentes sólidos do alimento, estão amplamente distribuídos pela natureza. Englobam substâncias com estruturas e propriedades funcionais diversas.

Pertencem a esse grupo substâncias como glicose, frutose e sacarose, responsáveis pelo sabor doce de vários alimentos, amido, principal fonte de reserva de alguns tecidos vegetais, e a celulose, o carboidrato mais abundante na natureza e principal componente de tecidos vegetais.

Os carboidratos constituem-se na fonte de energia mais abundante e econômica para o homem. Alguns carboidratos, como celulose e hemicelulose, não são fontes de energia, mas são fontes de fibras dietéticas.

A produção de carboidratos ocorre nas plantas verdes pelo processo denominado de fotossíntese. A planta contém o pigmento verde clorofila, que catalisa a biossíntese de carboidratos, a partir de dióxido de carbono e água. A reação é termodinamicamente desfavorável, mas ocorre porque a energia necessária é fornecida pela luz solar (Figura 2.1). Enquanto as plantas sintetizam carboidratos a partir de CO_2 e água, os organismos animais degradam os carboidratos a CO_2 e água. Os animais consomem as plantas e combinam os carboidratos com o oxigênio do ar e, assim, executam a reação inversa à fotossíntese, a respiração. A oxidação de carboidratos oferece ao animal a energia necessária para manter os processos vitais e regenera o CO_2 que a planta utilizará na fotossíntese.

$$6\,CO_2 + 6\,H_2O \underset{\text{metabolismo animal}}{\overset{\text{Luz, clorofila}}{\rightleftharpoons}} C_6(H_2O)_6 + 6\,O_2$$

FIGURA 2.1 Representação da síntese de carboidratos na fotossíntese e sua degradação no metabolismo animal.

Inicialmente, em função do processo de fotossíntese, eram denominadas de carboidratos somente as substâncias que apresentavam a fórmula empírica geral da maioria dos hidratos de carbono ($C_x(H_2O)_x$), com o desenvolvimento dos métodos químicos verificou-se que esta generalização era incorreta.

São definidos como carboidratos os polihidroxialdeídos, as polihidroxicetonas, os polihidroxiálcoois, os polihidroxiácidos, seus derivados e, polímeros desses compostos unidos por ligações hemiacetálicas.

Os carboidratos são subdivididos, em função de seu peso molecular, em monossacarídeos, oligossacarídeos e polissacarídeos.

2.2 MONOSSACARÍDEOS

Os monossacarídeos são os menores e mais simples carboidratos, que, se hidrolisados a compostos de menor peso molecular, não serão mais carboidratos, correspondem a menor unidade estrutural de um carboidrato. Esses compostos apresentam um dos seguintes grupos funcionais: polihidroxialdeído, polihidroxicetona, polihidroxiácido e polihidroxiálcool (Figura 2.2).

- *Polihidroxialdeídos (aldoses)*: $HOCH_2—(CHOH)_N—CHO$
- *Polihidroxicetonas (cetoses)*: $HOCH_2—(C{=}0)—(CHOH)_{N\text{-}1}—CH_2OH$
- *Polihidroxiálcoois*: $HOCH_2—(CHOH)_N—CH_2OH$
- *Polihidroxiácidos*: $HOCH_2—(CHOH)_N—COOH$

		OH	
H–C=O	H_2–C–OH	C=O	H_2–C–OH
H–C–OH	C=O	H–C–OH	H–C–OH
H–C–OH	H–C–OH	H–C–OH	H–C–OH
H–C–OH	H–C–OH	H–C–OH	H–C–OH
H_2–C–OH	H_2–C–OH	H_2–C–OH	H_2–C–OH
Polihidroxialdeído	Polihidroxicetona	Polihidroxiácido	Polihidroxiálcool

***FIGURA* 2.2** Exemplos de representação dos grupos funcionais de monossacarídeos.

O menor monossacarídeo apresenta três carbonos na molécula, em alimentos apresentam normalmente seis carbonos e menos freqüentemente cinco carbonos.

Os carbonos da cadeia carbônica de um monossacarídeo são numerados conforme apresentado na Figura 2.3.

H–C_1=O	H_2–C_1–OH
H–C_2–OH	C_2=O
H–C_3–OH	H–C_3–OH
H–C_4–OH	H–C_4–OH
H_2–C_5–OH	H_2–C_5–OH

FIGURA 2.3 Representação da numeração dos carbonos na cadeia de um monossacarídeo.

2.2.1 Isomeria óptica

Os monossacarídeos apresentam isomeria óptica. O mais simples de todos, de menor peso molecular é o gliceraldeído, possui apenas um carbono assimétrico (Figura 2.4).

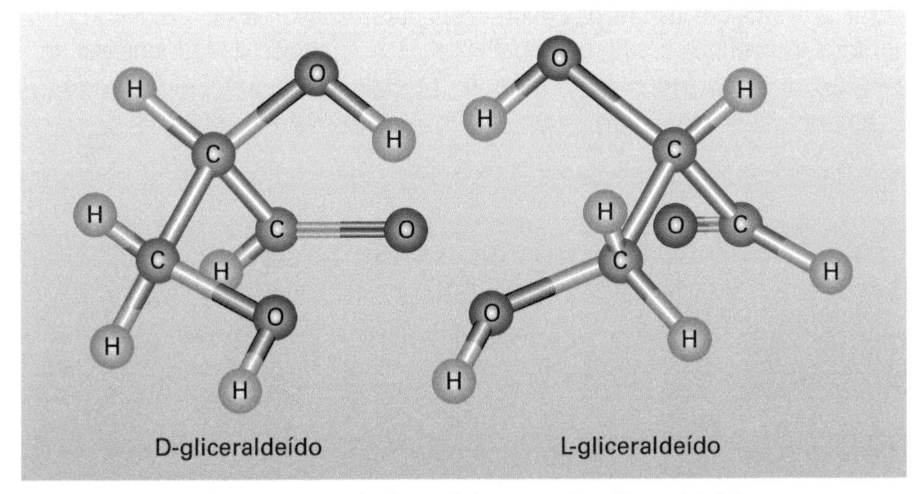

FIGURA 2.4 Representação das estruturas isômeras do gliceraldeído.

O D-gliceraldeído é assim chamado por desviar para o sentido horário (rotação positiva) a luz polarizada em um polarímetro, sendo, portanto, destrógiro. Seu isômero óptico, o L-gliceraldeído, ao lado apresenta rotação da luz polarizada à esquerda, sendo, portanto, levógiro. Em função da configuração absoluta dos isômeros do gliceraldeído, atribuiu-se como sendo um D-monossacarídeo aquele que apresentasse a mesma configuração do D-gliceraldeído em seu último carbono assimétrico. Sendo, portanto, aquele que tivesse em seu carbono assimétrico a estrutura do L-gliceraldeído seria, L-monossacarídeo. Porém, como o desvio da luz polarizada, da qual deriva o composto ser destrógiro ou levógiro, não depende somente da configuração desse carbono assimétrico, tem-se que muitos monossacarídeos que são atribuídos como D não desviam a luz polarizada para a direita, assim também ocorrendo que muitos monossacarídeos que são denominados L não desviam a luz polarizada para a esquerda.

Dependendo da estrutura do monossacarídeo, o número de isômeros pode ser bastante elevado. O número máximo de isômeros está relacionado com o número de carbonos assimétricos, ou seja, que apresentam quatro substituintes diferentes.

Número máximo de isômeros = 2^n,

onde n é o número de carbonos assimétricos.

O número máximo de isômeros só não é atingido, quando existem estruturas que apresentam um plano de simetria na molécula. Logo, sua imagem será sobreponível e essa estrutura não apresentará isomeria óptica.

Os monossacarídeos apresentam vários isômeros, em função da presença de vários carbonos assimétricos, conforme apresentado na Figura 2.5. Os monossacarídeos que diferem em configuração em qualquer centro quiral, além de C1, são denominados de epímeros, por exemplo, a D-manose é um epímero C2 da D-glicose, ou seja, diferem apenas nas disposições das hidroxilas de C2, e a D-galactose um epímero C4 da D-glicose (Figura 2.5).

Os monossacarídeos de quatro carbonos possuem dois carbonos assimétricos e, portanto, $2^2 = 4$ possíveis esteroisômeros. De forma similar, os de cinco podem apresentar $2^3 = 8$ esteroisômeros e os de seis podem resultar em 16. Na Figura 2.5 são apresentados os prefixos configuracionais para denominação de D-monossacarídeos. Os L-monossacarídeos apresentam os mesmos prefixos configuracionais de sua forma D correspondente, mas a hidroxila do penúltimo carbono está à esquerda.

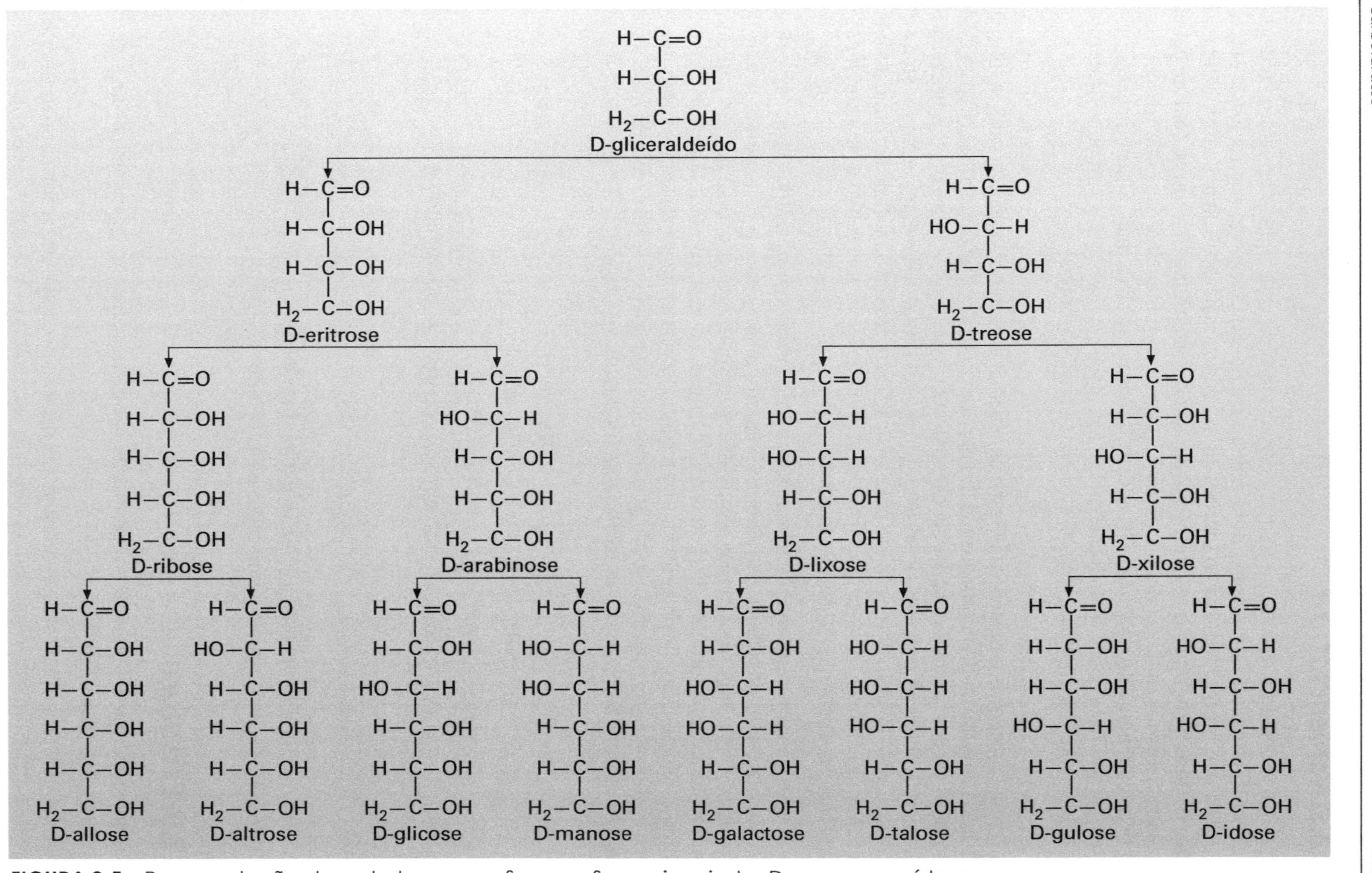

FIGURA 2.5 Representação das estruturas e prefixos configuracionais dos D monossacarídeos.

2.2.2 Nomenclatura

Quando se considera somente o número de carbonos da cadeia de um poliidroxialdeído, também denominado de aldose, uma denominação simples pode ser realizada da seguinte forma: prefixo relativo ao número de carbonos mais a terminação *ose*. Exemplo: triose (aldose com 3 carbonos), tetrose (aldose com 4 carbonos), pentose (aldose com 5 carbonos), hexose (aldose com 6 carbonos). De forma semelhante, as poliidroxicetonas, também denominadas de cetoses, recebem o mesmo prefixo mais a terminação *ulose*. Exemplo: triulose (cetose com 3 carbonos), tetrulose (cetose com 4 carbonos), pentulose (cetose com 5 carbonos), hexulose (cetose com 6 carbonos).

Esse tipo de denominação é incompleto porque informa apenas o tamanho da cadeia, sem considerar a posição dos radicais hidroxilas na mesma. Entretanto, se os monossacarídeos forem denominados em função dos prefixos configuracionais (Figura 2.5), é possível saber o tamanho da cadeia carbônica e a posição das hidroxilas. É necessário informar também se o monossacarídeo em questão é uma aldose, ou cetose e se a sua configuração é D ou L, determinado pela posição da hidroxila do último carbono assimétrico. Para as aldoses, deve-se acrescentar a terminação *ose* ao prefixo correspondente à sua estrutura. Exemplo: D-glicose, D-manose, D-ribose.

As cetoses apresentam um carbono assimétrico a menos que a aldose correspondente (com o mesmo número de carbonos). Exemplo: uma aldose de seis carbonos em sua cadeia apresenta quatro carbonos assimétricos, enquanto uma cetose de seis carbonos em sua cadeia apresenta três carbonos assimétricos, ou seja, como uma aldose de cinco carbonos. Neste caso, deve-se atribuir o prefixo correspondente à cadeia carbônica de cinco carbonos mais o prefixo correspondente a uma cadeia de seis carbonos mais a terminação ulose. Exemplo: D-frutose =D-arabino-hexulose (Figura 2.6).

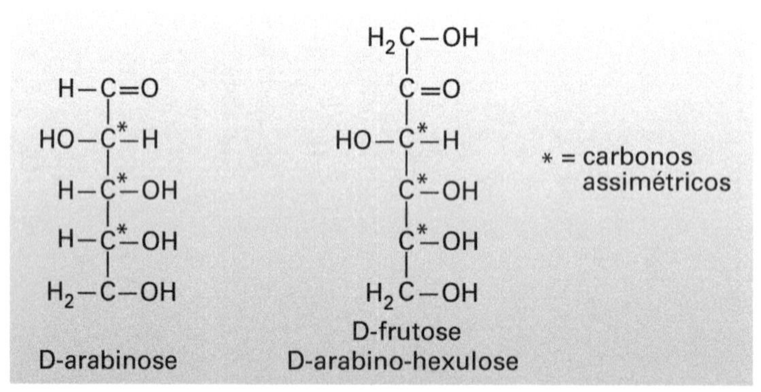

FIGURA 2.6 Exemplo de nomenclatura para D-frutose.

2.2.3 Estrutura

Os monossacarídeos apresentam estruturas nas quais seus grupos funcionais se organizam na forma mais estável possível.

Para compreender essa organização, é necessário conhecer a forma mais simples de representar um monossacarídeo, que não corresponde à estrutura real, mas auxilia na compreensão dessa. Essa forma foi projetada por Fisher e recebe a denominação de fórmulas de projeção de Fisher (Figura 2.7). As fórmulas de projeção representam os monossacarídeos no espaço bidimensional e em cadeia aberta com os grupos aldeídos, cetonas, ácidos ou alcoóis livres.

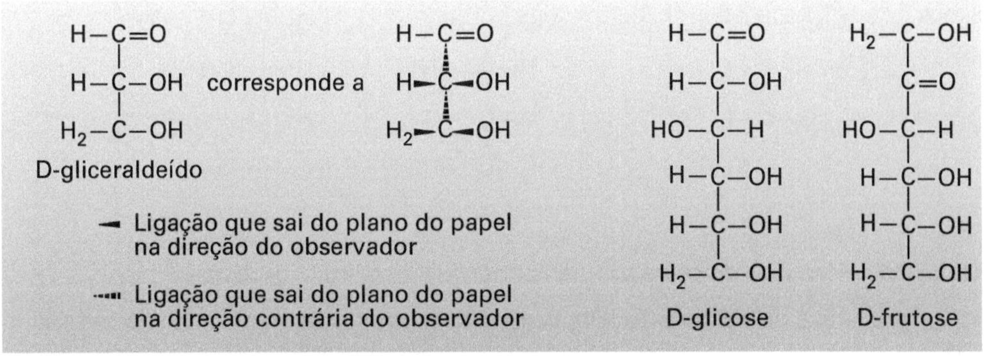

H–C=O
H–C–OH corresponde a H–C–OH
H_2–C–OH
D-gliceraldeído

Ligação que sai do plano do papel na direção do observador

Ligação que sai do plano do papel na direção contrária do observador

D-glicose

D-frutose

FIGURA 2.7 Fórmulas de projeção de Fischer para o D-gliceraldeído, D-glicose e D-frutose

Na realidade a carbonila dos monossacarídeos não é encontrada como tal, mas sim combinada com uma das hidroxilas da mesma molécula em uma ligação hemiacetálica.

Ligação hemiacetálica: O grupo carbonila adiciona água ou álcoois simples para formar hemiacetais (Figura 2.8).

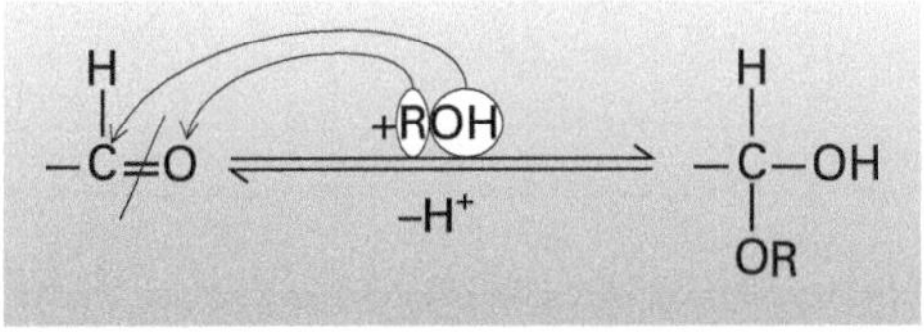

+ROH
–H^+

FIGURA 2.8 Representação de uma ligação hemiacetálica.

De forma similar, grupos hidroxilas do monossacarídeo adicionam-se ao grupo carbonila para formar hemiacetais internos cíclicos. A formação do acetal converte o carbono da carbonila em um carbono assimétrico, formando, assim mais dois isômeros. Estes isômeros são tão importantes na série de carboidratos que recebem um nome especial, anômeros. O carbono do grupo carbonila é denominado de carbono anomérico. A ligação hemiacetálica interna é representada através de formulas de projeção de Fischer-Tollens na Figura 2.9.

O grupo hidroxila formado devido à ligação hemiacetálica é denominado de grupo hidroxila anomérico. Esse grupo é extremamente reativo e confere ao monossacarídeo a propriedade de ser um agente redutor em reações de óxido-redução, é a única hidroxila da molécula proveniente de um grupo carbonila. Se o grupo hidroxila anomérico é formado do lado direito da molécula, denomina-se o monossacarídeo de α e, se for do lado esquerdo de β.

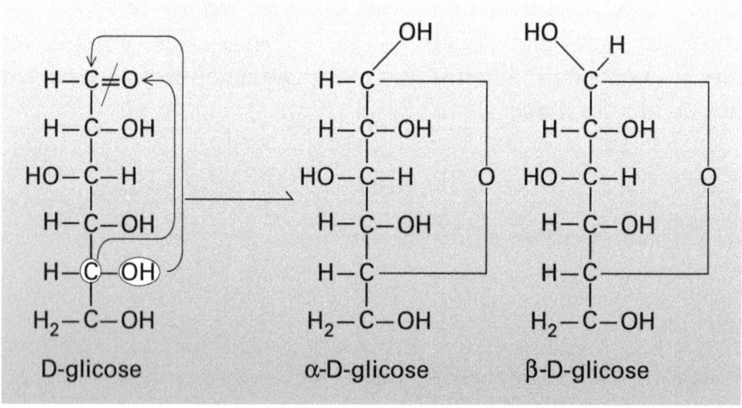

FIGURA 2.9 Fórmulas de projeção de Fischer-Tollens para D-glicose.

As projeções de Fischer-Tollens representam a ligação hemiacetálica interna, mas não representam a forma cíclica do monossacarídeo decorrente dessa ligação.

Normalmente são formados anéis com cinco ou seis membros, pois, esses são mais estáveis uma vez que existe uma menor energia interna no anel, devido a um menor efeito repulsivo entre os átomos de oxigênio. Os anéis com cinco membros são denominados de anéis furano e os de seis de pirano (Figura 2.10).

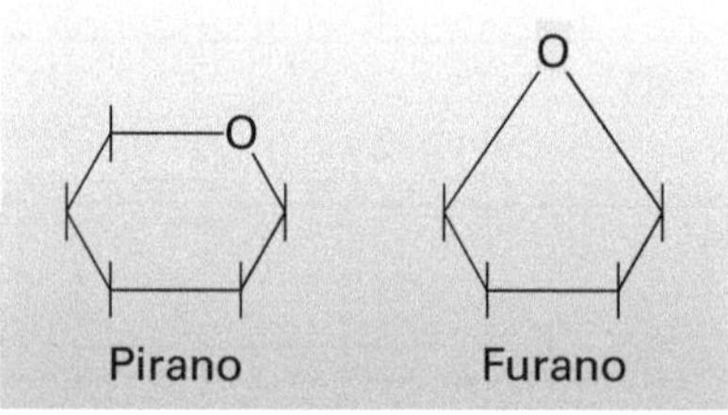

FIGURA 2.10 Representação dos anéis pirano e furano.

As fórmulas de Haworth (Figura 2.11), planares, fazem essa representação. As hidroxilas situadas à direita na projeção de Fischer-Tollens são colocadas para baixo na de Haworth, com exceção do radical CH_2OH em C_4 no anel furano e em C_5 no anel pirano de uma hexose que devem estar para cima. Esse fato é devido à ocorrência da rotação dos radicais em torno da ligação —C_4—C_5 (pirano) ou —C_3—C_4 (furano) durante a ciclização do monossacarídeo, ainda na sua forma acíclica, para minimizar o efeito repulsivo entre os átomos de oxigênio (Figura 2.12).

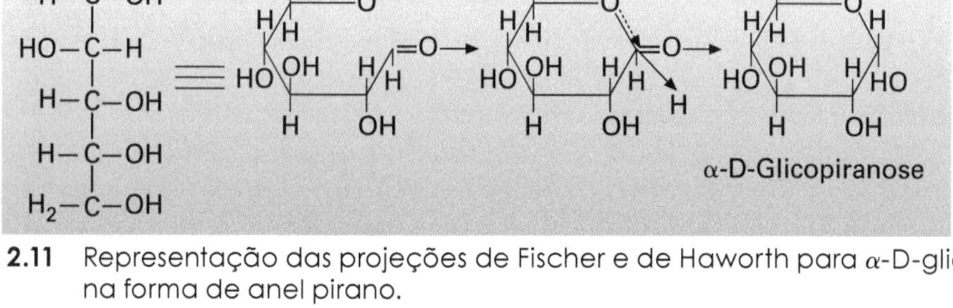

FIGURA 2.11 Representação das projeções de Fischer e de Haworth para α-D-glicose na forma de anel pirano.

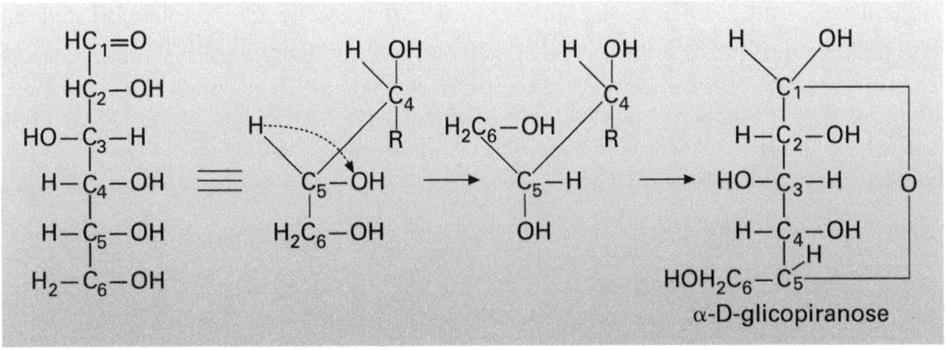

FIGURA 2.12 Representação da rotação dos radicais em torno da ligação —C_4—C_5— antes da formação do anel pirano na α-D-glicopiranose.

Na nomenclatura de um monossacarídeo, é necessário dizer também se ele é α ou β. É necessário dizer também se é um anel furano ou pirano. Exemplo α-D-glicopiranose, ou seja, além do prefixo glico + terminação de aldeído (se) + D, deve-se inserir ainda o α e o pirano.

Os carboidratos deveriam ser sempre representados por suas estruturas conformacionais, nas quais a maior ou menor estabilidade das diferentes conformações vai depender da menor ou maior repulsão entre os radicais ligados aos átomos de carbono no anel.

Na forma piranosídica, ocorre uma maior estabilidade e maior possibilidade de interconversão entre diferentes conformações. A principal conformação é de cadeira (Figura 2.13), por ser a mais estável, em função de sua disposição que permite uma maior distância entre os substituintes, reduz a repulsão entre eles e aumenta a estabilidade. Nessa conformação, existe uma separação maior entre os átomos de oxigênio (eletronegativos) da maioria dos grupos hidroxila.

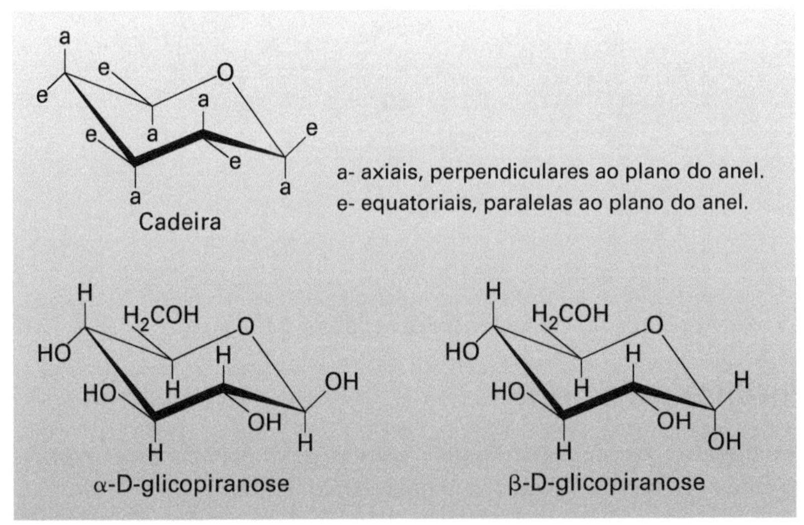

FIGURA 2.13 Representação das estruturas conformacionais de cadeira para a D-glicopiranose.

A frutose, uma ceto-hexose, apresenta a estrutura de um hemiacetal cíclico com a participação da hidroxila do C5. Entretanto, como a carbonila da frutose está em C2 e não em C1 como nas aldoses, o anel contém apenas cinco átomos, é um furano. Para os anéis furanosídicos, as conformações mais estáveis são as denominadas de envelope (V), cuja tensão do anel é dada pela flexão de um ou dois átomos para cima (V2) ou para baixo (V3) do anel (Figura 2.14.).

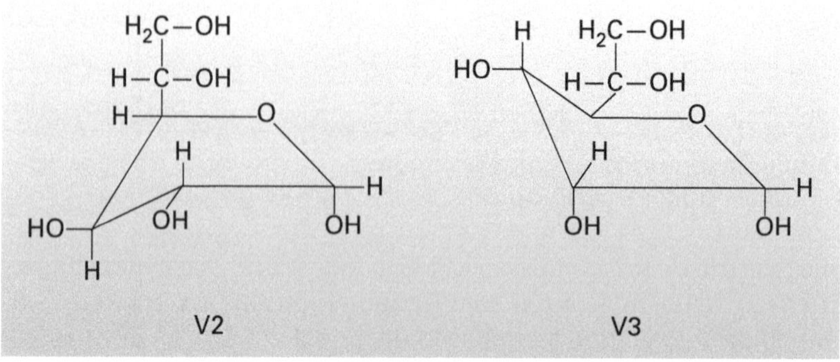

FIGURA 2.14 Representação das conformações V2 e V3 para a α-D-glicofuranose.

2.2.4 Polihidroxiálcoois

O grupo carbonila de uma aldose ou cetose pode ser reduzido a um poliálcool mediante a presença de um agente redutor. Estes compostos são denominados itóis. Através dessa reação, é possível obter sorbitol a partir da redução da glicose (Figura 2.15), ou ribitol a partir da ribose, ou manitol, a partir da manose. Muitos desses compostos são comuns em tecidos vegetais, como, por exemplo, o sorbitol é encontrado em pêras, maçãs, morangos e pêssegos.

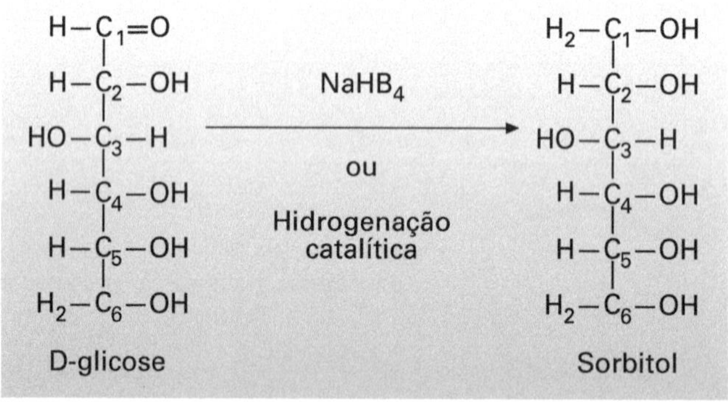

FIGURA 2.15 Representação da redução da glicose a sorbitol.

2.2.5 Polihidroxiácidos

Os poliidroxialdeídos e poliidroxicetonas possuem grupos facilmente oxidáveis e na presença de agentes oxidantes oxidam-se a polihidroxiácidos.

A oxidação da hidroxila anomérica por um agente oxidante fraco, como hipoclorito de sódio, água de bromo ou enzimas específicas, produz os ácidos aldônicos. Quando a oxidação é realizada por um agente oxidante forte, como ácido nítrico, as hidroxilas do carbono anomérico e do último carbono (hidroxila primária) são oxidadas a ácidos carboxílicos produzindo os ácidos aldáricos. Os ácidos urônicos são produzidos pela oxidação apenas da hidroxila do último carbono. Na Figura 2.16 são apresentados os três tipos de ácidos obtidos a partir da glicose.

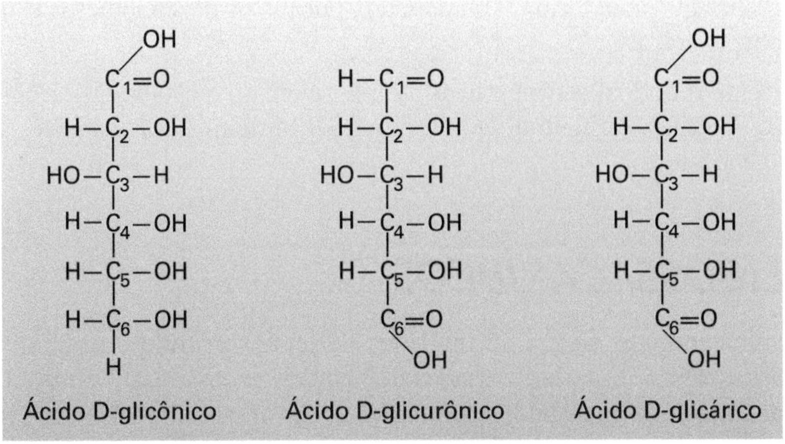

FIGURA 2.16 Representação de polihidroxiácidos obtidos a partir da glicose.

2.3 GLICOSÍDEOS

Os monossacarídeos reagem intramolecularmente, o grupo carbonila reage com uma hidroxila da mesma molécula para formar um hemiacetal. Se este composto for tratado com um álcool em meio ácido, o hemiacetal se converte em um acetal e uma molécula de água é eliminada. Para aldeídos simples, o processo pode ser representado conforme Figura 2.17. O produto formado é denominado glicosídeo, e o grupo alcoólico que reage com o açúcar é denominado de aglicona. O grupo glicosil é o grupo carboidrato remanescente após a remoção da hidroxila do carbono anomérico.

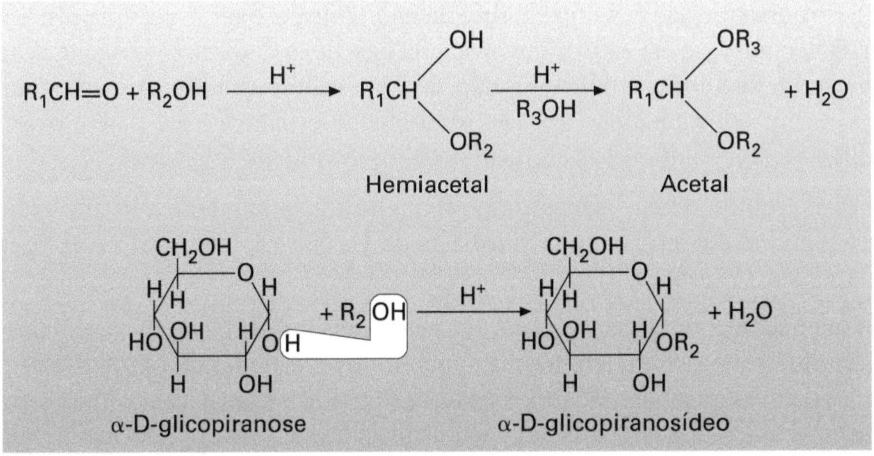

FIGURA 2.17 Representação das reações de formação de um acetal.

Se um hemiacetal formar um acetal, ou seja, se perder a hidroxila anomérica, a sua denominação correta terá o sufixo **e** substituído por **ídeo**, como, por exemplo, no caso de glicopiranose, será denominado de glicopiranosídeo.

Na reação de formação de um glicosídeo, a partir de D-glicose com metanol em meio ácido, será formada uma mistura de α e β metil D-glicopiranosídeos, não importando se a reação foi realizada com a forma α ou com a β, porque os dois anômeros estão em equilíbrio em solução ácida.

Os glicosídeos podem conter outros átomos, além do oxigênio do carbono anomérico. A reação do grupo carboidrato com grupos SH formará tioglicosídeos e com grupos NH_2, aminoglicosídeos.

2.4 OLIGOSSACARÍDEOS

São polímeros contendo de 2 a 10 unidades de monossacarídeos unidos por ligações hemiacetálicas. Nesse caso, denominadas de ligações glicosídicas. Os mais importantes são os dissacarídeos, os quais podem ser homogêneos ou heterogêneos em função de sua composição monomérica.

Na polimerização de n moléculas de monossacarídeos é liberado n–1 moléculas de água, obtidas a partir da condensação do grupo hidroxila anomérico de um monossacarídeo com uma das hidroxilas da unidade adjacente.

O radical produzido pela perda do grupo hidroxila anomérico denomina-se de glicosil.

Conforme já anteriormente citado, a hidroxila anomérica confere propriedades redutoras ao monossacarídeo, reduz principalmente íons metálicos como cobre e prata e se oxida a ácido carboxílico. Esses carboidratos são denominados de redutores devido à sua habilidade de reduzir íons, como prata ou cobre. Na formação de um dissacarídeo, sempre uma das hidroxilas está envolvida na ligação glicosídica, mais reativa, (radical glicosil). Se nessa formação a outra hidroxila anomérica estiver livre, esse dissacarídeo é redutor. Entretanto, se ela estiver envolvida na ligação, o dissacarídeo não terá nenhuma hidroxila anomérica livre e, portanto, não será um agente redutor. A maioria dos dissacarídeos encontrados em alimentos são redutores, a principal exceção é a sacarose. Na Figura 2.18 são apresentadas as estruturas de dissacarídeos redutores.

Na formação de dissacarídeos redutores a hidroxila anomérica de um monossacarídeo reage, normalmente, com as hidroxilas do C_4 ($1 \rightarrow 4$) ou do C_6 ($1 \rightarrow 6$) do outro monossacarídeo (Figura 2.18).

A nomenclatura do dissacarídeo é realizada pela substituição da terminação ***se*** do monossacarídeo que perdeu a hidroxila anomérica, radical glicosil (situado à esquerda), por ***il*** mais o nome do monossacarídeo redutor (situado à esquerda), o qual conserva sua terminação, e, além disso, deve-se explicitar quais foram os carbonos que cederam suas hidroxilas para a ligação, conforme apresentado na Figura 2.18.

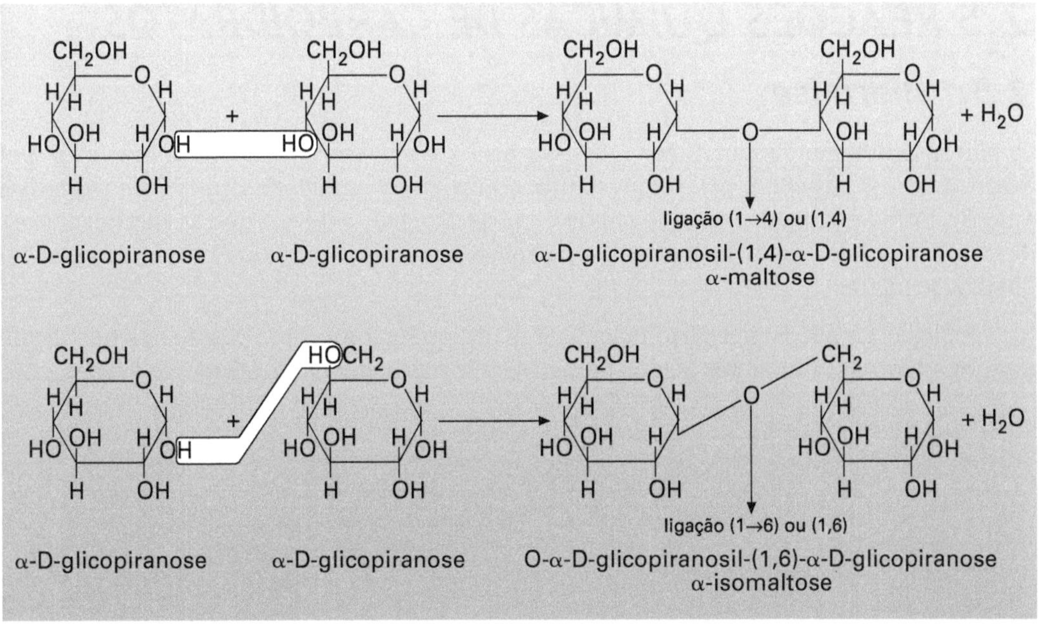

ligação (1→4) ou (1,4)

α-D-glicopiranose α-D-glicopiranose α-D-glicopiranosil-(1,4)-α-D-glicopiranose α-maltose

ligação (1→6) ou (1,6)

α-D-glicopiranose α-D-glicopiranose O-α-D-glicopiranosil-(1,6)-α-D-glicopiranose α-isomaltose

FIGURA 2.18 Dissacarídeos redutores.

No dissacarídeo não redutor as duas hidroxilas anoméricas estão envolvidas na ligação e utiliza-se à terminação ***ídeo*** em substituição a ***ose*** no nome do monossacarídeo da direita (Figura 2.19). Na Figura 2.19 é apresentada a estrutura da sacarose.

A lactose, açúcar livre do leite, *β*-D-galactopiranosil-(1,4)-*α*-D-glicopiranose (*α*-lactose) e *β*-D-galactopiranosil (1,4)-*β*-D-glicopiranose (*β*-lactose), é redutora.

A celobiose, *β*-D-glicopiranosil-(1,4)-*α* ou *β*-D-glicopiranose, não é encontrada livre na natureza e constitui-se na unidade estrutural de polímeros como celulose e lignina.

Os trissacarídeos também ocorrem em alimentos e podem ser homogêneos, heterogêneos, redutores ou não redutores. Como, por exemplo, a maltotriose, oligômero de D-glicose, redutor; maninotriose, heterogêneo formado por D-glicose e D-galactose, redutor e a rafinose, heterogênea, não redutor, formado por D-galactose, D-glicose e D-frutose.

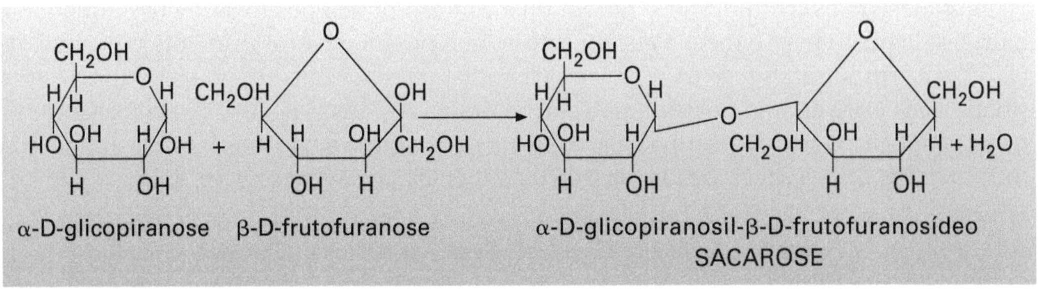

α-D-glicopiranose β-D-frutofuranose α-D-glicopiranosil-β-D-frutofuranosídeo SACAROSE

FIGURA 2.19 Formação e estrutura da sacarose (não redutora).

Os tetrassacarídeos são menos freqüentes em alimentos, o mais comum é a estaquiose, não redutora, formada por galactose, glicose e frutose (*α*-D-galactopiranosil-(1,6)-O -*α*-D-galactopiranosil-(1,6)-O-*α*-D-glicopiranosil-*β*-D-frutofuranosídeo).

2.5 REAÇÕES QUÍMICAS DE CARBOIDRATOS

2.5.1 Hidrólise

A hidrólise dos monossacarídeos, oligossacarídeos e polissacarídeos é influenciada por vários fatores, tais como pH, temperatura, configuração anomérica (α é mais suscetível que β), forma e tamanho do anel (piranosídicas são mais estáveis que as furanosídicas). Nos polissacarídeos, a sensibilidade à hidrólise diminui com o aumento de associações intermoleculares.

As ligações glicosídicas são mais facilmente quebradas em meios ácidos que alcalinos. Sua hidrólise em meios ácidos parece seguir o mecanismo ilustrado na Figura 2.20.

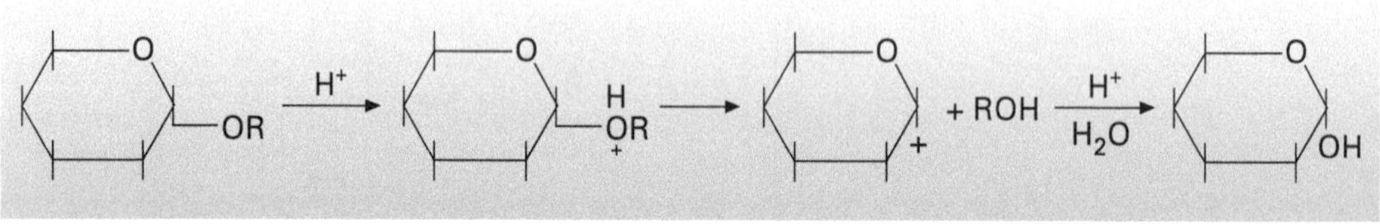

FIGURA 2.20 Representação do mecanismo de hidrólise das ligações glicosídicas.

Os carboidratos são também hidrolisados por enzimas.

A ligação glicosídica da sacarose é excepcionalmente sensível à hidrólise, a qual ocorre mesmo sob condições fracamente ácidas a baixas temperaturas e presença de pequenos filmes de água. A água pode ser gerada por decomposição térmica e reações de condensação de dissacarídeos, promovendo sua hidrólise em um estado aparentemente seco. Como resultado da hidrólise da sacarose, os açúcares redutores liberados podem participar de reações de escurecimento, produzindo cores e odores indesejáveis. A hidrólise ácida da sacarose resulta em uma mistura eqüimolar dos dois monossacarídeos dos quais é composta: D-glicose e D-frutose.

A hidrólise ácida da sacarose pode ser acompanhada por medidas realizadas em um polarímetro, a rotação específica é aproximadamente aditiva. A sacarose, formada por glicopiranose mais frutofuranose possui uma rotação óptica positiva de 66,5°, quando é hidrolisada libera para o meio a glicopiranose, que possui uma rotação óptica positiva de 52,5°, e a frutofuranose. A frutofuranose imediatamente converte-se na forma piranosídica, mais estável, que possui uma rotação óptica negativa de –94,2°. De forma que a rotação óptica inverte de positiva, na sacarose, para negativa na sacarose hidrolisada. Em função desse fato, a sacarose hidrolisada é conhecida por açúcar invertido.

$$\underset{[\alpha]_D=+66{,}5^\circ}{\text{Sacarose}} + H_2O \xrightarrow{H^+ \text{ ou enzima}} \underset{[\alpha]_D=-94{,}2^\circ}{\text{Frutose}} + \underset{[\alpha]_D=+52{,}5^\circ}{\text{Glicose}}$$

A hidrólise pode ser realizada também pela enzima invertase. Esta reação é comercialmente importante, porque os dois monossacarídeos misturados apresentam um sabor mais doce que a sacarose e são mais úteis na preparação de balas, sorvetes e refrigerantes. Comercialmente, a glicose é denominada de dextrose e a frutose de levulose.

2.5.2 Mutarrotação

É a primeira e mais simples alteração que ocorre nos açúcares e que consiste na abertura do anel hemiacetálico.

Os isômeros α e β de mono e oligossacarídeos redutores na forma de cristais são estáveis em relação a sua atividade óptica o que não ocorre quando em solução. Como, por exemplo: uma solução recém preparada de α-D-glicopiranose exibe uma rotação óptica de +112,2°, mas depois esse valor decresce lentamente até +52,5° e permanece estável. A solução recém preparada de β-D-glicopiranose exibe uma rotação óptica de +18,7°, que depois cresce lentamente até +52,5° e permanece estável. Portanto, existe um equilíbrio desses dois isômeros em solução aquosa, independente do isômero existente na solução inicial, no qual a rotação ótica é de +52,5° e que corresponde a 36,2 g/100 g de α-D-glicose mais 63,8 g/100 g de β-D-glicose. Esse fenômeno é denominado de mutarrotação. É uma reação catalisada por ácidos e bases. Todos os mono e oligossacarídeos redutores sofrem esse fenômeno. A proporção de α e β no ponto de equilíbrio varia de uma substância para a outra. A reação inicia-se pela abertura do anel hemiacetálico, que depois se fecha novamente em ambas às formas α e β do mono ou oligossacarídeo em questão.

2.5.3 Enolização

Na presença de uma concentração maior do que a necessária de ácido ou base para produzir mutarrotação de açúcares redutores, ocorre outro fenômeno, efetivamente catalisado por base. Inicialmente, o anel heterocíclico do açúcar se abre e produz um enol, substância extremamente instável. Conforme se movimenta o par de elétrons da dupla ligação do enol, um composto será formado (Figura 2.21). Na molécula de D-glicose, se o par de elétrons se move para cima, serão formados D-glicose e seu epímero, a D-manose, pois o hidrogênio pode-se adicionar à direita ou à esquerda no C_2. Se o movimento for para baixo, será produzida a D-frutose. De forma semelhante à frutose pode sofrer essa reação e produzir a D-glicose, seu epímero D-manose além dela mesma. Na faixa de pH de 3 – 4, a maioria dos açúcares redutores são estáveis.

2.5.4 Reação de desidratação

Por meio de uma seqüência de reações de desidratação as pentoses, eliminam três moléculas de água e formam o 2-furaldeído (furfural) e as hexoses o 5-hidroximetil-2-furaldeído (HMF). Essa reação ocorre em meios ácidos, sob aquecimento (Figuras 2.22 e 2.23). O principal mecanismo é a β eliminação e envolve também a enolização.

Por um mecanismo semelhante, obtém-se 2-furaldeído (furfural) a partir das pentoses.

O furaldeído é volátil, enquanto o hidroxi-metil-furfural não. O hidroxi-metil-furfural é menos estável que o furaldeído e se decompõe em ácido levulínico e ácido fórmico. Esses dois ácidos são produzidos em maior quantidade quando as soluções são fortemente ácidas.

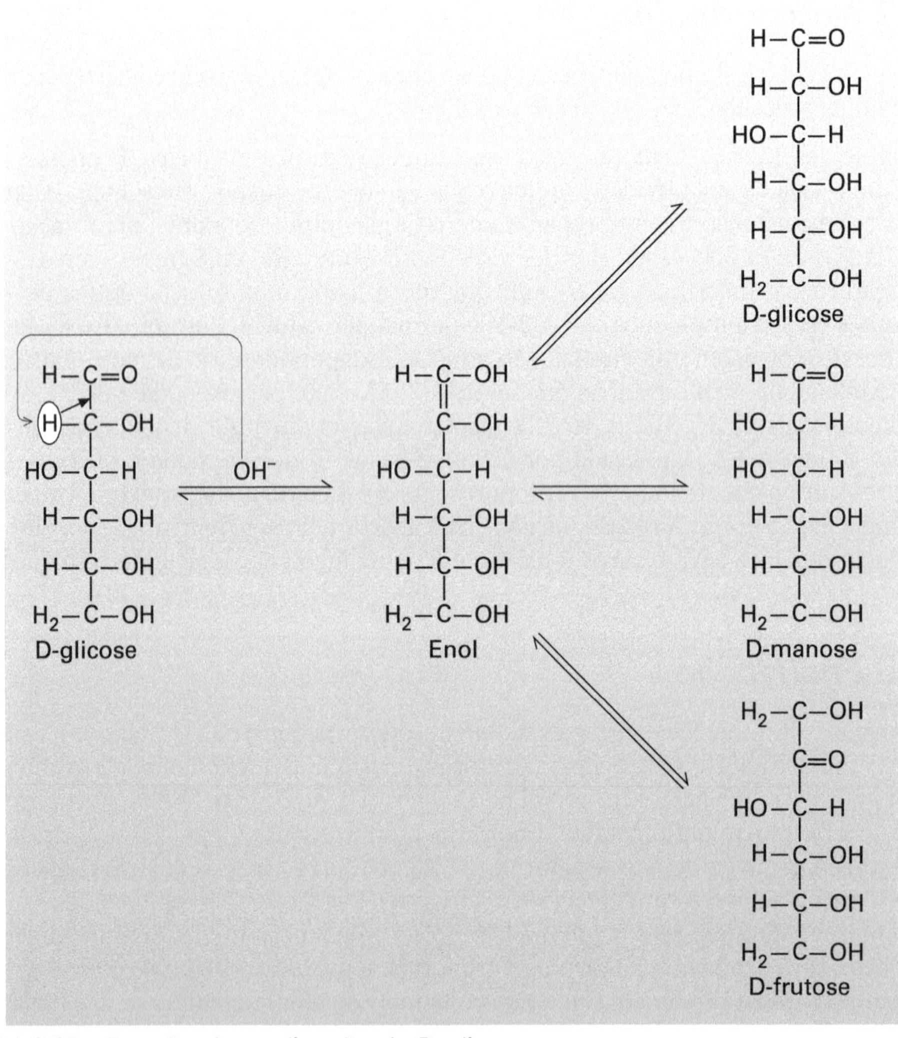

FIGURA 2.21 Reação da enolização da D-glicose.

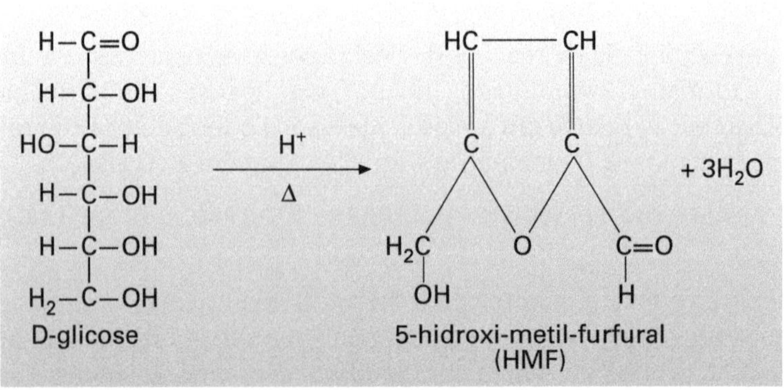

H−C=O
H−C−OH
HO−C−H
H−C−OH
H−C−OH
H_2−C−OH
D-glicose

H^+
Δ

HC — CH
C C
H_2C O C=O
OH H
5-hidroxi-metil-furfural
(HMF)

+ $3H_2O$

FIGURA 2.22 Representação da conversão de D-glicose em HMF.

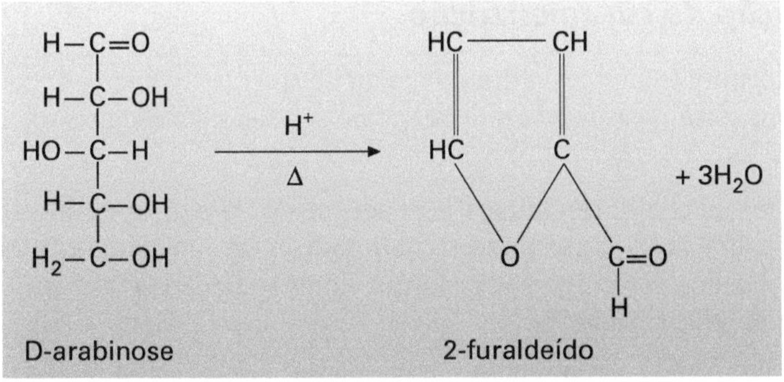

D-arabinose $\xrightarrow[\Delta]{H^+}$ 2-furaldeído $+ 3H_2O$

FIGURA 2.23 Representação da conversão da D-arabinose em furfural.

A fragmentação da cadeia carbônica desses produtos principais da reação de desidratação conduz a compostos como: ácido levulínico, ácido fórmico, acetoína, diacetil, ácido láctico, ácido pirúvico e acético. Alguns desses produtos apresentam aromas pronunciados e sabores desejáveis ou indesejáveis.

2.5.5 Reações de escurecimento

As reações que provocam o escurecimento dos alimentos podem ser oxidativas ou não oxidativas.

O escurecimento oxidativo ou enzimático é uma reação entre o oxigênio e um substrato fenólico catalisado pela enzima polifenoloxidase e não envolve carboidratos.

O escurecimento não oxidativo ou não enzimático é muito importante em alimentos, envolve o fenômeno de caramelização e/ou a interação de proteínas ou aminas com carboidratos (reação de Maillard).

A intensidade das reações de escurecimento não enzimático em alimentos depende da quantidade e do tipo de carboidrato presente.

Apesar da reação de escurecimento não enzimático ocorrer principalmente entre açúcares redutores e aminoácidos, a degradação do açúcar, bem como a degradação oxidativa do ácido ascórbico e adicional condensação de compostos carbonílicos formados com grupos amina presentes, resulta na formação de pigmentos escuros.

As reações de escurecimento não enzimático em alimentos estão associadas com aquecimento e armazenamento e podem ser subdivididas em três mecanismos, conforme apresentado na Tabela 2.1.

TABELA 2.1 — *Mecanismos das reações de escurecimento não enzimático*

Mecanismo	Requerimento de oxigênio	Requerimento de NH_2	pH ótimo	Produto final
Maillard	Não	Sim	> 7,0	Melanoidinas
Caramelização	Não	Não	3,0 a 9,0	Caramelo
Oxidação de ácido ascórbico	Sim	Não	$3,0 < pH < 5,0$	Melanoidinas

Fonte: Araújo (1995).

2.5.5.1 Reação de caramelização

Durante o aquecimento de carboidratos, particularmente açúcares e xaropes de açúcares, ocorre uma série de reações que resultam no seu escurecimento, denominada de caramelização.

Esta reação envolve a degradação de açúcares. Os açúcares no estado sólido são relativamente estáveis ao aquecimento moderado, mas em temperaturas maiores que 120 °C são pirolisados para diversos produtos de degradação de alto peso moleculares e escuros, denominados caramelos.

A composição química do pigmento é complexa e pouco conhecida, embora caramelos obtidos de diferentes açúcares sejam similares em composição. As frações de baixo peso moleculares presentes na mistura caramelizada contêm, além do açúcar que não reagiu, ácido pirúvico e aldeídos.

O mecanismo dessa reação ainda é desconhecido. Sabe-se que o aquecimento provoca a quebra de ligações glicosídicas, quando elas existem como na sacarose, abertura do anel hemiacetálico, formação de novas ligações glicosídicas. Como resultado ocorre a formação de polímeros insaturados, os caramelos.

Essa reação é facilitada por pequenas quantidades de ácidos e de certos sais, porém, sua velocidade é maior em meios alcalinos.

A utilização de diferentes catalisadores permite a obtenção de corantes específicos de caramelo.

O caramelo é um corante marrom e, com limitações, é também um agente flavorizante preparado através da pirólise do açúcar. Quando a caramelização ocorre sem qualquer catalisador a 200-240 °C, caramelos de baixa intensidade de cor são obtidos e são mais úteis como agentes flavorizantes do que como corantes. Os caramelos obtidos a partir do uso de catalisadores necessitam de temperaturas mais baixas (130 – 200 °C) e apresentam uma alta intensidade de cor, sendo utilizados como corantes alimentícios. A utilização de sais de amônio, como catalisador, resulta em caramelos mais escuros.

A sacarose é usada para produção de aromas e corantes de caramelo, via reação de caramelização. Ela é aquecida em solução com ácido ou sais de amônio para a produção de vários produtos usados em alimentos e bebidas, como por exemplo, refrigerante tipo "cola" e cervejas.

2.5.5.2 Reação de Maillard

Essa reação é extremamente desejável em alguns alimentos como café, cacau, carne cozida, pão, bolos, pois confere o sabor, aroma e cor característicos a esses alimentos, mas é extremamente indesejável em outros como leite em pó, ovos e derivados desidratados. Essa reação pode resultar na perda de nutrientes como os aminoácidos do alimento. É uma reação extremamente complexa, muito estudada, mas cujo mecanismo ainda não foi totalmente elucidado.

Como resultado dessa reação são produzidos muitos produtos diferentes que irão conferir sabor e aroma ao alimento. O escurecimento é devido à produção de melanoidinas, polímeros insaturados, e cuja cor é mais intensa quanto maior for seu peso molecular. A cor pode variar de marrom-claro até preto.

A reação ocorre entre açúcares redutores e aminoácidos (unidade estrutural das proteínas). A reação de Maillard compreende três fases: inicial, intermediária e final.

Fase inicial

A reação inicial ocorre entre açúcares redutores e aminoácidos, na proporção de 1:1 e resulta em produtos ainda incolores e sem sabor e aroma. O produto dessa fase tem maior poder redutor em solução alcalina.

As reações envolvidas são de condensação, enolização e rearranjo de Amadori ou de Heyns. A reação inicial entre o açúcar redutor, e o aminoácido é uma reação de condensação, união de duas moléculas com perda de uma molécula de água. O rearranjo de Amadori é uma reação catalisada por ácidos e bases, tem como produto inicial uma aldose e como produto final uma cetose (Figura 2.24). No rearranjo de Heyns, o produto inicial é uma cetose e o produto final uma aldose amina, sendo que esta reação ocorre de forma mais lenta que o de Amadori.

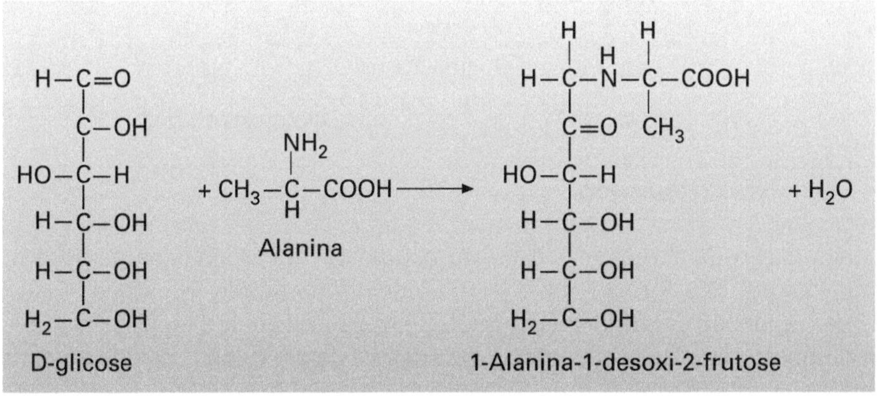

D-glicose + Alanina ($CH_3-CH(NH_2)-COOH$) → 1-Alanina-1-desoxi-2-frutose + H_2O

FIGURA 2.24 Representação da fase inicial da reação de Maillard.

Fase intermediária

Na fase intermediária da reação de Maillard, inicia-se a percepção de aromas. A cor torna-se amarelada. Desenvolve-se o poder redutor em solução e o pH diminui. O produto final da fase inicial, uma cetose amina, pode sofrer vários tipos de reações e seguir diferentes caminhos, conforme mostrado na Figura 2.25.

As redutonas são componentes com características de agentes redutores, sendo, portanto, facilmente oxidáveis. A formação de redutonas resulta no aumento do poder de óxido-redução e conseqüentemente em aumento de reatividade (Figura 2.26). É a mesma reação de oxidação do ácido ascórbico a ácido dehidroascórbico.

A degradação do furfural e hidroxi metil furfural é a mesma descrita em 2.5.4.

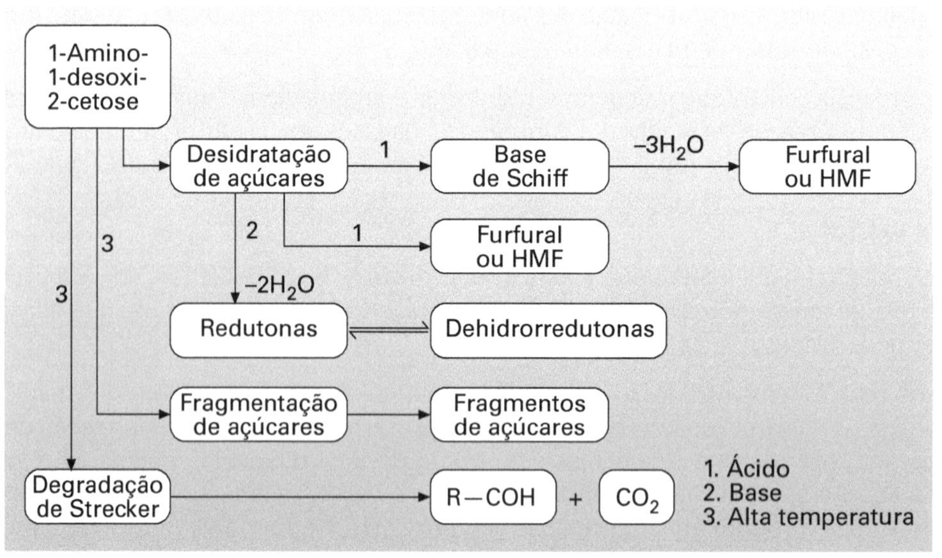

FIGURA 2.25 Representação da fase intermediária da reação de Maillard.

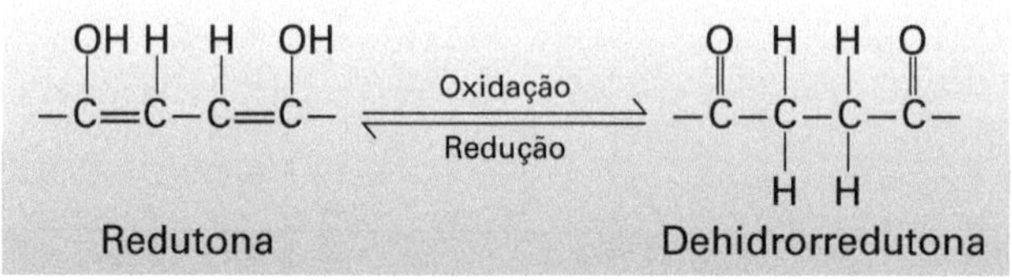

$$\underset{\text{Redutona}}{-\overset{OH}{\overset{|}{C}}=\overset{H}{\overset{|}{C}}-\overset{H}{\overset{|}{C}}=\overset{OH}{\overset{|}{C}}-} \underset{\text{Redução}}{\overset{\text{Oxidação}}{\rightleftharpoons}} \underset{\text{Dehidrorredutona}}{-\overset{O}{\overset{\|}{C}}-\underset{H}{\underset{|}{\overset{H}{\overset{|}{C}}}}-\underset{H}{\underset{|}{\overset{H}{\overset{|}{C}}}}-\overset{O}{\overset{\|}{C}}-}$$

FIGURA 2.26 Representação da reação de oxidação de uma redutona a dehidrorredutona.

A degradação de Strecker ocorre em compostos dicarbonílicos por sua interação com aminoácidos. São formados CO_2 e um aldeído, contendo um átomo de carbono a menos que o aminoácido original (Figura 2.27). A produção de CO_2 pode ser tão intensa, que em tanques de melaços expostos à luz solar podem explodir, devido ao aumento de pressão.

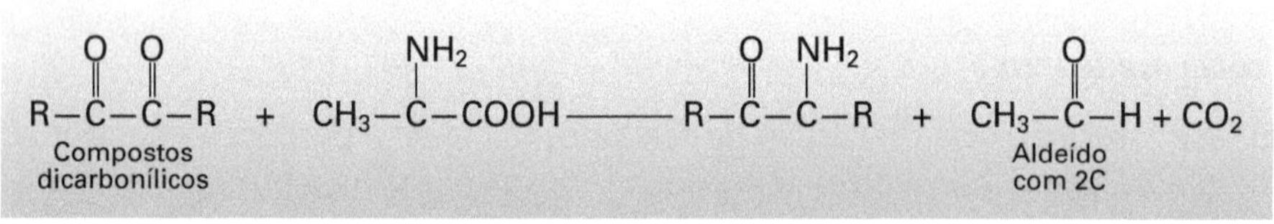

$$\underset{\text{Compostos dicarbonílicos}}{R-\overset{O}{\overset{\|}{C}}-\overset{O}{\overset{\|}{C}}-R} + CH_3-\overset{NH_2}{\overset{|}{C}}-COOH \longrightarrow R-\overset{O}{\overset{\|}{C}}-\overset{NH_2}{\overset{|}{C}}-R + \underset{\text{Aldeído com 2C}}{CH_3-\overset{O}{\overset{\|}{C}}-H} + CO_2$$

FIGURA 2.27 Representação da degradação de Strecker.

Fase final

Etapa em que ocorre o desenvolvimento de cor, aroma e sabor. Diferentes sabores e aromas são produzidos nessa reação, em função de diferentes aminoácidos. Os aminoácidos definem o sabor e aroma, independente do tipo de açúcar redutor (Figura 2.28).

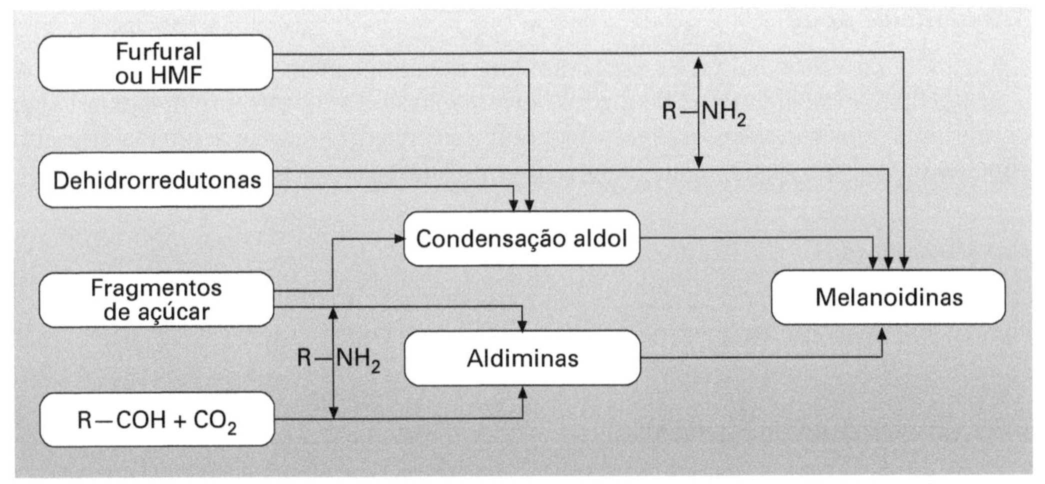

FIGURA 2.28 Representação da fase final da reação de Maillard para formação das melanoidinas.

2.5.5.3 *Fatores que afetam a reação de Maillard*

Temperatura

A reação inicialmente ocorre preferencialmente em temperaturas maiores que 70 °C, porém continua em temperaturas da ordem de 20 °C e durante o processamento ou armazenamento. A elevação de temperatura resulta em um rápido aumento da velocidade de escurecimento, aumentando de 2 a 3 vezes para cada aumento de 10 °C. Os alimentos congelados são pouco afetados pela reação de Maillard.

pH

A velocidade da reação é máxima em pH próximo a neutralidade (pH 6-7). Em meio ácido, predomina a forma protonada do grupo NH_2 do aminoácido, eliminando a nucleofilicidade desse grupo e, dessa forma, retardando a reação com o grupo carbonila do açúcar. Em meio alcalino, ocorre rápida degradação de carboidratos independentemente da presença de aminoácidos. Em valores de pH abaixo de 5,00 e na presença de ácido ascórbico, ocorre a reação de escurecimento provocada pela oxidação do ácido ascórbico (vitamina C).

Tipo de açúcar

A presença do açúcar redutor é essencial para a interação da carbonila com os grupos amina livres. A natureza do açúcar determina a reatividade, pentoses são mais reativas que hexoses e essas mais que dissacarídeos. Os dissacarídeos não redutores somente são utilizados na reação após a hidrólise da ligação glicosídica.

Atividade de água

Em a_w > 0,9 a velocidade da reação diminui, devido à diluição dos reagentes. E em a_w < 0,2-0,25 a velocidade tende a zero devido à ausência de solvente, necessário para permitir que íons e moléculas se movimentem e se encontrem. Ocorre um maior escurecimento em valores de atividade de água intermediários (0,5 a 0,8).

Catalisadores

A velocidade da reação é acelerada por ânions como citrato, fosfato e por íons metálicos como cobre bivalente em meio ácido.

Inibição da reação de Maillard

Alguns dos tratamentos utilizados para inibir a reação de Maillard consistem em:

- Uso de açúcares não redutores, por exemplo, a sacarose, em condições nas quais não possa ser hidrolisada.
- Redução de a_w ou aumento através de diluição.
- Remoção de açúcares redutores por enzima, como, por exemplo, o tratamento com a enzima glicose oxidase em ovos produzindo ácido glucônico a partir da glicose.
- Adição de SO_2: inibe escurecimento enzimático, mas dependendo da concentração utilizada, pode provocar o aparecimento de odores desagradáveis, além de destruir as vitaminas B_1 (tiamina) e C. Atua como inibidor, bloqueando a reação da carbonila dos carboidratos com o grupo amina dos aminoácidos e evitando a condensação destes compostos pela formação irreversível de sulfonatos. Exerce pouco efeito na degradação de Strecker (Figura 2.27).

2.6 PROPRIEDADES FUNCIONAIS DE MONO E OLIGOSSACARÍDEOS EM ALIMENTOS

Os mono e dissacarídeos conferem aos alimentos, nos quais estão naturalmente presentes ou são adicionados, diferentes características, em função de sua estrutura e concentração e das condições do alimento, tais como: teor de água, pH, etc. Esses compostos contribuem para o valor nutricional do alimento, fornecem calorias, podem ser umectantes, plastificantes, texturizantes, fortalecedores de sabor e adoçantes.

Ligação com água

A capacidade dos carboidratos de ligarem água é uma de suas principais propriedades, pois possuem várias hidroxilas capazes de fazer pontes de hidrogênio com a água. Essa capacidade de ligar água varia, em função da estrutura do carboidrato.

Higroscopicidade

Esses carboidratos são higroscópicos, ou seja, em função do fato de serem capazes de ligar água através de suas hidroxilas, eles absorvem água do ar atmosférico. A capacidade de absorver água do ambiente ou higroscopicidade de alguns carboidratos é apresentada na Tabela 2.2. A D-frutose é muito mais higroscópica que a D-glicose, embora ambas tenham o mesmo número de hidroxilas. Esse comportamento pode ser atribuído a uma menor disponibilidade das hidroxilas na glicose que na frutose. A alta higroscopicidade da frutose é responsável pela característica de pegajosidade em alimentos ricos nesse açúcar.

TABELA 2.2 — *Higroscopicidade de alguns açúcares*

	Água absorvida (%)		
	60% UR/1h[1]	60% UR/9d[2]	100% UR/25d[3]
D-glicose	0,07	0,07	14,5
D-frutose	0,28	0,63	73,4
Sacarose	0,04	0,03	18,4
Maltose anidra	0,80	7,0	18,4
Maltose hidratada	5,05	5,1	—
Lactose anidra	0,54	1,2	1,4
Lactose hidratada	5,05	5,1	—

Onde: 1. exposição da amostra em um ambiente com 60% de umidade relativa durante 1 hora;
2. exposição da amostra em um ambiente com 60% de umidade relativa durante 9 dias;
3. exposição da amostra em um ambiente com 100% de umidade relativa durante 25 dias.

Fonte: Fennema (1985).

Umectância

Como os carboidratos ligam água do alimento, eles são capazes de controlar a atividade de água do mesmo. Essa habilidade de ligar água e controlar a atividade de água do alimento é uma de suas mais importantes propriedades funcionais. A capacidade de ligar água é denominada de umectância. Dependendo do produto, pode ser desejável limitar a entrada de água no alimento ou controlar a saída. Esse é o método utilizado na produção de doces, geléias, etc., para reduzir a atividade de água e aumentar a vida-de-prateleira desses produtos. A sacarose e o açúcar invertido são os mais utilizados na produção desses alimentos.

Texturização

Os açúcares apresentam também a propriedade funcional de afetar a textura do alimento, são texturizantes. Essa propriedade decorre da elevada solubilidade dos açúcares em água (Tabela 2.3). Os açúcares apresentam diferença de solubilidade, em função de sua forma anomérica (α ou β). Devido à capacidade dos açúcares de ligarem água, podem ser adicionados aos alimentos e modificarem sua textura. Os açúcares são normalmente adicionados na forma de cristais ou de xaropes.

TABELA 2.3 — *Solubilidade de alguns açúcares em água*

Açúcar	g/100 g de água (20 °C)
Sacarose	204
Frutose	375
Glicose. H_2O	107
Maltose	83
Lactose	20

Os efeitos estruturais dos açúcares nos alimentos dependem de seu estado físico e de suas interações com a água. Os açúcares podem formar soluções supersaturadas, conferindo consistência de sólido e transparência (estado vítreo), ou podem se cristalizar.

A diferença de solubilidade entre os açúcares pode ser usada na fabricação de caramelos duros com tempo variável de duração na boca. A adição de um maior teor de glicose num caramelo duro diminui sua velocidade de dissolução.

Os caramelos duros e transparentes são produzidos com soluções supersaturadas de açúcares (sacarose, glicose ou açúcar invertido). Nesses produtos, esses açúcares encontram-se em um estado amorfo instável (estado vítreo) e contêm mais água que no seu correspondente estado cristalino. No estado vítreo, as moléculas de açúcar estão mais afastadas do que no estado cristalino. Como esse estado é instável, o açúcar pode passar ao estado cristalino e, nesse caso, o excesso de água será eliminado e, conseqüentemente o caramelo ficará pegajoso.

Nos caramelos moles, os açúcares encontram-se na forma cristalina e o tamanho dos cristais deve ser controlado para evitar que esses fiquem grandes, dificultando a mastigação do caramelo. O controle de crescimento dos cristais é realizado pela adição de misturas de açúcar ou do açúcar na sua forma anomérica desejada (sementes de cristalização), que irão retardar a velocidade de crescimento dos cristais, ou ainda pela agitação da massa ao cristalizar, resultando assim em muitos núcleos de cristalização, garantindo um crescimento pequeno e uniforme dos cristais. O grande número de pequenos cristais torna o caramelo opaco e facilita a sua mastigação.

Ligação com flavorizantes

Em muitos alimentos, principalmente naqueles sujeitos aos processos de secagem convencional e liofilização, os carboidratos podem ser importantes devido à sua capacidade de reter compostos voláteis aromáticos e pigmentos naturais.

Entre os compostos voláteis estão incluídos vários aldeídos, cetonas, ésteres, ácidos carboxílicos e, eles são efetivamente retidos nos alimentos mais por dissacarídeos do que por monossacarídeos. Alguns carboidratos como dextrinas são capazes de formar sistemas que prendem o composto flavorizante e o protegem. Alguns polissacarídeos são extremamente eficientes nessa função, como, por exemplo, a goma arábica. A goma arábica forma uma película em torno dos compostos flavorizantes e os protege de absorção de umidade, perdas por evaporação ou oxidação química. Misturas de goma arábica e gelatina são utilizadas na técnica de microencapsulação.

Doçura

A doçura de alguns mono e dissacarídeos é uma de suas propriedades funcionais mais reconhecidas e mais agradáveis. A intensidade de doçura relativa de alguns açúcares e seus derivados alcoólicos é apresentada na Tabela 2.4. Os polialcoólicos apresentam a vantagem de serem menos calóricos que seus açúcares correspondentes. O padrão de doçura é a sacarose, ao qual se atribui arbitrariamente um valor de doçura relativa de 100. A intensidade de sabor doce de um alimento varia com o açúcar e com sua concentração no alimento.

Com exceção da sacarose, a doçura diminui com o aumento do número de unidades de monossacarídeos nos oligossacarídeos porque apenas uma unidade de monossacarídeo interage com a mucoproteína do receptor da língua.

TABELA 2.4 — *Doçura relativa de alguns carboidratos*

Açúcar	Doçura relativa* em solução	Doçura relativa[1] no estado cristalino
β-D-frutose	100—175	180
Sacarose	100	100
α-D-glicose	40-79	74
β-D-glicose	80	82
α-D-galactose	27	32
β-D-galactose	—	21
α-D-lactose	16—38	16
β-D-lactose	48	32
Rafinose	23	um
xilitol	90	—
sorbitol	63	—
galactitol	58	—
maltitol	68	—
lactitol	35	—

[1]Onde = doçura em relação ao padrão sacarose (valor = 100), *mesma concentração do padrão solução 1%.
Fonte: Fennema (1985).

2.7 AMIDO

O amido é a fonte de reserva mais importante dos vegetais, está presente nos plastídios de vegetais superiores. Pode ser encontrado em raízes, sementes e tubérculos. Existem vários tipos de amido, derivados do milho, arroz, batata, mandioca, feijão, trigo e várias outras fontes. Os diferentes amidos apresentam propriedades diferentes e são utilizados na indústria de alimentos com diferentes propósitos, tais como: nutricional, tecnológico, funcional, sensorial e estético.

O amido é a matéria-prima mais barata e abundante, principalmente para a alimentação humana.

2.7.1 Estrutura

O amido é constituído por uma mistura de dois polissacarídeos: amilose e amilopectina, em proporções que variam com a espécie e o grau de maturação.

Na Tabela 2.5 é apresentada a % de amilose, em relação ao total de amido, presente em alguns vegetais. Os amidos normalmente contêm cerca de 25% de amilose. Variedades mutantes de milho, denominadas de amidos com alto teor de amilose, apresentam um teor de amilose de até 85%. As variedades comerciais normalmente apresentam no máximo 65% de amilose. Por outro lado, certos amidos contêm apenas amilopectina e são denominados de cerosos, como, por exemplo, amido de milho ceroso.

TABELA 2.5 — *Teor de amilose de alguns amidos*

Amido	Amilose* (%)
Milho	25
Arroz	16
Batata	18
Arroz ceroso	zero
Milho ceroso	zero
Trigo	24

*Teor de amilose em relação ao total de amido.
Fonte: Bobbio & Bobbio (1992).

2.7.1.1 Amilose

A amilose é formada por uma cadeia linear de unidades de α-D-glicopiranoses unidas por ligações glicosídicas α 1,4. Ela pode conter de 350 a 1000 unidades de glicose em sua estrutura.

A amilose apresenta estrutura helicoidal, α-hélice, formada por pontes de hidrogênio entre os radicais hidroxilas das moléculas de glicose. Essa estrutura acomoda átomos de iodo, formando compostos de inclusão de cor azul intensa. Sua estrutura é representada na Figura 2.29.

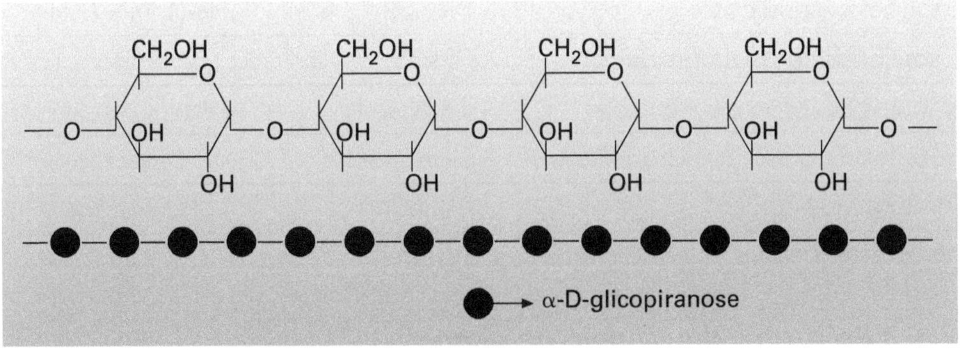

CH_2OH O OH OH — α-D-glicopiranose

FIGURA 2.29 Representação da estrutura da amilose.

2.7.1.2 Amilopectina

A amilopectina apresenta uma estrutura ramificada, constituída por cadeias lineares de 20 a 25 unidades de α-D-glicoses unidas em α-1,4. Essas cadeias estão unidas entre si, através de ligações glicosídicas α-1,6. A amilopectina é constituída por 10 a 500 mil de unidades de glicose e apresenta uma estrutura esférica. Sua estrutura é representada na Figura 2.30. As propriedades da amilose e da amilopectina são apresentadas na Tabela 2.6.

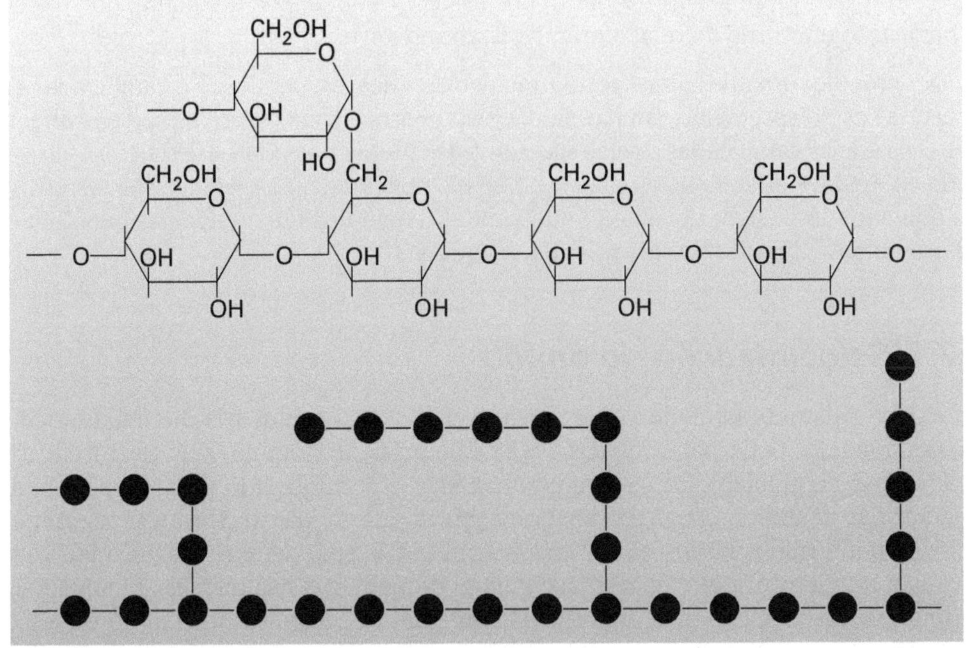

FIGURA 2.30 Representação da estrutura da amilopectina.

TABELA 2.6 — *Características físico-químicas da amilose e da amilopectina*

Polissacarídeo	Amilose	Amilopectina
Peso molecular	50 000 a 200 000	100 000 a vários milhões
Ligações glicosídicas	α-(1,4)	α-(1,4), α-(1,6)
Suscetibilidade à retrogradação	Alta	Baixa
Produtos da ação da β amilase	Maltose	Maltose, β-dextrinas
Produtos da ação da glicoamilase	D-glicose	D-glicose
Estrutura molecular	Linear	Ramificada

Fonte: Fennema (1985).

2.7.1.3 Estrutura do grânulo de amido

De todos os polissacarídeos, o amido é o único presente nos tecidos vegetais em unidades individuais pequenas denominadas de grânulos. Esses grânulos permanecem essencialmente intactos durante os principais tipos de processamento utilizados para preparar o amido como ingrediente alimentício, tais como moagem, separação e purificação do amido ou mesmo durante as modificações químicas principais. Uma vez que eles são sintetizados pelas células das plantas, eles assumem a forma e o tamanho prescrito pelo sistema biossintético da planta e pelas condições físicas impostas pelo tecido. O tamanho e a forma dos grânulos de amido variam de planta para planta e, por isso, o exame da estrutura do grânulo de amido ao microscópio é uma forma de identificar a origem do amido. Todos os grânulos apresentam uma fissura, denominada de hílium, que é o ponto de nucleação em torno do qual o grânulo se desenvolve.

No grânulo, quando a mistura de moléculas lineares (amilose) e ramificadas (amilopectina) estão associadas em paralelo, existem associações entre as cadeias lineares e entre as cadeias ramificadas, e elas são mantidas juntas por pontes de hidrogênio, resultando em regiões cristalinas ou micelas. Sob luz polarizada, os grânulos são birrefringentes, que é um indicativo de arranjo cristalino. Os dois tipos de moléculas parecem estar uniformemente distribuídos através dos grânulos.

2.7.2 Gelatinização do amido

A umidade existente no amido é de cerca de 12 a 14%. A água fria, no máximo 30% da massa do amido, pode penetrar nas regiões amorfas do grânulo, sem perturbar as micelas (zonas cristalinas). Se esse amido começar a ser aquecido na presença de água, as moléculas de amido começam a vibrar mais intensamente, quebram-se as pontes de hidrogênio intermoleculares, permitindo assim que a água penetre nas micelas, e quanto mais a temperatura aumenta, mais água pode penetrar nas micelas. O aquecimento contínuo na presença de uma quantidade abundante de água resulta em perda total das zonas cristalinas, a birrefringência desaparece e o amido se torna transparente. A temperatura na qual a birrefringência desaparece é denominado de *ponto de gelatinização* ou *temperatura de gelatinização*. Como esse ponto não é bem definido, grânulos menores gelatinizam primeiro e maiores depois, utiliza-se normalmente o termo *faixa de temperatura de gelatinização*. Durante a gelatinização, o grão incha muito, e a viscosidade da suspensão aumenta, formando uma pasta, até um valor máximo de viscosidade. Posterior aquecimento, além da temperatura de gelatinização, quando a viscosidade é máxima, resulta em degradação da estrutura do amido. Então, uma dispersão contendo 1% em massa de amido em água fria tem baixa viscosidade, mas com o aquecimento até a gelatinização desse amido é produzida uma pasta viscosa.

A viscosidade da pasta decorre da alta resistência ao fluxo de água por parte dos grânulos inchados de amido, que agora ocupam quase que todo o volume da dispersão. Esses grânulos inchados podem ser facilmente quebrados e desintegrados pela moagem ou agitação intensa da pasta e, nesse caso, a viscosidade diminuirá.

A variação da viscosidade durante a gelatinização de uma pasta de amido é ilustrada na Figura 2.31. Como os amidos de diferentes origens exibem diferentes faixas de gelatinização, a medida dessa faixa de temperatura permite identificar o amido (Tabela 2.7).

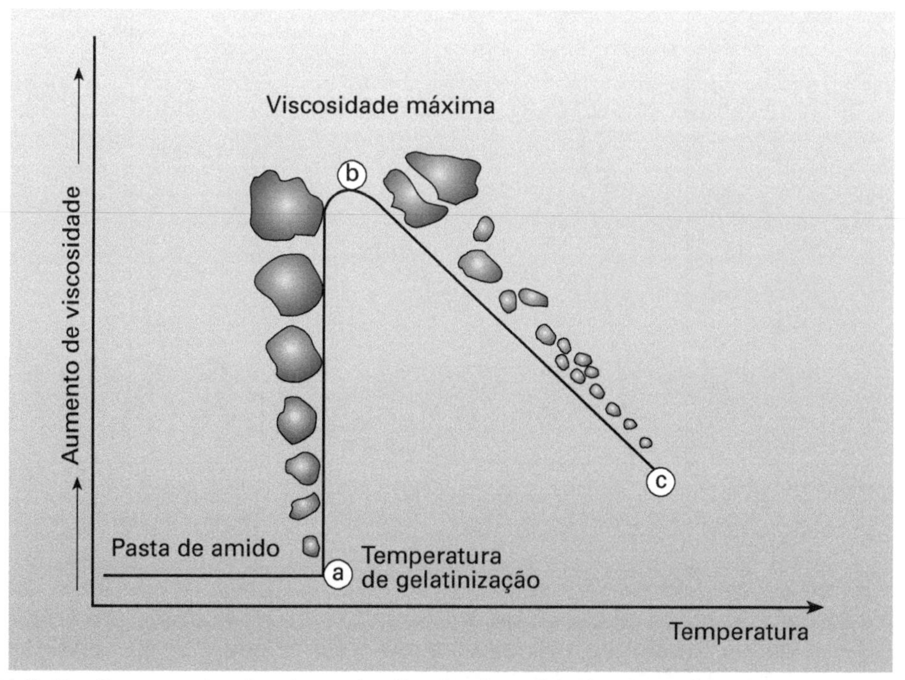

FIGURA 2.31 Representação da variação da viscosidade do amido durante sua gelatinização. *Fonte:* adaptado de http://class.fst.ohio-state.edu/FST605/lectures/lect19.html

O comportamento de diferentes amidos com relação à absorção de água, em função da temperatura de aquecimento é apresentado na Figura 2.32. À medida que o amido gelatiniza, aumenta sua suscetibilidade ao ataque por amilases.

TABELA 2.7 — *Faixas de temperatura de gelatinização de alguns amidos*

Amido	Temperatura (°C)
Milho	61—72
Batata	62—68
Batata doce	82—83
Mandioca	59—70
Trigo	53—64
Arroz	65—73

Fonte: Fennema (1985).

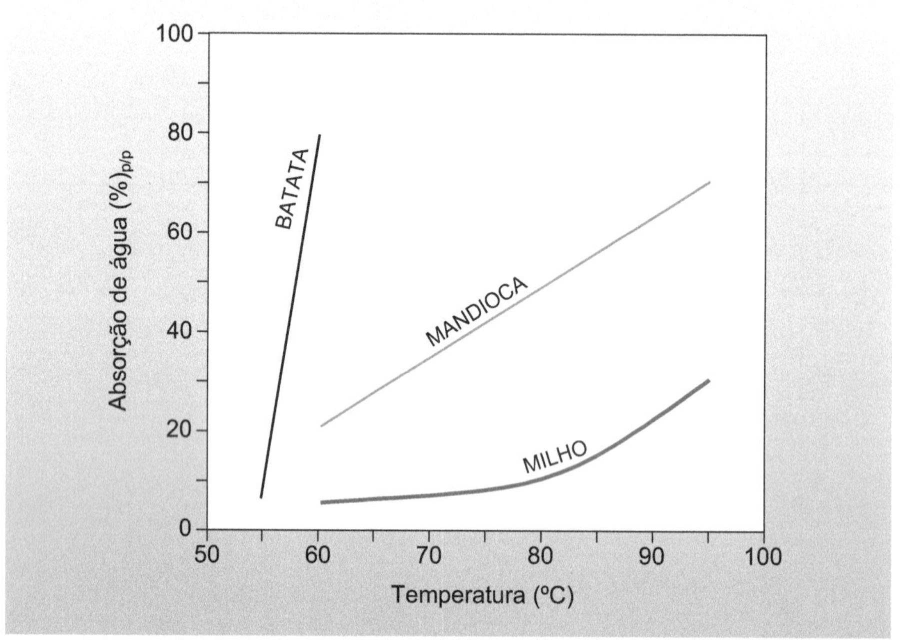

FIGURA 2.32 Variação da absorção de água, em função da temperatura para os amidos de batata, mandioca e milho. *Fonte*: http://class.fst.ohio-state.edu/FST605/lectures/lect19.html

O amido gelatinizado apresenta viscosidade máxima na temperatura de gelatinização. Se essa pasta for resfriada, a viscosidade vai aumentar com o decréscimo de temperatura, pontes de hidrogênio intermoleculares serão formadas e será formado um gel. A dureza do gel depende da concentração e do tipo de amido.

2.7.3 Retrogradação

A retrogradação é um fenômeno decorrente da reaproximação das moléculas e, devido à redução de temperatura durante o resfriamento do gel, com formação de pontes de hidrogênio intermoleculares e com a conseqüente formação de zonas cristalinas e expulsão da água existente entre as moléculas (sinérese). A retrogradação resulta em redução de volume, aumento da firmeza do gel e sinérese. É um fenômeno é irreversível e ocorre mais rápido em temperaturas próximas a 0 °C. O amido retrogradado é insolúvel em água fria e resiste ao ataque enzimático. Em função de sua estrutura linear, as moléculas de amilose se aproximam mais facilmente e são as principais responsáveis pela ocorrência do fenômeno, enquanto na amilopectina o fenômeno parece ocorrer somente na periferia de sua molécula.

A adição de tensoativos ou de lipídeos neutros dificulta a associação entre as moléculas de amilose porque esses compostos se associam com as amiloses. Os efeitos da retrogradação podem ser parcialmente revertidos pelo aquecimento. A energia térmica e a movimentação das moléculas de amido restauram parcialmente o estado amorfo, estrutura aberta que confere uma textura macia.

A retrogradação é um processo complexo e depende de muitos fatores, tais como: o tipo de amido, concentração, temperatura, tempo de armazenamento, pH, processo de resfriamento e presença de outros compostos. A retrogradação do amido é favorecida por baixas temperaturas e altas concentrações de amido. A velocidade de retrogradação é maior na faixa de pH de 5-7 e diminui em valores mais altos e baixos de pH.

2.7.4 Fatores que afetam o gel de amido

A gelatinização do amido, a viscosidade das suspensões de amido e as características dos géis de amido dependem não apenas da temperatura, mas também dos tipos e quantidades dos outros constituintes presentes.

Em alimentos, a água não é somente um meio de reação, mas é também um ingrediente ativo usado para controlar reações, textura e comportamento físico e biológico. Não é a quantidade de água que é importante, mas sim a água disponível, ou seja, a atividade de água. A atividade de água é influenciada por sais, açúcares e outros agentes capazes de ligar fortemente a água. Se esses tipos de constituintes estiverem presentes em grandes quantidades, a atividade de água será menor, e a gelatinização não irá ocorrer ou ocorrerá em limitada extensão. Em resumo, constituintes capazes de fazer fortes ligações com a água reduzem a gelatinização do amido, pois competem pela água que iria se ligar ao amido.

Altas concentrações de açúcar reduzem a taxa de gelatinização do amido, a viscosidade da pasta e a dureza do gel. Os açúcares reduzem a força do gel por ligarem água e por interferirem na formação da estrutura do gel. Dissacarídeos são mais efetivos na redução da gelatinização e do aumento de viscosidade do que os monossacarídeos.

Os lipídeos, como mono, di e triglicerídeos, e alguns emulsificantes, também ocorrem em alimentos e afetam a gelatinização do amido. Gorduras que se complexam com a amilose retardam a absorção de água pelos grãos. A adição de monoglicerídeos com cadeia de 16 a 18 átomos de carbono resulta em aumento da temperatura de gelatinização, redução da temperatura de formação do gel e redução da força do gel de amido. Esses compostos formam complexos de inclusão com a amilose helicoidal e resistem à entrada de água no grânulo, mas por outro lado dificultam a retrogradação.

Os sais, em função de sua característica neutra, em baixas concentrações exercem pouco efeito na gelatinização e formação do gel.

A maioria dos alimentos apresenta valor de pH na faixa de 4 a 7, e essa concentração de ácido tem pouco efeito na gelatinização do amido. Em valores de pH alcalinos, o amido degrada-se pelo mecanismo de β-eliminação. Em baixos valores de pH (pH < 3,0), ocorre hidrólise do amido.

2.7.5 Produção de xaropes a partir de amido

A produção de xaropes, a partir de amido de milho, pode ser realizada por três métodos distintos. O grau de conversão de amido a D-glicose (dextrose) é medido em termos de dextrose equivalente (DE) e é definida como porcentagem de açúcares redutores em um xarope de milho, calculada como dextrose em base seca.

O primeiro método é a conversão ácida. Pasta de amido (30 a 40 g/100 g em suspensão aquosa) é tratada com ácido clorídrico (0,12 g/100 g), e a mistura é aquecida a 140-160 °C por 15 a 20 minutos ou até o DE desejado ser atingido. Ao final da hidrólise, o aquecimento é interrompido, e a mistura é neutralizada com um álcali até um pH de 4,5-5,0. Após centrifugação, filtração e concentração, obtém-se o xarope de milho.

Xaropes produzidos por via enzimática empregam o mesmo tratamento ácido já descrito, seguido por tratamento enzimático. As enzimas utilizadas nessa fase incluem α-amilase, amiloglicosidase e pululanase, dependendo do produto final desejado. Para a produção de um xarope de milho rico em maltose, utiliza-se principalmente α-amilase e β-amilase, enquanto para aquele rico em glicose, as enzimas utilizadas são α-amilase e amiloglicosidase. O rompimento das ligações glicosídicas α-1,6 pode ser acelerada com o emprego de outra enzima, a pululanase.

Xaropes com alto teor de amilose também são produzidos por conversão ácida-enzimática. O tratamento ácido é realizado até atingir-se um DE=20; então, após neutralização e clarificação, a β-amilase é adicionada e a enzima atua até o DE final desejado e depois é inativada por aquecimento.

2.7.6 Amidos modificados

O amido, embora muito utilizado pela indústria de alimentos, apresenta resistência limitada às condições físicas usadas pela indústria. Para aumentar essa resistência, os amidos são quimicamente e/ou fisicamente modificados. Essas modificações podem ser realizadas de várias formas; entretanto, apenas algumas são importantes para a indústria de alimentos, as quais serão descritas. Os amidos de milho, batata e mandioca são os principais amidos usados para a produção dos amidos modificados.

Os amidos modificados são produtos obtidos a partir do amido, com a finalidade de atender às necessidades específicas da indústria de alimentos.

2.7.6.1 Amidos modificados quimicamente

As modificações químicas normalmente compreendem as seguintes reações: hidrólise ácida, oxidação, esterificação e eterificação. Vários tratamentos devem ser usados para a obtenção das propriedades desejadas.

Modificações tais como formação de ligações cruzadas, eterificação e esterificação são realizadas na pasta alcalina (pH = 8,0) de amido a 30-50 °C. O tempo de reação varia de 30 minutos para formação de ligações cruzadas até 24 horas para a reação de eterificação. A seguir, a pasta é acidificada até pH de 5,0 e lavada para remover subprodutos, sais, etc.

Dextrinas

Esse tipo de amido modificado apresenta maior solubilidade em água fria que o amido comum e forma soluções menos viscosas.

A hidrólise ácida do amido pode ser realizada em temperaturas menores que a de gelatinização, ocorre nas regiões amorfas dos grânulos e não afeta as regiões cristalinas. Em amido de milho, a hidrólise ácida na amilopectina ocorre mais extensivamente que na amilose. Algumas propriedades desses amidos incluem menor viscosidade da pasta, menor viscosidade intrínseca, gel mais mole e maior temperatura de gelatinização.

O amido hidrolisado com ácido normalmente comercializado é produzido a partir de uma pasta de amido de milho com 40% de sólidos, adicionada de ácido clorídrico ou sulfúrico a 25-55 °C. O tempo de tratamento depende do produto final desejado e pode variar de 6 a 24 horas. A mistura é neutralizada com um álcali e o amido modificado é filtrado e seco. Esses amidos são usados em balas de gomas e confeitos, devido à sua habilidade de formar pastas concentradas que gelificam firmemente no resfriamento.

Amidos branqueados

Os amidos branqueados são produzidos com aplicação de hipoclorito de sódio. Este reagente branqueia as xantofilas e pigmentos relacionados.

Amidos oxidados

O amido é tratado com um agente oxidante, normalmente ácido hipocloroso (HOCl), e suas hidroxilas livres são oxidadas a carboxilas. A formação de ácido carboxílico ocorre ao acaso. A presença de ácido carboxílico, na molécula, resulta na presença de cargas negativas, aumenta a repulsão entre as cadeias de amilose, dificultando sua aproximação e reduzindo a retrogradação. Os amidos oxidados formam géis mais moles e mais claros. Esses amidos são espessantes adequados para sistemas que requerem géis de baixa rigidez. As soluções diluídas de amidos oxidados permanecem claras durante a estocagem, mesmo que prolongada.

Amidos com ligações cruzadas

A introdução de ligações éster nos grupos hidroxilas, entre as cadeias de amido, estabiliza os grânulos. O grau de substituição é a razão entre o número de ligações, e o número de unidades de glicose. Na maioria dos casos, uma ligação cruzada a cada 500 a 1 000 unidades de glicose é suficiente para a obtenção da estabilidade necessária sem alteração do valor nutricional.

Os reagentes como oxicloreto de fósforo e trimetafosfato de sódio são usados na produção de amido diéster de fosfato, o qual apresenta o fosfato esterificado com dois grupos hidroxilas, normalmente, uma hidroxila de uma cadeia e a outra hidroxila de uma cadeia vizinha de amido, formando uma ponte entre duas cadeias. Esse tipo de amido é denominado de amido com ligações cruzadas. Essa ligação covalente entre duas cadeias de amido evita que o grânulo aumente de volume e proporciona uma maior estabilidade ao calor, a agitação, a danos por hidrólise e reduz sua tendência a ruptura.

A ligação cruzada pode ser produzida com o tratamento de amido seco com trimetafosfato, ou por tratamento de uma pasta de amido com solução 2 g/100 g de trimetafosfato (pH 10-11) por 1 hora a 50 °C.

A mudança mais importante efetuada por esse tratamento é o aumento da estabilidade do amido gelatinizado. Esse tipo de amido é usado principalmente em alimentos infantis, temperos para saladas, coberturas, com a função de espessar e estabilizar. Eles são superiores aos amidos comuns nessas aplicações devido à sua habilidade de manter o alimento em suspensão após o cozimento, em função do fato de eles fornecerem resistência à gelificação, apresentarem boa estabilidade no congelamento-descongelamento e de não sofrerem retrogradação.

Amidos eterificados e esterificados

O amido sofre muitas reações típicas de alcoóis, tais como esterificação e eterificação. Como as moléculas de D-glicopiranosil contêm três grupos hidroxilas livres, o grau de substituição pode variar de 0 a 3. Comercialmente, os mais importantes amidos modificados possuem um grau de substituição pequeno (menor que 0,1). Essas modificações podem produzir mudanças distintas nas propriedades coloidais e geralmente produzem polímeros com propriedades úteis em várias aplicações em alimentos.

O amido hidroxietilado, com grau de substituição de 0,05 a 0,1, pode ser produzido a partir do tratamento do amido com óxido de etileno a 50 °C. A introdução desses grupos hidroxietil, mesmo com baixo nível de substituição, resulta em modificações acentuadas nas propriedades do amido, dentre as quais uma menor temperatura de gelatinização, maior absorção de água, menor tendência à gelificação e retrogradação.

Amidos acetilados, com baixo grau de substituição, produzem soluções estáveis, uma vez que a presença de apenas alguns grupos acetil inibe a associação das moléculas de amilose e das extremidades das moléculas de amilopectinas. Esse tipo de amido é produzido pelo tratamento do amido granular com ácido acético ou, preferivelmente, anidrido acético, na presença de um catalisador. O produto comercial é produzido pela exposição do amido ao anidrido acético em pH 7-11 e temperatura de 25 °C para se obter um amido com grau de substituição de 0,5. Esse tipo de amido possui baixa temperatura de gelatinização e boa resistência à retrogradação, além de menor habilidade de formar gel. São usados em bolos, pudins instantâneos, recheios e coberturas.

O amido esterificado, muito utilizado na indústria de alimentos, é o amido fosfatado. Amido monoesterfosfato pode ser preparado a partir da reação de uma mistura seca de amido e sais de orto, piro ou tripolifosfatos, em temperaturas da ordem de 50 – 60 °C. Condições típicas envolvem o aquecimento por 1 hora a 50-60 °C. O grau de substituição obtido geralmente é menor que 0,25, mas derivados com alto grau de substituição podem ser obtidos com o emprego de temperaturas mais elevadas, de maiores concentrações do sal fosfato e pelo emprego de um maior tempo de reação. Esses amidos, em relação ao amido comum, apresentam menor temperatura de gelatinização e são mais solúveis em água fria; além disso, são bem menos suscetíveis à retrogradação. São utilizados em alimentos congelados devido à sua estabilidade no processo de congelamento-descongelamento.

2.7.6.2 Amidos pré-gelatinizados

Os amidos pré-gelatinizados são produzidos pela modificação física do amido. É obtido a partir da secagem e pulverização de uma pasta de amido gelatinizada, ou secagem por "spray-drying" de uma pasta de amido gelatinizada.

O amido pré-gelatinizado é solúvel em água fria e é fácil e rapidamente reidratado. Em produtos alimentícios, pode ser incorporado facilmente sem aquecimento para aumentar a viscosidade ou gelificar. O amido pré-gelatinizado é um componente útil em alimentos, no qual o cozimento não é normalmente utilizado, tais como: pudins instantâneos, sopas instantâneas, recheios de bolos, etc.

De forma geral, o amido é mais utilizado como espessante em produtos como recheios, sopas e molhos. Alguns exemplos de aplicações e respectivas funções de amidos em alimentos são apresentados no Quadro 2.1.

QUADRO 2.1
Aplicações e funções de amido em alimentos

Função	Aplicação
Adesão	Produtos empanados
Antienvelhecimento	Pães, bolos
"Clouding" (névoa)	Recheios cremosos
Espessante	Recheios, sopas
Estabilizante	Bebidas, molhos para salada
Fortalecedor de espuma	Bebidas, "marshmallows"
Gelificante	"Flans", balas de goma
Moldagem	Balas de goma
Revestimento, cobertura	Pães, chicletes
Umectante	Pães

2.8 GLICOGÊNIO

É um polissacarídeo que ocorre somente nos animais, é armazenado no fígado (2–8% do total) e no músculo em baixas concentrações (0,5–1%). É uma homoglicana, com estrutura similar à da amilopectina, contendo ligações glicosídicas α-D-(1,4) e α-D-(1,6), apresentando, entretanto, maior peso molecular e maior grau de ramificação que a amilopectina.

O glicogênio é o principal carboidrato estocado no tecido muscular e no fígado animal. É hidrolisado à glicose, a qual por sua vez, é utilizada como fonte de energia imediata para a contração no músculo ou então para a manutenção da concentração de glicose sangüínea no fígado.

2.9 CELULOSE

A celulose é a substância orgânica mais abundante na natureza, constitui um terço de toda a matéria vegetal no mundo e é o principal constituinte da parede celular de vegetais superiores, sendo o seu elemento de estrutura mais importante. Ocorre nas paredes celulares, normalmente associadas com hemicelulose e lignina, e o tipo e extensão dessas associações contribuem intensamente para a textura dos vegetais. Entretanto, a maioria das alterações de textura que ocorrem durante a maturação das plantas é decorrente de alterações nas substâncias pécticas.

2.9.1 Estrutura e propriedades

A celulose não é digerida pelo homem, é um componente das fibras dietéticas, as quais são indispensáveis para o funcionamento adequado dos intestinos.

É uma homoglicana, constituída de cadeias lineares de D-glicopiranoses, ligadas em β-(1,4), em número que varia de 100 a 200 unidades de monossacarídeos. As moléculas de celulose são estabilizadas por pontes de hidrogênio intramoleculares, entre as hidroxilas ligadas aos carbonos na posição três e o oxigênio do anel (Figura 2.33). Essas cadeias podem facilmente colocar-se paralelas uma às outras, formando regiões de ordem cristalina elevada, contribuindo para a insolubilidade e pouca reatividade da celulose.

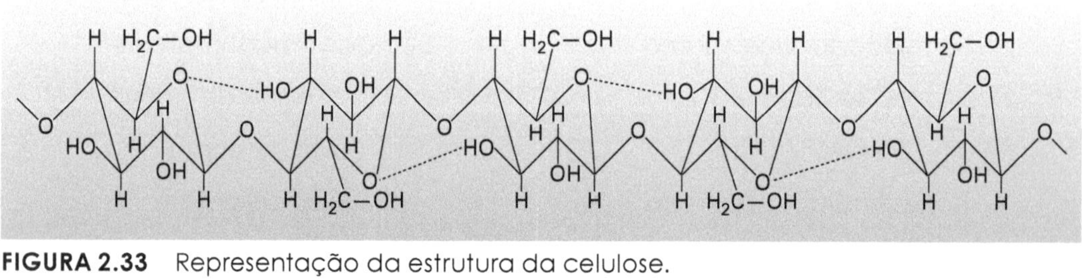

FIGURA 2.33 Representação da estrutura da celulose.

A celulose apresenta regiões amorfas e regiões cristalinas. As regiões amorfas são atacadas por solventes e reagentes químicos, e as cristalinas, não. Essa reação diferencial é usada na fabricação de celulose microcristalina, na qual as regiões amorfas são hidrolisadas por ácidos, deixando apenas pequenas regiões cristalinas resistentes.

A celulose é insolúvel em água e dificilmente é totalmente hidrolisada por reagentes químicos, somente por enzimas, as celulases.

2.9.2 Derivados da celulose

Pelas modificações químicas mais intensas na molécula de celulose, são obtidos produtos com propriedades extremamente úteis para a indústria de alimentos. Esses derivados da celulose são produzidos a partir da celulose tratada com hidróxido de sódio.

A celulose alcalina é obtida a partir do tratamento da celulose com hidróxido de sódio. As fibras da celulose incham, quando da entrada de água e NaOH entre as cadeias e um tratamento posterior das fibras com diferentes reagentes químicos resulta nos derivados da celulose. O tratamento da celulose alcalina com cloreto de metila produz a metil-celulose, com óxido de propileno, produz a hidroxipropilcelulose, e com monocloroacetato de sódio obtém-se a carboxi-metil-celulose (CMC). As combinações de dois ou mais desses reagentes podem ser usadas para produzir derivados mistos, tais como a hidroxipropilcelulose.

2.9.2.1 CMC

A carboxi-metil-celulose (CMC) é o derivado da celulose mais utilizado. A reação e a estrutura de obtenção da CMC, a partir da reação da celulose alcalina com monocloroacetato de sódio ($ClCH_2$-COO^- Na^+), são apresentadas na Figura 2.34.

A estrutura da celulose permite, teoricamente, a substituição de três hidroxilas em cada molécula de glicose. A carboxi-metil celulose com grau de substituição de 0,7 a 1,0 é principalmente utilizada para aumentar a viscosidade de alimentos. Ela dissolve-se em água e forma um fluido não Newtoniano, cuja viscosidade diminui com o aumento de temperatura. As soluções são estáveis na faixa de pH de 5 a 10, com estabilidade máxima na faixa de pH de 7 a 9. A CMC forma sais solúveis com cátions monovalentes, mas a solubilidade diminui na presença de cátions bivalentes e os cátions trivalentes podem provocar sua precipitação.

A CMC auxilia na solubilização de algumas proteínas, como gelatina, caseína e proteínas da soja, e esse comportamento é devido à formação de um complexo entre CMC e a proteína.

Em função de suas propriedades reológicas e ausência de toxicidade, a CMC possui ampla aplicação em alimentos: ela atua como ligante e espessante em pudins, queijos fundidos, recheios, etc. Sua capacidade de ligar água é muito útil em sorvetes e sobremesas geladas, retardando o crescimento de cristais de gelo. Ela retarda o crescimento de cristais de açúcar em confeitos, coberturas e xaropes e possui um excelente efeito de aumento de volume em bolos e tortas. Auxilia na estabilização de emulsões e também fornece um aumento de volume excelente em alimentos dietéticos sem açúcar. Em bebidas de baixo valor calórico, a CMC auxilia na retenção do gás carbônico.

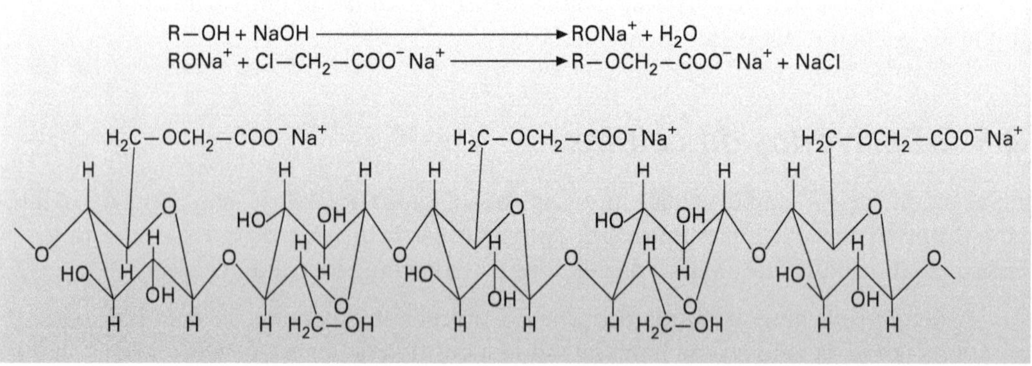

$$R{-}OH + NaOH \longrightarrow RONa^+ + H_2O$$

$$RONa^+ + Cl{-}CH_2{-}COO^- Na^+ \longrightarrow R{-}OCH_2{-}COO^- Na^+ + NaCl$$

FIGURA 2.34 Representação da reação de obtenção da CMC a partir da celulose. Estrutura da carboxi-metil celulose (CMC).

2.9.2.2 *Metil celulose (MC) e metil hidroxipropilcelulose (MHPC)*

Outro derivado da celulose usado em alimentos é a metil celulose, preparada de forma semelhante a CMC, a partir do tratamento da celulose com hidróxido de sódio e cloreto de metila (CH_3Cl). Sua solubilidade máxima ocorre, quando se efetua um grau de substituição de 1,4 a 2,0 grupos metila por moléculas de glicose.

A produção da hidroxipropilcelulose (MHPC) é similar, e os reagentes utilizados são cloreto de metila e óxido de propileno. O grau de substituição utilizado é de 0,5 a 1,0.

A metil celulose e a MHPC exibem a propriedade única de serem solúveis em água fria, mas insolúveis em água quente. Quando a solução é aquecida forma gel, exibe termogelatinização, e este quando é resfriado volta a ser solução. Ambas são estáveis na faixa de pH de 2 a 13 e na presença de eletrólitos.

A metil celulose é um espessante, cujo aumento de viscosidade do meio depende de seu peso molecular. Em bolos, a metil celulose aumenta a absorção de água e sua retenção. Em alguns alimentos dietéticos, atua como inibidor de sinérese e proporciona aumento de volume. É utilizado em alimentos congelados para evitar sinérese.

A MC e a MHPC, quando em soluções diluídas, reduzem a tensão superficial da água. As propriedades espessantes da MC aliadas à sua tensoatividade permitem sua utilização em produtos emulsionados e em cremes aerados, como "chantilly".

2.10 *HEMICELULOSES*

São polissacarídeos complexos encontrados nas paredes de células vegetais, associados com celulose e lignina. São moléculas menores que as celuloses, constituídas principalmente por unidades de D-xilose, L-arabinose, D-galactose, D-manose e L-ramnose. Junto com a pectina, forma uma matriz amorfa em torno das fibras de celulose.

Em pães e bolos produzidos com farinha integral, as hemiceluloses auxiliam na capacidade de absorção de água pela farinha, promovem a mistura e auxiliam na incorporação da proteína, além de aumentar o volume. Alguns estudos mostram que as hemiceluloses diminuem a retrogradação em pães.

As hemiceluloses não são digeridas pelo organismo humano e fazem parte das fibras dietéticas.

2.11 PECTINAS

O poder gelificante da pectina é usado em alimentos desde que as primeiras geléias à base de frutas foram feitas. As substâncias pécticas ocorrem na maioria dos tecidos vegetais, principalmente em tecidos macios como os frutos. Nos vegetais, desempenham um importante papel na lamela média da célula, auxiliam na manutenção da união celular junto com celulose, hemicelulose e glicoproteínas. Apesar dessa ampla ocorrência, poucos materiais são usados para produção de pectina comercial para sua utilização na indústria de alimentos. Uma das principais razões para isso é que poucas substâncias pécticas presentes na natureza apresentam a propriedade funcional de gelificar. A grande classe de substâncias pécticas inclui muitos compostos, com altos teores de monossacarídeos ou substituídas com acetil ou outros grupos que evitam a gelificação.

A produção industrial de pectina desenvolveu-se como uma indústria de subprodutos, utilizando resíduos da indústria alimentícia, principalmente das indústrias produtoras de sucos de frutas e bebidas à base de frutas.

A pectina comercial é obtida a partir da extração com ácido do albedo de frutas cítricas (20-30% de pectina) e de polpa de maçã (10-15% de pectina).

2.11.1 Características das pectinas

São polímeros compostos principalmente por unidades de α-D-ácidos galacturônicos ligados por ligações glicosídicas α-1,4, encontrados na lamela média das células vegetais.

O grupo das substâncias pécticas abrange substâncias com diferentes propriedades e difíceis de serem separadas umas das outras. Um aspecto que as diferencia é o seu grau de metoxilação: grupos metilas esterificados ao grupo carboxílico da molécula. O grau de metoxilação (GM) é definido como 100 vezes a razão entre o número de resíduos de ácido galacturônico esterificados e o número total de resíduos de ácido galacturônico.

Pertencem ao grupo de substâncias pécticas a protopectina, os ácidos pécticos e os ácidos pectínicos. A protopectina é uma substância péctica encontrada em frutas e vegetais não maduros (verdes). É insolúvel em água e confere às frutas e vegetais não maduros uma textura rígida. Os ácidos pécticos não possuem metoxilas e são solúveis em água. Os ácidos pectínicos são metoxilados e, dependendo do seu grau de metoxilação, formam soluções coloidais ou são solúveis em água. São obtidas a partir da protopectina por ação das enzimas protopectinase e pectina metil esterase. A atuação intensa da enzima pectina metil esterase sobre a protopectina leva à formação dos ácidos pécticos. Os sais de ácidos pécticos são denominados pectatos e os de ácidos pectínicos são denominados pectinatos.

As enzimas pécticas contribuem para o desenvolvimento da textura adequada em frutos e vegetais durante a maturação. Durante esse período, a protopectinase converte a protopectina em ácidos pectínicos. E a pectina metil esterase desmetoxila os ácidos pectínicos, produzindo os ácidos pécticos

A pectina, ácidos pectínicos com número de metoxilas e grau de metoxilação variáveis é capaz de formar géis na presença de sacarose em meio ácido. Essa propriedade da pectina é muito utilizada em alimentos para a produção de geléias e doces de frutas. Durante a maturação de frutos e vegetais, o teor de protopectina diminui e o de pectina aumenta, diminuindo conseqüentemente a firmeza dos frutos e vegetais. As pectinas naturais podem apresentar um teor de metoxilas de até 80% em relação ao total de grupos.

2.11.2 Estrutura

A estrutura básica de todas as moléculas de pectina consiste em uma cadeia linear de unidades α-D-ácidos galacturônicos (Figura 2.35). Monossacarídeos, principalmente L-ramnose, também estão presentes. Algumas pectinas contêm cadeias de arabinogalactanas ramificadas ou cadeias curtas, compostas de unidades de D-xilose na cadeia de ramnogalacturonoglicana. As unidades de ramnopiranosil geram irregularidades na estrutura e limitam o tamanho das zonas de junção, afetando a gelificação.

O termo pectina é normalmente usado de forma genérica para designar preparações de galacturonoglicanas hidrossolúveis, com graus variáveis de éster metílico e de neutralização que são capazes de formar gel. Alguns dos grupos carboxila da pectina estão metilados, alguns estão na forma livre e outros na forma de sais de sódio, potássio ou amônio, mais freqüentemente na forma de sal de sódio.

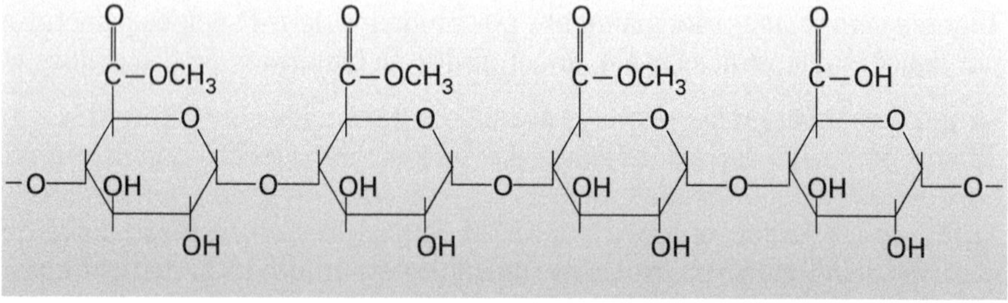

FIGURA 2.35 Representação da estrutura básica da pectina.

As pectinas são subdivididas, em função do grau de esterificação ou metoxilação (GM). Pectinas com GM > 50% são denominadas de pectinas com alto teor de metoxilas (ATM), aquelas com GM < 50% são denominadas de pectinas com baixo teor de metoxilas (BTM). Em ambos os casos, os grupos carboxilas remanescentes estão presentes como uma mistura na forma de ácidos livres (—COOH) e sais (—COO^-Na^+). O grau de amidação indica a porcentagem de grupos carboxilas na forma amida. Os graus de metoxilação e de amidação influenciam fortemente as propriedades funcionais, tais como: solubilidade, capacidade de gelificação, temperatura e condições de gelificação das pectinas.

O tratamento da pectina com amônio dissolvido em metanol converte alguns dos grupos metoxilas em grupos carboxílicos. Através desse processo são produzidas as pectinas BTM (Figura 2.36). As pectinas amidadas podem apresentar de 15 a 25% dos grupos carboxílicos na forma de grupos carboxiamidas.

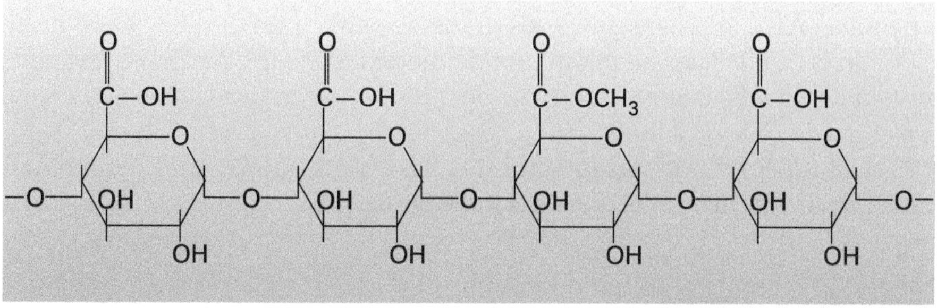

FIGURA 2.36 Representação da estrutura básica da pectina BTM.

Em meios ácidos fortes, as ligações glicosídicas da pectina (1,4) são hidrolisadas e em meio alcalino a pectina é desmetoxilada.

A maior parte da pectina comercial é obtida por sua extração com ácidos diluídos de frutas cítricas e é denominada de *pectina ATM* (alto teor de metoxilação). A pectina ATM pode ser tratada com reagente alcalino ou com enzima e ser desmetoxilada (Figura 2.33), produzindo a pectina com baixo teor de metoxilas (menor que 50% dos grupos carboxílicos), a *pectina BTM*.

2.11.3 Mecanismo de gelificação

2.11.3.1 PECTINA ATM

Se o pH de uma suspensão de pectina é ajustado a 2,8-3,5 e a sacarose está presente em uma concentração tal que o teor de sólidos solúveis da solução é de 65%, quando essa suspensão for resfriada será formado um gel, que mantém sua característica mesmo quando reaquecido a temperaturas próximas a 100 °C. À medida que o pH da suspensão de pectina é reduzido, os grupos carboxílicos altamente hidratados e carregados são convertidos em grupos ácidos carboxílicos. A partir da perda dessas cargas e da hidratação, as moléculas poliméricas se associam, formando junções e uma rede de cadeias poliméricas que prende porções da solução aquosa. O ajuste do pH nessa faixa neutraliza as cargas dos grupos carboxílicos e evita sua ionização. As pontes intermoleculares entre as cadeias poliméricas da pectina podem ser hidroxila-hidroxila, carboxila-carboxila ou hidroxila-carboxila. O pH ideal para formação de um gel adequado está na faixa de 2,8 a 3,5. Valores maiores resultam em géis moles, menores (até pH = 2,0) em géis muito duros. Em valores muito baixos de pH (menor que 2,0), a pectina é hidrolisada.

A suspensão de pectina na concentração adequada, contendo a concentração adequada de açúcar e o pH adequado, aquecida em uma temperatura acima da temperatura de gelificação e então resfriada, para reduzir a energia térmica das moléculas poliméricas, irá gelificar porque as moléculas poliméricas se associam e formam zonas de junção à medida que elas colidem. A temperatura na qual o gel é formado é denominada de temperatura de gelificação.

Quanto maior o grau de metoxilas de uma pectina, maior é a temperatura na qual ela forma gel, sendo formado mais rapidamente (o gel se forma no resfriamento). Quanto maior o peso molecular da pectina, maior é a rigidez do gel.

As pectinas ATM apresentam vários graus de gelificação em função do grau de metoxilas. Pectinas rápidas possuem um teor de metoxilação de 72 a 75% e formam géis em um intervalo de 20 a 70 segundos em pH de 3,0 a 3,1. A gelificação ocorre com 0,3% de pectina e cerca de 65% de sólidos solúveis. As pectinas médias têm um teor de metoxilas de 68 a 71%, e as pectinas lentas um teor de 62 a 68% de metoxilas e requerem de 180 a 250 segundos para formar o gel e um pH mais baixo.

2.11.3.2 Pectina BTM

As pectinas BTM (baixo teor de metoxilas) podem formar géis estáveis, na ausência de açúcares, mas requerem a presença de íons bivalentes, como cálcio, o qual provoca a formação de ligações cruzadas entre as moléculas (Figura 2.37). Esse tipo de gel é adequado em produtos de baixa caloria ou dietéticos sem açúcar. A pectina BTM é menos sensível ao pH que a ATM, pode formar géis na faixa de pH de 2,5 a 6,5; géis adequados são obtidos na faixa de pH de 2,7 a 3,5.

A pectina BTM não necessita da adição de açúcar como a ATM para formar gel, porém, a adição de 10 a 20 g/100 g de sacarose resulta em um gel com textura mais adequada. Sem a adição de açúcar ou de algum texturizante ou, ainda, em pH menores que 3,5, o gel tende a ser quebradiço e menos elástico que o gel da pectina ATM. Em alimentos, um teor de 0,01 a 0,05 g/L de cálcio iônico é suficiente para a formação do gel, e valores mais elevados resultam na precipitação de pectato de cálcio. A ação enrijecedora dos íons cálcio é utilizada na produção de tomates e picles em lata.

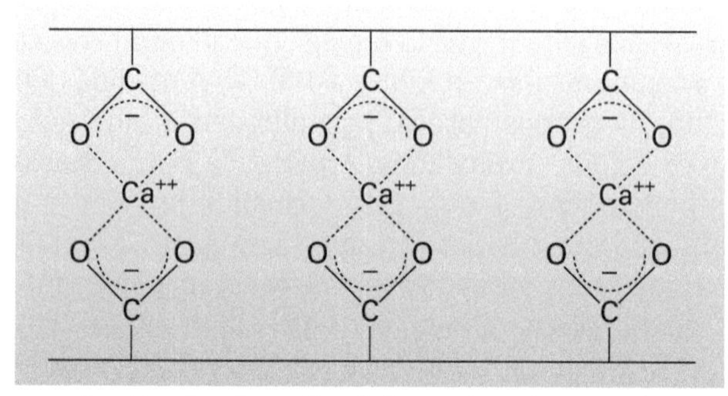

FIGURA 2.37 Representação das ligações intermoleculares entre as cadeias de pectina BTM e o íon cálcio.

A amidação é a introdução de grupos carboxamidas, torna a pectina BTM muito mais sensível aos íons cálcio e, assim, uma menor quantidade de cálcio é necessária para a formação do gel.

A temperatura de gelificação da pectina BTM está na faixa de 30 a 70 °C. Esses géis são termorreversíveis. A pectina BTM pode formar géis em pH de cerca de 6,5, em função de sua dependência apenas do íon cálcio.

A principal aplicação das pectinas BTM é a produção de geléias e doces dietéticos porque não necessita de açúcar para formar gel.

As condições necessárias das pectinas para a formação do gel e velocidade de formação do mesmo, em função do grau de metoxilação, são apresentadas na Tabela 2.7.

TABELA 2.8 — *Efeitos do grau de esterificação da pectina na formação do gel*

	Requerimentos para formar o gel			
Grau de esterificação (%)	pH	Açúcar (%)	Íon bivalente	Formação do gel
Maior que 70	2,8-3,5	65	Não	Rápida
50-70	2,8-3,5	65	Não	Lenta
Menor que 50 (BTM)	2,5-6,5	Nenhum	Sim	Rápida

Fonte: Fennema (1996).

2.12 GOMAS

A classe de compostos freqüentemente estudada por sua capacidade de texturização é conhecida como hidrocolóides ou mais comumente por gomas. Essas substâncias são polímeros de cadeia longa, de alto peso molecular, extraídas de algas marinhas, sementes, exudados de árvores e de colágeno animal. Algumas são produzidas por síntese microbiana e outras pela modificação de polissacarídeos naturais.

As gomas dissolvem-se ou dispersam-se em água e aumentam a viscosidade, são espessantes e podem ou não ser gelificantes. Apresentam também propriedades secundárias, incluindo estabilização de emulsões e de sóis, controle de cristalização, inibição de sinérese, encapsulação e formação de filmes.

A estrutura química das moléculas dos hidrocolóides controla as suas propriedades quando em solução. As diferenças entre esses compostos são proporcionadas por sua configuração, distribuição espacial dos monômeros formadores e a presença ou não de ramificações.

A dissolução das gomas em meio aquoso depende de uma dispersão adequada e das condições físico-químicas do meio, ou seja, pH, presença de íons e temperatura.

A importância da utilização das gomas reside, principalmente, nas suas habilidades de aumentar viscosidade e formar gel e seus efeitos estabilizantes de dispersões. Essas propriedades podem ser obtidas somente após a dissolução da goma no meio aquoso. Quando solubilizada, as moléculas são capazes de se reorganizar de duas formas diferentes: ligação com as moléculas de água, denominado de efeito de espessamento, ou pela construção de redes, envolvendo zonas de ligação, denominado de efeito de gelificação.

Todos os hidrocolóides podem apresentar as propriedades anteriormente citadas em maior ou menor extensão. Tais propriedades estão relacionadas com os parâmetros: peso molecular da goma, tamanho da molécula, presença ou não de grupos funcionais na molécula, temperatura do meio, interações com outros componentes do meio, tais como íons. Esses parâmetros afetam diferentemente cada tipo de goma e podem atingir a textura do produto final. A seguir, serão apresentadas as principais gomas utilizadas em alimentos.

2.12.1 Gomas extraídas de sementes

2.12.1.1 Goma guar

A goma guar é um polissacarídeo extraído das sementes de *Cyamopsis tetragonolobus*. É uma galactomanana que contém unidades de manose e galactose em uma relação estimada de 1,8 a 2:1, respectivamente, e apresenta um peso molecular de 220.000 Daltons (Figura 2.38).

A estrutura molecular da goma guar consiste de um polímero rígido de cadeia linear devido a ligações glicosídicas α-1,4 entre as unidades de monossacarídeos. Manose e galactose estão ligadas através de ligações α-1,6, compondo uma estrutura que evita associações de cadeias, facilitando a penetração de água entre as unidades dos monômeros.

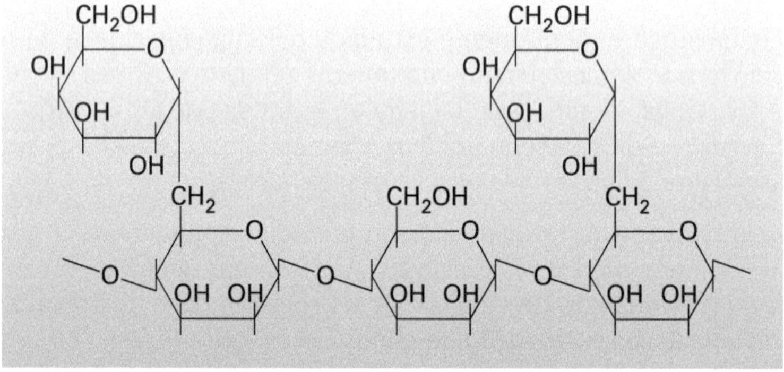

FIGURA 2.38 Representação da estrutura da goma guar.

É rapidamente hidratada em água fria, produz dispersões de viscosidade muito alta e não forma gel. Uma dispersão de 1 g/100 g da goma pode apresentar uma viscosidade de cerca de 60.000 Pa.s dependendo da temperatura, da força iônica e da presença de outros componentes. É normalmente utilizada em concentrações $\leq$ 1 g/100 g, devido a sua capacidade de fornecer dispersões de alta viscosidade.

Sua viscosidade é pouco afetada pelo pH e por sais, entretanto, grandes quantidades de sacarose podem reduzir sua viscosidade.

Exibe sinergia com amido e com outras gomas. É usada em queijos para eliminar sinérese, contribui para o corpo e resistência dos sorvetes a choques térmicos. Interage sinergicamente com a goma xantana, aumentando a viscosidade da solução. Quando adicionada em mistura com polissacarídeos gelificantes, como agar-agar e carragena aumenta a força do gel e modifica sua textura.

2.12.1.2 Goma locusta

A goma locusta, também conhecida como goma caroba ou LBG é extraída da semente da planta *Ceratonia siliqua*. É uma galactomanana, como a goma guar numa proporção de 4 unidades de D-manopiranosil para 1 unidade de D-galactopiranosil, sendo que as unidades de D-galactopiranosil não estão uniformemente distribuídas (Figura 2.39).

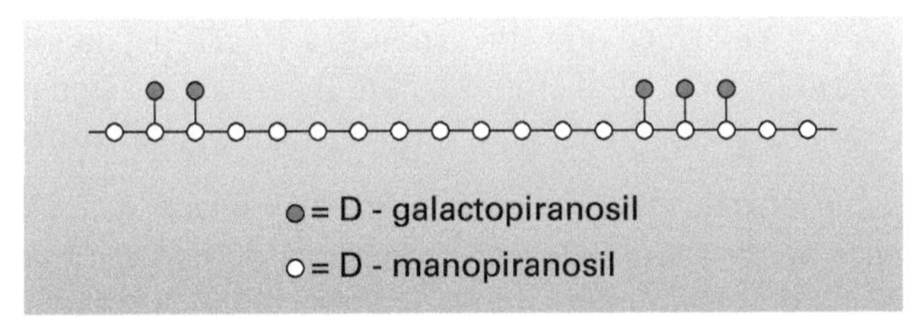

FIGURA 2.39 Representação da estrutura da goma locusta.

A estrutura molecular da goma locusta consiste de um polímero rígido de cadeia linear, devido a ligações glicosídicas β-1-4 entre as unidades de manose com ramificações α-1-6 ligadas a galactose. Ao contrário da goma guar, é menos ramificada e mais irregular. A goma locusta é apenas levemente solúvel em água à temperatura ambiente, sendo que a maioria das partículas hidrata-se parcialmente. O aquecimento até 85°C da suspensão da goma em água é necessário para sua dissolução. A goma locusta não forma gel sozinha, mas apresenta propriedades sinérgicas, principalmente com agar, κ-carragena e xantana com as quais pode interagir e formar gel.

É utilizada em gelados comestíveis como espessante e também para promover a cremosidade e o corpo desses produtos, raramente são utilizados sozinhos, mas sim em combinação com outras gomas como: CMC, carragena, xantana e goma guar. Em queijos moles, tipo "cream cheese" acelera a coagulação, aumenta o rendimento de massa e facilita a separação do soro. Em produtos cárneos, a goma locusta é utilizada como ligante.

A goma guar é mais utilizada do que a locusta, devido ao seu menor custo e à maior facilidade de dispersão.

2.12.2 Gomas extraídas de exudados de árvores

Quando a casca de algumas árvores e alguns arbustos são injuriados por insetos ou cortadas, as plantas exudam uma substância espessa que rapidamente fecha a ferida e protege de infecção e secagem. Esses exudados são comumente encontrados em plantas que crescem em condições semi-áridas. Desde a antigüidade os exudados são utilizados como adesivos. As gomas arábica, karaya e gati são exudados de árvores, e a tragacante é um exudado de arbusto. Embora os exudados ainda sejam comercializados, suas aplicações reduziram principalmente devido aos custos elevados e disponibilidade incerta. Apenas a goma arábica ainda é bastante utilizada em aplicações alimentícias.

Todos os exudados necessitam de limpeza e pasteurização, uma vez que podem conter insetos e/ou bactérias.

2.12.2.1 Goma arábica

A goma arábica é extraída a partir do exudado de árvores *Acacia*. É uma goma neutra ou levemente ácida e contém cálcio, magnésio e potássio.

É uma heteroglicana complexa com um peso molecular de 250.000 a 580.000 Daltons e composta de duas frações. Uma, que corresponde a 70 g/100 g da goma é composta de cadeias de polissacarídeos com pouco ou nenhum material nitrogenado. A outra fração contém moléculas de alto peso molecular e proteínas em sua estrutura.

É solúvel em água e produz dispersões de baixa viscosidade. Em dispersões 50 g/100 g forma um gel similar ao de amido. Devido à presença de cargas iônicas, suas soluções sofrem a interferência do pH do meio, apresenta viscosidade máxima na faixa de pH de 6 a 8. É incompatível com gelatina e alginato de sódio, mas é compatível com a maioria das demais goma.

A goma arábica retarda ou previne a cristalização de açúcar em confeitos, estabiliza emulsões e atua como espessante. Em bebidas, atua como emulsificante e estabilizante de espuma. Apresenta excelentes características de encapsulamento. É um agente fixador de aromas em misturas secas para bebidas.

2.12.2.2 Goma tragacante

A goma tragacante é um exudado da planta *Astragalus*. Apresenta uma estrutura complexa e sua hidrólise produz ácidos D-galacturônicos e os açúcares L-ficose, D-galactose, D-xilose e L-arabinose.

É utilizada em temperos de saladas, em função de sua estabilidade ao calor e às condições ácidas. Em sobremesas geladas confere corpo e textura.

2.12.3 Extratos de algas marinhas

Apesar de existirem aproximadamente 15 mil variedades de plantas marinhas, apenas cerca de 25 apresentam importância comercial. Alginatos, agar e carragena são extraídas de algas vermelhas e marrons, coletivamente denominadas de algas marinhas.

2.12.3.1 Goma carragena

Extraída de algas *Chondrus crispus*, também conhecida como musgo irlandês, cresce de forma abundante ao longo da costa do Atlântico Norte, incluindo Estados Unidos da América, Canadá e Península Ibérica. É uma mistura complexa de, no mínimo, cinco polímeros distintos: κ (kappa), λ (lâmbda), μ (mu), ι (iota) e ν (nu). Dessas frações, a κ (Figura 2.40) e λ são as mais importantes em alimentos. O peso molecular e a estrutura das frações determinam suas propriedades funcionais. A proporção das diferentes frações varia com a espécie da alga e hábitat.

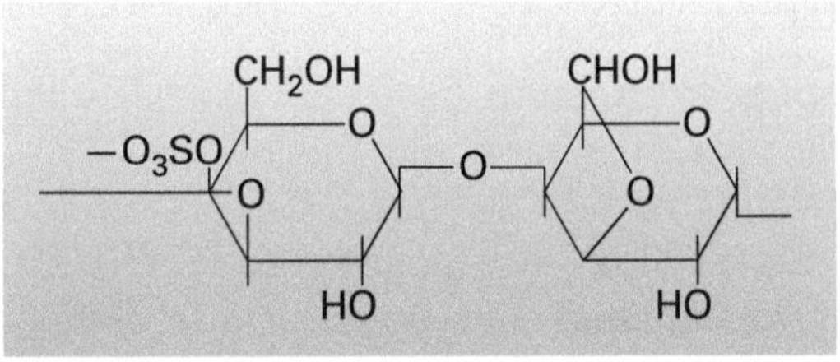

FIGURA 2.40 Representação da unidade básica da κ carragena.

A carragena é uma galactana e contém D e L-galactose e anidro galactose unidas por ligações alternadas α-1,3 e β-1,4 e grupos carboxílicos esterificados com sulfato.

São polímeros sulfatados e quanto maior o grau de sulfatação da carragena, maior é sua solubilidade a frio. A λ-carragena apresenta três radicais sulfatos para cada dois resíduos de galactose com um pronunciado caráter aniônico, com fortes repulsões eletrostáticas. Em função dessa propriedade, as macromoléculas podem mover-se mais facilmente separadas uma das outras, não apresentando tendência de associações intercadeias. Os grupos sulfatos são orientados para a parte interna ou externa da espiral, e por isso a repulsão eletrostática e o arranjo éster não permitem que a cadeia linear se ligue para formar uma rede, não sendo capaz de gelificar e sim apenas de espessar.

A κ-carragena apresenta apenas um grupo sulfato para duas unidades de galactose e é capaz de produzir uma importante gelificação. Exceto na forma de sal de sódio, será solúvel somente à quente. É utilizada na produção de géis firmes e rígidos.

A goma carragena interage de forma sinérgica com muitas gomas, principalmente com a goma locusta, a qual, em função de sua concentração, aumenta a viscosidade, a força e a elasticidade do gel. A carragena é usada em sistemas à base de leite ou de água para estabilizar as suspensões.

A goma carragena comercial é uma mistura de vários polissacarídeos e contém, aproximadamente, 60% da fração κ (gelificante) e 40% da fração λ (não gelificante). É estável em valores de pH maiores que 7,0, diminuindo a estabilidade na faixa de pH de 5 a 7 e degradando-se rapidamente em valores de pH menores que 5,0. O sal de potássio da κ-carragena é o melhor formador de gel, mas os géis são quebradiços e tendem a apresentar sinérese. Esses efeitos podem ser reduzidos pela adição de pequenas porções de goma locusta.

A habilidade da carragena de estabilizar o leite é dependente do número e da posição de grupos sulfatos na sua estrutura. O ânion carragenato reage com as proteínas e forma um complexo proteína-carragenato, uma dispersão coloidal estável. A κ-carragena é adicionada em leites achocolatados para evitar a precipitação do chocolate. É um estabilizante de emulsões em produtos como queijos fundidos. Em sorvetes, atua como inibidor de cristalização do gelo e é normalmente utilizado em combinação com carboximetilcelulose e/ou goma locusta. Em frituras, a goma reduz a absorção de óleo.

2.12.3.2 Agar-agar

É extraído de algas vermelhas da classe *Rhodophyceae*. Assim como a goma furcelana (também denominada de danish agar), apresenta propriedades e estrutura muito semelhante à goma carragena.

O agar é uma galactana de estrutura linear com radicais sulfatos ligados a essa estrutura. O teor de sulfato no agar é baixo, sempre menor que 4,5%, quando comparado com carragenas puras. Apresenta um teor de sulfato de 1,5 a 2,5%, enquanto a κ carragena contêm 24,9%; a ι-carragena 41,3% e a λ-carragena 52,1%. A furcelana apresenta um teor de 16 a 20% de grupos sulfatos.

De forma semelhante ao amido, apresenta duas frações: agarose e agaropectina. A agarose não contém grupos sulfatos e gelifica, enquanto a agaropectina contém todos os grupos sulfatos e não gelifica.

A habilidade do agar de formar géis reversíveis apenas pelo resfriamento de sua dispersão aquosa a quente, sem a necessidade de reações posteriores com outros produtos ou introdução de íons, como carragena e alginatos, é sua propriedade mais importante. Essa propriedade gelificante do agar permite um grande número de aplicações em alimentos e também microbiológicas, bioquímicas e na biologia molecular.

A gelificação é totalmente reversível. O gel se funde no aquecimento e se forma novamente no resfriamento. Esse ciclo pode ser repetido várias vezes, pois o gel conserva muito bem suas propriedades mecânicas. O processo de gelificação do agar depende da formação apenas de pontes de hidrogênio.

A forte capacidade de gelificação do agar permite que ele seja utilizado em concentrações muito baixas no produto alimentício.

A propriedade mais importante e única do agar-agar é sua habilidade de permanecer estável em temperaturas mais elevadas que a temperatura de gelatinização.

É utilizado em gelados comestíveis para inibir sinérese e dar textura, em bolos e tortas para controlar a atividade de água e retardar a retrogradação. Normalmente é usado junto com outras gomas como tragacante, locusta e/ou com gelatina.

2.12.3.3 Alginato

O alginato é extraído de algas marrons da classe *Phaeophyceae*. O alginato contém em sua estrutura unidades de ácido manopiranosilurônico (M) e de ácido gulopiranosilurônico (G). A razão M/G depende da origem e altera as propriedades dos alginatos em solução. Sua estrutura molecular é um polímero com partes homogêneas dos polímeros M e G unidas por partes de M-G.

Os sais de alginato de metais alcalinos, amônio e de aminas de baixo peso molecular são totalmente solúveis em água quente ou fria, mas os sais de cátions bi ou trivalentes são insolúveis. As dispersões de alginatos são viscosas e suas propriedades dependem da proporção M/G na sua estrutura, do peso molecular dos alginatos e dos eletrólitos presentes no meio. A viscosidade das soluções de alginato diminui com o acréscimo de temperatura. As dispersões de alginato são estáveis na faixa de pH de 5 a 10 em temperatura ambiente.

O alginato forma gel em temperatura ambiente na presença de pequenas quantidades do íon cálcio ou de outros metais bi ou trivalentes, ou na ausência de íons a pH ≤ 3.

O alginato é muito utilizado para aumentar a viscosidade em baixas concentrações. Viscosidade elevada pode ser obtida a partir da adição de íons cálcio à solução da goma. Essa característica é muito utilizada para aumentar a viscosidade de sucos de frutas e permitir a formação da dispersão dos insolúveis no suco. São usados em sorvetes, contribuindo para o corpo, textura e resistência à formação de grandes cristais de gelo. São usadas em recheios de tortas, coberturas para bolos, para a textura característica desses produtos. Em pudins e similares, são usados como espessantes, e em cervejas como estabilizantes de espuma.

2.12.4 Gomas produzidas por microrganismos

Os microrganismos produzem polissacarídeos como elementos estruturais e protetores contra organismos invasores e/ou para evitar perda excessiva de umidade sob condições de secagem. Esses polissacarídeos podem exibir propriedades espessantes. Atualmente, existe um grande interesse comercial para a produção de gomas a partir de microrganismos.

2.12.4.1 Goma xantana

A goma xantana é um polissacarídeo extracelular produzido por microrganismos da espécie *Xanthomonas*. Comercialmente, a goma é produzida por *Xanthomonas campestris*. Foi a primeira goma produzida em escala industrial por fermentação. Apresenta uma estrutura similar à celulose, contendo grupos oligossacarídeos ligados a ácido pirúvico.

A goma é totalmente solúvel em água quente ou fria e produz dispersões de viscosidade muito alta em concentrações muito baixas da goma. A goma é estável em uma ampla faixa de pH e na faixa de temperatura de 0 a 100 °C, de condições de congelamento até a ebulição e é compatível com muitos sais e ácidos presentes em alimentos. Com a goma guar aumenta a viscosidade e com a goma locusta, forma-se um gel termorreversível.

A goma xantana é ideal para a estabilização de dispersões aquosas, suspensões e emulsões. As dispersões de goma xantana apresentam comportamento pseudoplástico, importante para liberação de odores voláteis, maciez e aparência visual do produto. Operações de bombeamento e enchimento são facilitadas por essa pseudoplasticidade da goma. Em alguns produtos enlatados, a goma é usada como substituto parcial do amido para dar penetração mais rápida de calor, resultando em menor perda da qualidade do produto. Em bebidas, a goma xantana promove o sabor e em sucos atua como estabilizante. Em alimentos que utilizam amido como espessante, a goma xantana aumenta a estabilidade ao congelamento-descongelamento e diminui sua sinérese. A sua propriedade de formar géis com a goma locusta pode ser usada na preparação de pudins instantâneos à base de leite.

2.12.4.2 Goma gelana

Goma gelana é o nome genérico para o polissacarídeo extracelular elaborado pela bactéria *Sphinggomonas elodea* (anteriormente denominada de *Pseudomonas elodea*). Esse polissacarídeo produz gel em concentrações muito baixas (< 1,0 g/100 g), normalmente formado a partir do resfriamento da solução quente da goma.

A goma gelana é um heteropolissacarídeo formada por unidades de tetrassacarídeos, composto por β-D-glicose, β-D-ácido glicurônico, β-D-glicose e α-L-ramnose.

É uma goma de fácil aplicação, possui uma boa estabilidade, inclusive em produtos ácidos. Forma géis transparentes em concentrações extremamente baixas, com textura similar aos géis obtidos com agar e κ-carragena; porém, a quantidade requerida para a formação do gel varia de metade a 1/3 da necessária para formar gel com agar e κ-carragena. Exibe sinergismo com amido e gelatina.

2.12.5 Goma konjac

A matéria-prima para a farinha konjac ou goma konjac é o tubérculo da planta *Amorphophallus konjac*. Esses tubérculos contêm 30-50% de glicomanana mais celulose, proteína e outros materiais. O peso molecular da goma varia de 200.000 a 2.000.000 Daltons.

A molécula da goma konjac é formada por uma cadeia polimérica de D-manose e D-glicose ligadas em 1,4, na proporção de 1:6 e com grupos acetilas esterificados em uma proporção de 1 radical para cada 6 unidades de monossacarídeos (Figura 2.41). Para a produção de géis que não fundam, esses grupos acetilas são removidos pela adição de base fraca e aquecimento. Quando esses grupos são removidos, as cadeias poliméricas podem interagir e formar géis estáveis ao calor.

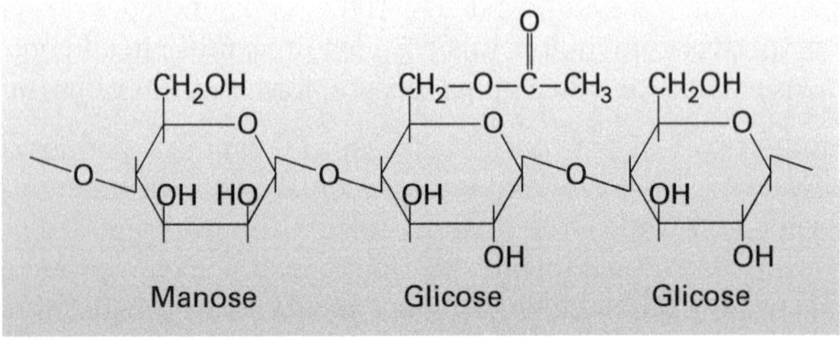

FIGURA 2.41 Representação da estrutura da goma konjac.

A goma konjac apresenta propriedades funcionais de agente espessante e gelificante excelentes. Fornece propriedades únicas e desejáveis de textura a produtos alimentícios. É é estável ao calor e às condições ácidas. Apresenta um alto teor de fibras dietéticas.

O alto peso molecular e a estabilidade aos meios ácidos tornam a goma konjac um excelente espessante para alimentos. Em função de ser um composto não iônico, é relativamente estável aos teores de sais usados em alimentos e é estável até o pH de 3,8.

O custo elevado da goma konjac limita sua aplicação como agente espessante em alimentos, entretanto, se utilizada junto com outros espessantes como amido e goma xantana, o custo da mistura se compara ao de outros sistemas espessantes utilizados em alimentos. A goma konjac está sendo utilizada como agente espessante no controle do crescimento de cristais de gelo em substituição à goma locusta, muito utilizada em derivados de leite como sorvetes e "cream cheese". A goma pode ser utilizada junto com a κ-carragena para substituir a goma locusta em géis à base de água.

A goma konjac é ainda pouco conhecida no ocidente, no Japão é utilizada há centenas de anos. Muitas aplicações em alimentos ainda estão sendo desenvolvidas. Estas aplicações estão baseadas em quatro propriedades básicas da konjac: espessante e umectante; formação de géis instáveis ao calor; formação de géis estáveis ao calor (remoção dos radicais acetilas) e fibra dietética. Atualmente, o uso da goma konjac em alimentos é proibido pelo "Food and Drug Administration" nos E.U.A. e também pela legislação brasileira.

2.13 BIBLIOGRAFIA

ALLINGER, N. L. *et. al.* **Química Orgânica**. 2.ª ed. Rio de Janeiro, Editora Guanabara Dois S. A., 1978.

ARAÚJO, J. M. **Química de Alimentos – Teoria e Prática**. Viçosa, Imprensa Universitária, Universidade Federal de Viçosa, 1985.

BOBBIO, F. O.; BOBBIO, P. A. **Introdução à Química de Alimentos**. 2.ª ed., São Paulo, Livraria Varela, 1992.

BOBBIO, F. O.; BOBBIO, P. A. **Química do Processamento de Alimentos**. 2.ª ed., São Paulo, Livraria Varela, 1992.

FENNEMA, O. R. (ed.). **Food Chemistry**. 2.ª ed., New York – U.S.A, Marcel Dekker, Inc., 1985.

FENNEMA, O. R. (ed.). **Food Chemistry**. 3.ª ed., New York – U.S.A, Marcel Dekker, Inc., 1996.

FENNEMA, O. R.; CHANG, W.H.; LII, C. (ed.). **Role of Chemistry in the Quality of Processed Food**. Westport, U.S.A., Food & Nutrition Press, Inc., 1986.

FRAZIER, P. J.; DONALD, A. M.; RICHMOND, P. **Starch: Structure and Functionality.** Cambridge, U.K., The Royal Society of Chemistry, 1998.

GLICKSMAN, M. (ed.). **Food Hydrocolloids**. Vol. I, Boca Raton-U.S.A., C.R.C. Press, Inc., 1982.

HARRIS, P. (ed.) **Food Gels**. New York – U.S.A., Elsevier Science Publishing Co., Inc., 1990.

HOSENEY, R.C. Chemical Changes in Carbohydrates Produced by Thermal Processing. **Journal of Chemical Education**, **61** (4): 308-312, 1984.

IMESON, A. (ed.). **Thickenning and Gelling Agents for Food**. 2.ª ed., London – UK, Chapmann & Hall, 1997.

POTTER, N. N.; NOTCHKISS, J. H. **Ciencia de los Alimentos**. Zaragoza, Espanha, Editorial Acribia S. A., 1999.

RICHARDSON, T.; FINLEY, J. W. (ed.) **Chemical Changes in Food During Processing**. New York, U.S.A., Van Nostrand Reinhold Company, Inc., 1985.

SANDERSON, G. R. Gums and their use in food systems. **Food Technology**, **50** (3): 81-84, 1996.

SIKORSKI, Z. E. **Chemical and Functional Properties of Food Components**. Lancaster, Technomic Publishing Company, Inc., 1997.

WHISTLER, R. L.; MILLER, J. N. **Carbohydrate Chemistry for Food Scientists**. American Association of Cereal Chemists, 1997.

WHISTLER, R. L.; BEMILLER, J. N.; PASCHALL, E. F. **Starch: Chemistry and Technology.** New York-USA, Academic Press, Inc., 1984.

WILLIAMS, P. A. **Gums and Stabilisers for the Food Industry**. Cambridge, U.K., The Royal Society of Chemistry, 1998.

WONG, D. W. S. **Química de los Alimentos: Mecanismos e Teoria**. Zaragoza, Esp., Editorial Acribia S. A., 1989.

3. Proteínas

Antonia Miwa Iguti

3.1 INTRODUÇÃO

As proteínas são compostos poliméricos complexos, formados por moléculas orgânicas, e estão presentes em toda matéria viva. A palavra proteína é proveniente da palavra grega *proteios*, que significa "que tem primazia". De fato, são fundamentais à vida como conhecemos. Exercem várias funções biológicas, que incluem as contráteis (miosina, actina), estruturais do corpo (colágeno, queratina), biocatalisadoras (enzimas), hormonais (insulina, glucagon, hormônios da tireóide), de transferência (hemoglobina que transporta oxigênio e transferrina que transporta ferro) e de reserva (ovoalbumina, caseína). Além disso, as proteínas podem exercer a função de proteção contra agressores: mamíferos produzem anticorpos, cobras produzem veneno, microrganismos produzem antibióticos e vegetais produzem inibidores enzimáticos, para conferir proteção a esses organismos.

Proteínas podem ainda ser responsáveis por diversas doenças de origem alimentar como o botulismo (causada pela toxina botulínica que é uma proteína produzida por uma bactéria) ou encefalopatias espongiformes (causadas por proteínas denominadas prions, entre as quais incluem-se a doença da vaca louca, que acomete bovinos, scrapie, que acomete ovinos e a doença de Creutzfeld-Jakob, que acomete humanos).

As peculiaridades do organismo humano e a importância das proteínas na estrutura e funcionamento celular determinam a necessidade de que as proteínas estejam presentes na dieta alimentar. É importante não somente em quantidade suficiente mas também em qualidade. Esta é traduzida principalmente pelo teor e proporções de aminoácidos essenciais, que são aqueles que o organismo humano não é capaz de sintetizar. As necessidades nutricionais de aminoácidos essenciais variam com a idade e com as condições fisiológicas individuais (crescimento, gravidez, lactação, etc.). Por exemplo, enquanto uma gestante necessita de um consumo diário extra de 1 a 10 g de proteína por dia, uma lactante necessita de um consumo extra de 17 gramas de proteína por dia (proteína de ovo ou equivalente).

As proteínas alimentares são digeríveis, não tóxicas e palatáveis. Pesquisas têm sido realizadas na busca de novas fontes protéicas, devido à grande escassez desse composto em algumas regiões do mundo e a perspectiva de que possa se tornar ainda maior, em função do aumento populacional mundial.

Nos alimentos, as proteínas exercem várias e importantes propriedades funcionais, sendo responsáveis principalmente pelas características de textura. Isto as torna um importante ingrediente utilizado na fabricação dos mais variados produtos alimentícios.

Quimicamente, as proteínas são compostos heteropoliméricos constituídos por aminoácidos unidos entre si por ligações amídicas, denominadas ligações peptídicas. Para que seja considerado proteína, um polímero de aminoácidos deve possuir um peso molecular aproximado entre 6.000 e 1.000.000 Daltons. São vinte os aminoácidos mais freqüentemente encontrados nos alimentos. O número e a seqüência em que cada um aparece, o tamanho da cadeia e a conformação molecular tridimensional são os responsáveis pela diversidade de proteínas encontradas, não somente nos alimentos, mas em toda a natureza.

Quando sofrem hidrólise ácida, as proteínas liberam seus aminoácidos constituintes mais o íon amônio. As proteínas contêm, em média, os seguintes elementos: 50-55% de carbono, 20-23% de oxigênio, 15-18% de nitrogênio, 6-8% de hidrogênio e 0-4% de enxofre.

As proteínas podem ser simples, conjugadas ou derivadas. As proteínas simples são as compostas apenas por aminoácidos, enquanto as conjugadas são compostas por uma parte protéica, constituída de aminoácidos, e uma parte não protéica, denominada grupo prostético que pode ser um lipídeo, um ácido nucléico, um carboidrato, um composto inorgânico, etc. Já as derivadas podem ser obtidas a partir de proteínas simples ou conjugadas, por hidrólise ácida ou enzimática.

3.2 AMINOÁCIDOS

3.2.1 Características

Os aminoácidos são as unidades estruturais das proteínas. Dessa forma, as características das proteínas são fortemente influenciadas pelas dos seus aminoácidos constituintes. Os aminoácidos apresentam os grupos amino e carboxílico livres no carbono α (exceto a prolina, que é um iminoácido). Sua fórmula geral está apresentada na figura 3.1.

NH_2
|
R—C—COOH
|
H

FIGURA 3.1 Representação da fórmula geral dos aminoácidos.

Os grupos —COOH (carboxílico) e —NH_2 (amino) estão ionizados em soluções aquosas de pH neutro. O grupo amino pode receber um próton e o grupo carboxílico pode perder um próton, de forma que os aminoácidos apresentam uma característica ácido-básica (Figura 3.2.).

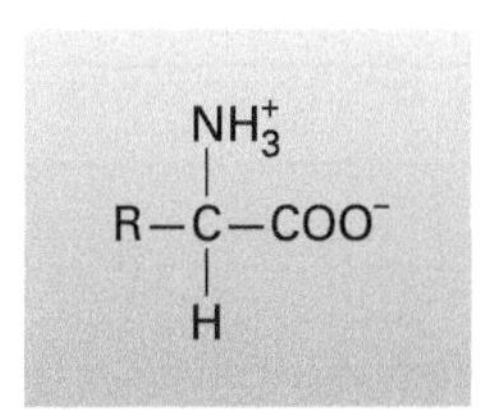

FIGURA 3.2 Representação da forma dipolar dos aminoácidos.

Em função dessa estrutura os aminoácidos são solúveis em água e pouco solúveis em solventes orgânicos, apresentam altos valores de momento dipolar e de constantes dielétricas e são decompostos em temperaturas superiores a 200 °C.

Os aminoácidos diferem entre si pelos radicais R, os quais definem suas propriedades químicas e físicas e consequentemente, as das proteínas a que pertencem. Os aminoácidos, em função da polaridade de seus radicais, podem ser subdivididos em quatro grupos: aminoácidos com um grupo R polar sem carga (neutros), com um grupo R não polar ou hidrofóbico, com um grupo R carregado positivamente e aminoácidos com um grupo R carregado negativamente.

A tabela 3.1 apresenta os 20 aminoácidos mais freqüentemente encontrados em proteínas alimentares, denominados aminoácidos padrão. Podem ser designados, tanto por símbolos de três letras, quanto de uma letra.

TABELA 3.1 — *Símbolos dos aminoácidos*

Aminoácidos	Símbolos de três letras	Símbolos de uma letra
Alanina	Ala	A
Arginina	Arg	R
Asparagina	Asn	N
Ácido aspártico	Asp	D
Cisteína	Cys	C
Glutamina	Gln	Q
Ácido glutâmico	Glu	E
Glicina	Gly	G
Histidina***	His	H
Isoleucina*	Ile	I
Leucina*	Leu	L
Lisina*	Lys	K
Metionina**	Met	M
Fenilalanina**	Phe	F
Prolina	Pro	P
Serina	Ser	S
Treonina*	Thr	T
Triptofano*	Trp	W
Tirosina	Tyr	Y
Valina*	Val	V

* Aminoácidos essenciais
** Metionina + cistina e fenilalanina + tirosina: aminoácidos essenciais computados aos pares por causa da inter-relação metabólica.
*** Aminoácido essencial para recém-nascidos.
Fonte: Sgarbieri (1987).

- ***Aminoácidos polares sem carga***

Esses aminoácidos (Figura 3.3) possuem radicais neutros (sem carga) e polares, sendo, portanto, capazes de estabelecer pontes de hidrogênio com a água. A polaridade dos grupos R desta classe está relacionada com sua natureza. Por exemplo, os grupos hidroxílicos (—OH) conferem polaridade aos aminoácidos serina, treonina e tirosina; os grupos amida (—CO—NH_2) aos aminoácidos asparagina e glutamina e o grupo tiol (—SH) à cisteína. A glicina, cujo grupo R é um átomo de hidrogênio, é às vezes classificada como aminoácido não polar.

A cisteína e a tirosina possuem os radicais mais polares desse grupo, uma vez que tanto o tiol da cisteína como o fenol da tirosina (Figura 3.3) podem sofrer ionização parcial em pH próximo a neutralidade. Nas proteínas, a cisteína freqüentemente encontra-se oxidada, na forma de cistina, o que ocorre quando os grupos tióis de duas moléculas de cisteína se oxidam e formam uma ponte dissulfeto. Asparagina e glutamina são facilmente hidrolisadas na presença de ácido ou álcali e transformadas em ácido aspártico e ácido glutâmico, respectivamente.

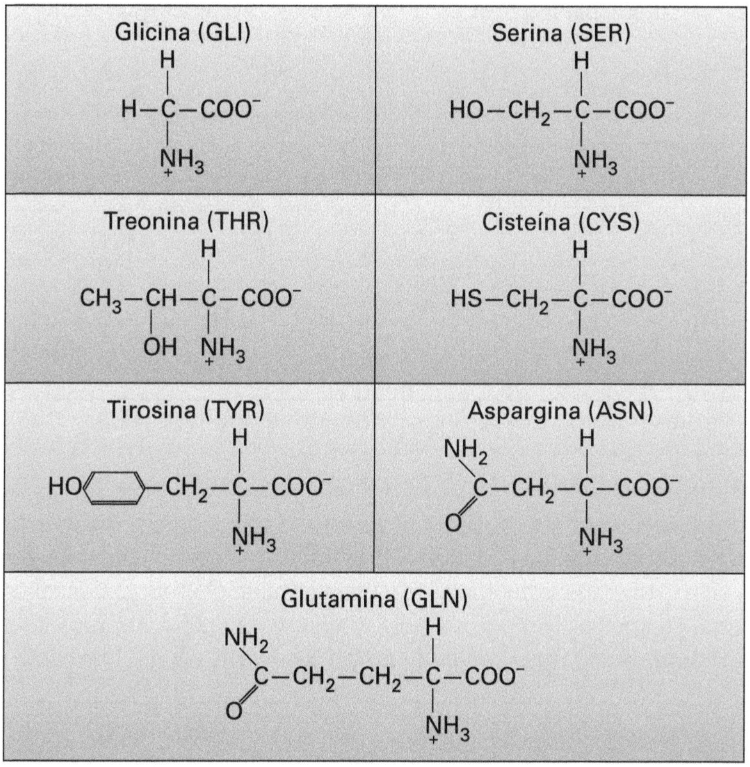

Glicina (GLI) H | H—C—COO^- | $\overset{+}{N}H_3$	Serina (SER) H | HO—CH_2—C—COO^- | $\overset{+}{N}H_3$
Treonina (THR) H | CH_3—CH—C—COO^- | | OH $\overset{+}{N}H_3$	Cisteína (CYS) H | HS—CH_2—C—COO^- | $\overset{+}{N}H_3$
Tirosina (TYR) H | HO—(anel)—CH_2—C—COO^- | $\overset{+}{N}H_3$	Aspargina (ASN) NH_2 H \ | C—CH_2—C—COO^- // | O $\overset{+}{N}H_3$
Glutamina (GLN) NH_2 H \ | C—CH_2—CH_2—C—COO^- // | O $\overset{+}{N}H_3$	

FIGURA 3.3 Representação dos aminoácidos com R polares não carregados.

• *Aminoácidos com radicais* (R) *apolares ou hidrofóbicos*

Alguns aminoácidos apresentam grupos R de cadeia alifática (alanina, leucina, isoleucina, valina, e prolina), outros, anéis aromáticos (fenilalanina e triptofano), e a metionina apresenta um radical R com enxofre (Figura 3.4). A natureza apolar destes grupos confere a esses aminoácidos uma característica de menor solubilidade em água do que os pertencentes aos demais grupos. O aminoácido menos hidrofóbico é a alanina, que está mais próxima da fronteira entre os aminoácidos não polares e aqueles que possuem grupos R polares não carregados.

Alanina (ALA): $CH_3-CH(NH_3^+)-COO^-$	Valina (VAL): $(CH_3)_2CH-CH(NH_3^+)-COO^-$
Leucina (LEU): $(CH_3)_2CH-CH_2-CH(NH_3^+)-COO^-$	Isoleucina (ILE): $CH_3-CH_2-CH(CH_3)-CH(NH_3^+)-COO^-$
Fenilalanina (PHE): $C_6H_5-CH_2-CH(NH_3^+)-COO^-$	Prolina (PRO): CH_2, H_2C, H_2C, N–H, C(H)–COO^- (anel)
Triptofano (TRP): indol–$C-CH_2-CH(NH_3^+)-COO^-$ (CH, N–H)	Metionina (MET): $CH_3-S-CH_2-CH_2-CH(NH_3^+)-COO^-$

FIGURA 3.4 Representação dos aminoácidos com R não polares.

- ***Aminoácidos com radicais* (R) *carregados positivamente***

Os aminoácidos básicos em que o grupo R apresenta uma carga positiva em pH próximo a 7,0 consistem em lisina, arginina e histidina (Figura 3.5). O grupo amino é o responsável pela carga da lisina e o grupo guanidino pela carga da arginina. O grupo imidazol da histidina, em pH 7,0 apresenta-se apenas 10 % protonado, enquanto em pH 6,0 apresenta-se 50 % protonado. É o único aminoácido que possui um grupo R com pK (-log K) próximo de 7,0.

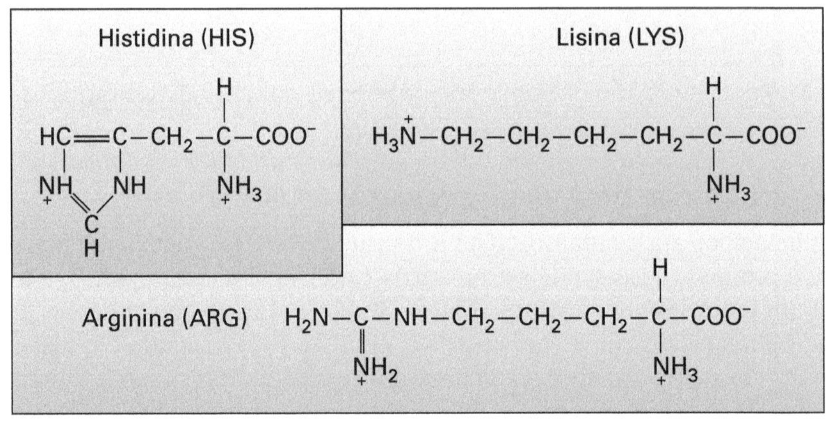

FIGURA 3.5 Representação dos aminoácidos com grupos R carregados positivamente.

- ***Aminoácidos com radicais (R) carregados negativamente***

O ácido aspártico e o ácido glutâmico apresentam um grupo carboxílico cada um, além do α-carboxílico. Em função dos valores de pK destes aminoácidos, encontram-se totalmente ionizados, com carga negativa, em valores de pH entre 6,0 e 7,0 (Figura 3.6).

Ácido aspártico (ASP)	Ácido glutâmico (GLU)
$^{-}O(O=)C-CH_2-CH(NH_3^+)-COO^-$	$^{-}O(O=)C-CH_2-CH_2-CH(NH_3^+)-COO^-$

FIGURA 3.6 Representação dos aminoácidos com grupos R carregados negativamente.

Além dos 20 aminoácidos mais freqüentemente encontrados, outros foram isolados a partir de alguns tipos especiais de proteínas e caracterizam-se por serem derivados de algum aminoácido padrão. Por exemplo, a hidroxiprolina, um derivado da prolina, e a hidroxilisina, um derivado da lisina, estão presentes em colágeno (Figura 3.7). Os aminoácidos, desmosina e isodesmosina (união de quatro moléculas de lisina num anel piridínico), estão presentes na elastina. Metil histidina, metil lisina e N-trimetil lisina estão presentes nas proteínas musculares.

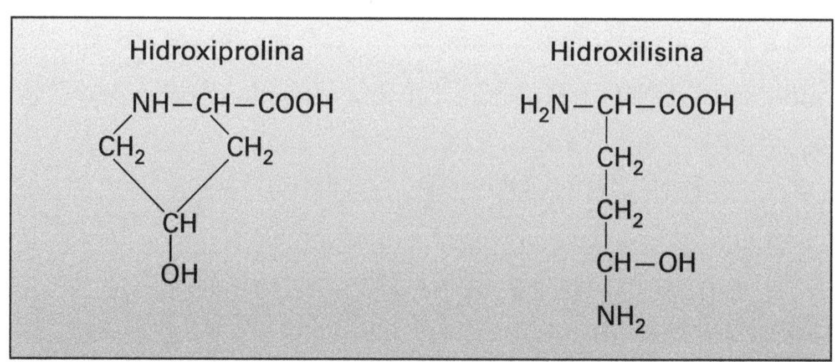

FIGURA 3.7 Representação da hidroxiprolina e hidroxilisina.

Outros aminoácidos são encontrados na natureza com funções biológicas diversas, sem qualquer relação com proteínas. Por exemplo, o ácido γ aminobutírico funciona como agente químico para a transmissão de impulsos nervosos.

3.2.2 Propriedades ácido básicas de aminoácidos

Os aminoácidos possuem a capacidade de ionização, propriedade esta muito importante para a função biológica e para as propriedades funcionais das proteínas. A maioria dos métodos de separação, identificação, quantificação e seqüenciamento de aminoácidos numa seqüência protéica, baseiam-se nas suas características ácido básicas.

Os aminoácidos apresentam temperaturas de fusão e de decomposição geralmente acima de 200 °C e são mais solúveis em água que em solventes orgânicos. Além disso, suas soluções aquosas apresentam valores altos de momentos dipolares e de constantes dielétricas. Essas propriedades são as esperadas quando a rede de moléculas no estado cristalino é estabilizada por forças eletrostáticas de atração entre grupos com cargas opostas. Portanto, tanto em sua forma cristalina quanto em solução aquosa, em valores de pH próximos a 7,0, existem como íons dipolares ou "zwitterions" e não como moléculas sem carga (Figura 3.8).

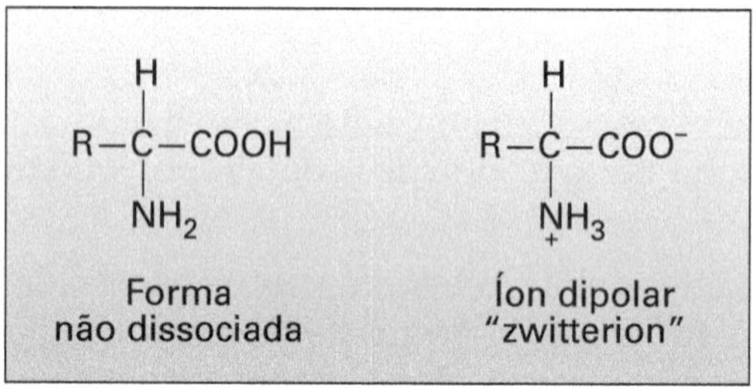

FIGURA 3.8 Representação das formas não dissociada e ionizada ("zwitterion") dos aminoácidos.

Quando um aminoácido cristalino na forma de íons dipolares, é dissolvido em água, ele pode atuar tanto como ácido quanto como base segundo a teoria de Brönsted-Lowry, ou seja, ácido é a substância que apresenta tendência a doar prótons e base a que apresenta tendência a receber prótons.

Seja o aminoácido $H_3N^+CH(R)COO^-$. Em sua atuação como ácido ocorre a seguinte reação:

$$H_3N^+CH(R)COO^- \longleftrightarrow H_2NCH(R)COO^- + H^+$$

Já em sua atuação como base, a reação é a seguinte:

$$H_3N^+ CH(R)COO^- + H^+ \longleftrightarrow H_3N^+CH(R)COOH$$

As substâncias que apresentam a capacidade de atuar tanto como ácido quanto como base são denominadas anfóteras. Em outras palavras, em sua forma totalmente protonada, um aminoácido pode fornecer pelo menos dois prótons durante sua titulação completa com uma base. Por exemplo, se a titulação completa com NaOH ocorrer em dois estágios, pode ser representada pelas equações seguintes, que indicam as espécies iônicas envolvidas:

$$H_3N^+CHRCOOH + OH^- \longrightarrow H_3N^+CHRCOO^- + H_2O \text{ (estágio 1)}$$

$$H_3N^+CHRCOO^- + OH^- \longrightarrow H_2NCHRCOO^- + H_2O \text{ (estágio 2)}$$

Havendo no radical R algum grupo ionizável adicional, este também será titulado. Neste caso a titulação apresentará tantos estágios quanto o número total de grupos tituláveis presentes na estrutura do aminoácido. Vários exemplos como a arginina e o ácido aspártico podem ser observados na tabela 3.2.

TABELA 3.2 — *Valores de pK e pI de aminoácidos a 25 °C*

Aminoácido	pK_1	pK_2	pK_R	pI
Alanina	2,35	9,69	—	6,02
Arginina	2,17	9,04	12,48	10,76
Asparagina	2,02	8,80	—	5,41
Ácido aspártico	2,09	9,82	3,86	2,97
Cisteína	1,96	10,28	8,18	5,07
Glutamina	2,17	9,13	—	5,65
Ácido glutâmico	2,19	9,67	4,25	3,22
Glicina	2,34	9,78	—	6,06
Histidina	1,82	9,17	6,00	7,58
Isoleucina	2,36	9,68	—	6,02
Leucina	2,36	9,64	—	6,00
Lisina	2,18	8,95	10,53	9,74
Metionina	2,28	9,21	—	5,75
Fenilalanina	1,83	9,24	—	5,53
Prolina	1,99	10,6	—	6,30
Serina	2,21	9,15	—	5,68
Treonina	2,71	9,62	—	6,16
Triptofano	2,38	9,39	—	5,89
Tirosina	2,20	9,11	10,07	5,65
Valina	2,32	9,62	—	5,97

Em que: pK= –log K, pI = ponto isoelétrico, pK_1 = pK do grupo α-carboxílico, pK_2 = pK do grupo α-amino, pK_R = pK do radical.
Fonte: Fennema (1985).

Na tabela 3.2 são apresentados os valores de pK e pI dos 20 aminoácidos padrões. O grupo α-carboxílico dos aminoácidos confere um caráter ácido mais forte que o do ácido carboxílico alifático semelhante. Por exemplo, o grupo carboxílico da alanina (pK = 2,35) é um ácido mais forte que o do ácido acético (pK = 4,76), ou seja, sua tendência a doar seu próton é maior que a do ácido acético. Essa maior força do grupo α-carboxílico é resultante da presença do grupo α-amínico com carga positiva, que é um deslocador de prótons produzindo um intenso efeito de campo que aumenta a tendência do hidrogênio carboxílico de dissociar-se como um próton. Por outro lado, os grupos α-amino dos aminoácidos são bases mais fracas do que os aminogrupos das aminas alifáticas ionizáveis.

Os aminoácidos que possuem grupos R ionizáveis, apresentam valores de pK correspondentes à dissociação desses grupos e, nesse caso, como não existe o efeito indutor do grupo amino como no grupo α-carboxílico, os ácidos são mais fracos, ou seja, apresentam valores de pK mais elevados que o do grupo α-carboxílico (Tab. 3.2).

A curva de titulação de uma solução do aminoácido alanina com NaOH é apresentada na figura 3.9. É possível observar a existência de três regiões bem distintas no curso da titulação, correspondentes a três mudanças de concavidade na curva (em pH 2,35, em pH 6,02 e em pH 9,69). A primeira mudança de concavidade ocorre em pH 2,35. Neste pH estão presentes concentrações equimolares de $H_3N^+CHCH_3COOH$ e de $H_3N^+CHCH_3COO^-$. Em torno deste pH observa-se que adições progressivas de base provocam pequenas variações de pH. A mesma situação se repete na terceira mudança de concavidade (pH 9,69), na qual estão presentes concentrações equimolares de $H_3N^+CHCH_3COO^-$ e de $H_2NCHCH_3COO^-$. Nestas faixas de pH as soluções possuem capacidades tamponantes mais eficazes, sendo que os pontos centrais correspondem aos valores de pK (pK = –logK, em que K = constante de ionização do grupo titulável).

Na segunda mudança de concavidade (pH 6,02) observa-se um comportamento oposto aos observados nos outros dois: aqui ocorre grande variação de pH com pequenas adições de base. Nessa região dizemos que a variação de pH é máxima durante o curso da titulação, não havendo, portanto, efeito tamponante na solução. No ponto central (pH 6,02) as moléculas não possuem carga total efetiva, ou seja, o número de cargas positivas é igual ao número de cargas negativas, o que confere ao aminoácido a incapacidade de migrar em campo elétrico. Esse pH é denominado pI, ou ponto isoelétrico, e é calculado pela média aritmética dos valores de pK anterior e posterior ao pI.

Além disso, para o caso da alanina, este é o pH que corresponde ao primeiro ponto de estequiométrico da titulação, ou seja, é o pH em que se completa a titulação dos grupos carboxílicos.

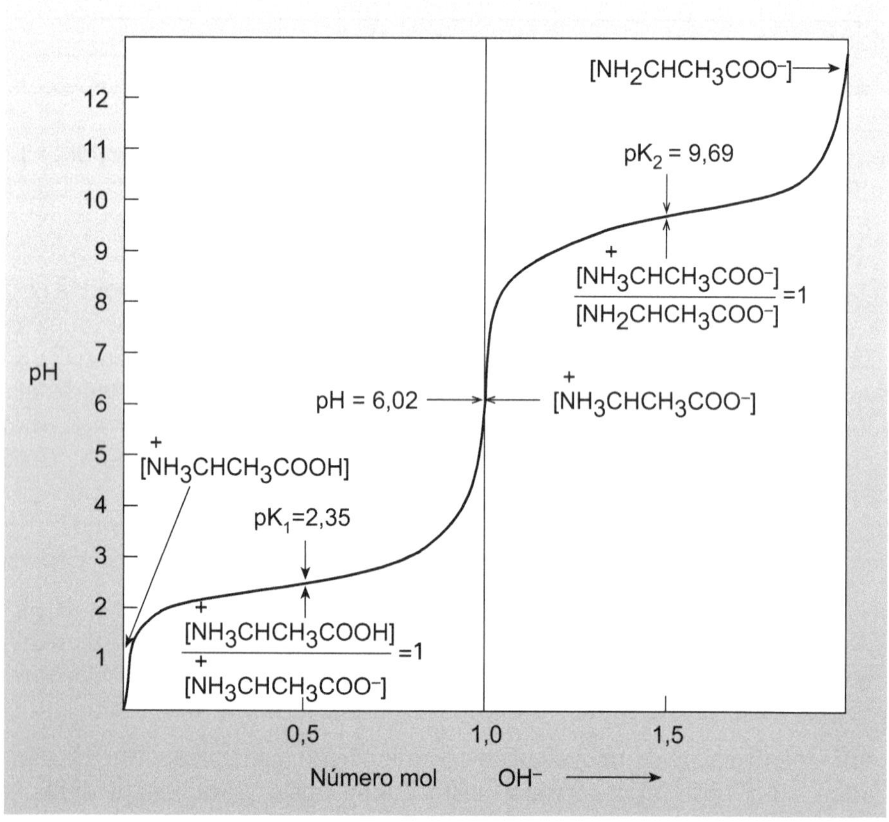

FIGURA 3.9 Representação da curva de titulação do aminoácido alanina.

Quando em solução, os aminoácidos possuem carga resultante positiva em baixos valores de pH e negativa em valores elevados de pH, passando por um pH de carga resultante zero. Nesse pH o aminoácido estará na sua forma zwitteriônica.

Para um aminoácido como a valina, o pI obviamente se encontrará entre os dois valores de pK, exatamente, $pI = (pK_1 + pK_2)/2 = 5{,}97$. Os aminoácidos com cadeias laterais capazes de se ionizarem, terão o pI deslocado no sentido do terceiro pK. Assim, o pI do ácido aspártico será igual a $(2{,}09 + 3{,}86)/2 = 2{,}98$ e o da lisina = $(8{,}95 + 10{,}53)/2 = 9{,}74$.

Os dados da curva de titulação, podem ser apresentados em forma de tabela na qual aparecem apenas os grupos ionizáveis, como por exemplo para o ácido aspártico (Tab. 3.3). Cada ponto onde aparece um grupo 100 % titulado é denominado de ponto estequiométrico porque, neste pH, ter-se-á consumido um mol de base.

TABELA 3.3 — *Titulação do ácido aspártico com NaOH*

Grupo ionizável	Forma iônica predominante e correspondente valor de pK						
	Início	pK_1	1.º ponto esteq.	pK_R	2.º ponto esteq.	pK_2	3.º ponto esteq.
α-carboxila	COOH	COOH (50%) COO^- (50%)	COO^-	COO^-	COO^-	COO^-	COO^-
β-carboxila	COOH	COOH	COOH	COO^- (50%) COOH (50%)	COO^-	COO^-	COO^-
α-amina	NH_3^+	NH_3^+	NH_3^+	NH_3^+	NH_3^+	$-NH_2$ (50%) $-NH_3^+$ (50%)	NH_2
Carga líquida	+1	+1/2	0	−1/2	−1	−3/2	−2

Fonte: FARFAN (1990).

3.2.3 Isomeria óptica

Atividade ótica é a capacidade que compostos possuem de girar o plano de luz polarizada. Para apresentar essa característica, é necessário que a substância apresente pelo menos um carbono assimétrico, ou seja, um carbono com quatro diferentes substituintes. Por isso, com exceção da glicina, todos os aminoácidos exibem atividade óptica.

As denominações D e L são atribuídas tomando-se como referência as formas D e L do gliceraldeído (Figura 3.10), a menor molécula de açúcar que apresenta 1 carbono assimétrico. Não há, portanto, qualquer relação com o sentido da rotação do plano da luz polarizada que o aminoácido apresenta. Dos 20 aminoácidos padrão a isoleucina e a treonina apresentam um segundo centro assimétrico e portanto, cada um deles apresenta quatro esteroisômeros. Na natureza predominam os aminoácidos na forma L, sendo esta a única forma natural presente em proteínas.

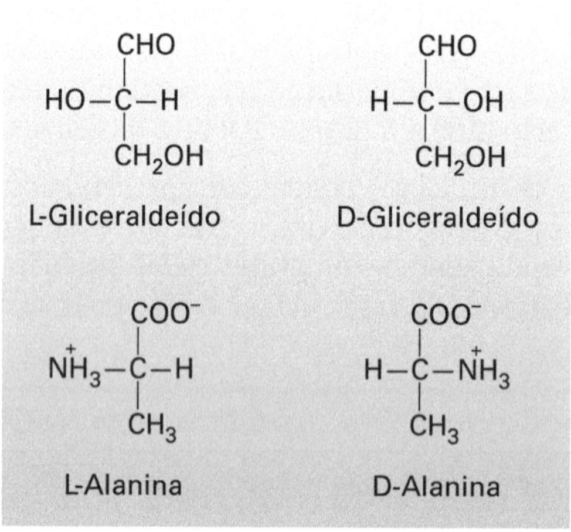

CHO | HO—C—H | CH_2OH L-Gliceraldeído

CHO | H—C—OH | CH_2OH D-Gliceraldeído

COO^- | $\overset{+}{N}H_3$—C—H | CH_3 L-Alanina

COO^- | H—C—$\overset{+}{N}H_3$ | CH_3 D-Alanina

FIGURA 3.10 Representação das formas D e L da alanina.

3.2.4 Absorção de radiação eletromagnética

Em função da presença de anéis aromáticos, cujos elétrons são capazes de interagir com a radiação UV, alguns aminoácidos como triptofano, tirosina e fenilalanina apresentam uma máxima absorbância a 278; 274,5 e 260 nm, respectivamente.

3.3 PEPTÍDEOS

Os peptídeos são formados a partir da reação de condensação de dois ou mais aminoácidos pelo sistema α-aminocarboxila, com a eliminação de uma molécula de água para cada condensação (Figura 3.11). As ligações estabelecidas entre os aminoácidos são ligações amídicas covalentes, também denominadas de peptídicas neste caso particular. Cada aminoácido pertencente a um peptídeo ou proteína é denominado também resíduo. Um polipeptídeo pode ser chamado especificamente de di, tri, tetra-,... n-peptídeo, em que n é o número de aminoácidos e $n - 1$ o número de ligações peptídicas. Sendo os peptídeos heteropolímeros abertos, cada um terá um grupamento α-amina e um α-carboxila terminais.

Por convenção internacional, os peptídeos são escritos iniciando-se pelo resíduo com o grupo —NH_2 terminal e terminando-se com o do grupo —COOH terminal. A figura 3.11 ilustra a lisilalanilfenilalanina, em que a lisina é o aminoácido amino terminal e a fenilalanina é o aminoácido carboxi terminal.

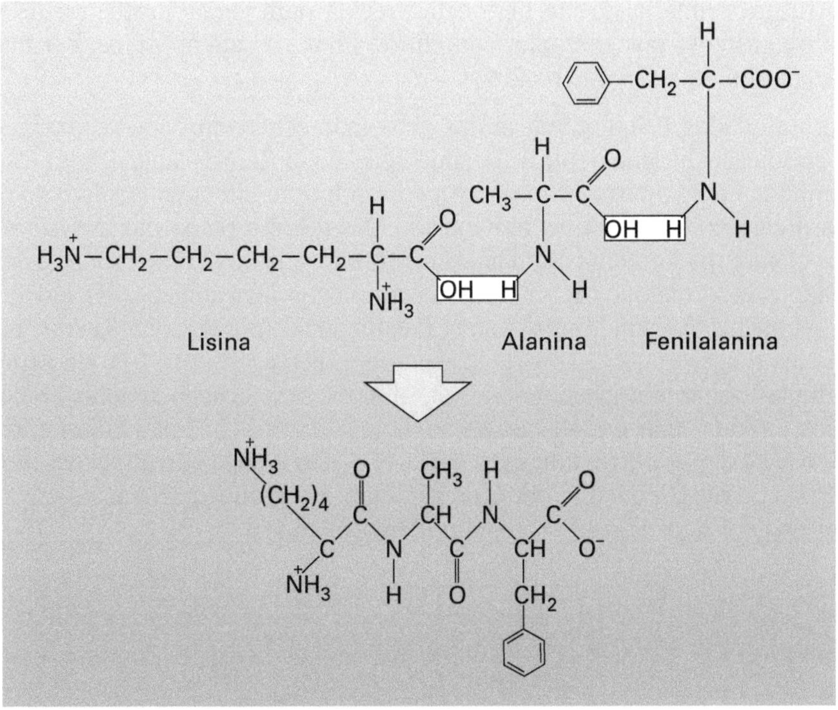

FIGURA 3.11 Lisilalanilfenilalanina.

3.4 PROTEÍNAS

3.4.1 Estrutura e conformação

Conformação de um polímero é o arranjo espacial resultante das posições que os diversos grupos presentes na molécula assumem. Cada sequência de aminoácidos que forma uma proteína é enovelada em uma conformação tridimensional, específica e possivelmente única, em condições biológicas normais.

Os termos específicos comumente usados para indicar os diferentes aspectos ou níveis da estrutura protéica são a estrutura primária, a secundária, a terciária e a quaternária,. Denomina-se estrutura primária a seqüência de aminoácidos numa cadeia polipeptídica, enquanto que a secundária e a terciária são resultantes de interações entre grupos diferentes de uma mesma cadeia. Já a quaternária é resultante de interações entre diferentes cadeias. O termo conformação é usado para a combinação das estruturas secundária, terciária e quaternária.

- ***Estrutura primária***

Além do conhecimento de quais são os aminoácidos que compõem uma determinada proteína é também necessário conhecer sua exata seqüência, para se conhecer sua conformação e suas propriedades físico-químicas. A seqüência específica dos aminoácidos que compõem um determinado polipeptídeo constitui sua estrutura primária.

A estrutura primária já está bem estabelecida para várias proteínas. As proteínas secretina e glucagon, por exemplo, contém de 20 a 100 aminoácidos, e a maioria das proteínas contém de 100 a 500 resíduos.

As propriedades físico-químicas das proteínas começam com as propriedades da ligação peptídica. A ligação peptídica é uma ligação covalente planar, muito estável (400 J/mol) formada entre o nitrogênio do grupo α-amino de um aminoácido com o carbono do grupo α-carboxílico de outro aminoácido. No mesmo plano em que se encontram estes dois elementos formadores da ligação peptídica, estão também todos os elementos a eles ligados, de forma que são no total seis átomos. A ligação peptídica entre dois aminoácidos é uma ligação amida substituída. É estabilizada por ressonância de duas formas mesoméricas: a ligação —C—N— da ligação peptídica apresenta 40% de característica de uma dupla ligação e a ligação —C=O, 40% de uma ligação simples (Figura 3.12). Isso resulta em duas conseqüências: de um lado o grupo —NH não ioniza entre valores de pH de 0 a 14 e, por outro, a ligação —C—N— não é capaz de girar livremente. Esta característica de rigidez é o que determina e limita em grande parte as possibilidades de diferentes conformações que a proteína poderá assumir.

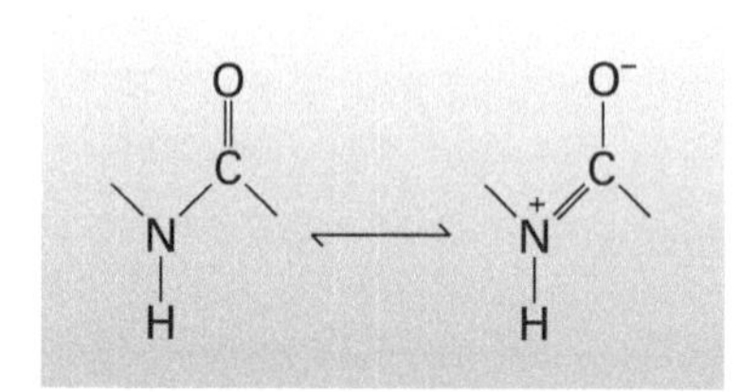

FIGURA 3.12 Representação das formas de ressonância da ligação peptídica.

Os quatro átomos envolvidos na ligação peptídica e os dois carbonos α estão no mesmo plano. O oxigênio e o hidrogênio do grupo —CO—NH— estão na posição trans em conseqüência da estabilização por ressonância. A cadeia polipeptídica pode ser representada por uma série de planos rígidos separados por grupos HCR (Figura 3.13).

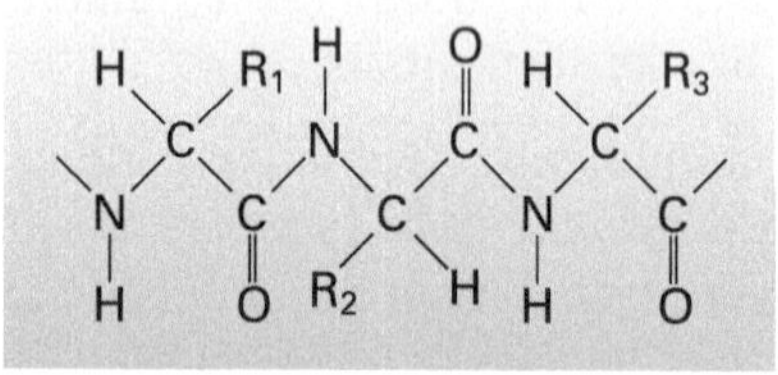

FIGURA 3.13 Representação da ligação peptídica.

- ***Estrutura secundária***

A estrutura secundária refere-se ao arranjo regular, repetitivo no espaço ao longo de uma dimensão e pode ser definida como um primeiro grau de ordenação espacial da cadeia polipeptídica. O que determina o tipo de estrutura secundária a ser assumida por um polipeptídeo é sua própria estrutura primária, isto é, o tipo, o número e a distribuição dos aminoácidos ao longo da cadeia polipeptídica.

Em função dos substituintes dos carbonos α apresentarem uma rotação livre, existem várias possibilidades para a conformação de uma cadeia polipeptídica.

Em condições normais, principalmente de pH e temperatura, cada cadeia polipeptídica assume uma conformação específica, denominada nativa. Termodinamicamente isso corresponde a um sistema organizado e estável com uma energia livre mínima.

As conformações podem ser α-hélice (Figura 3.14), outros tipos de hélices, fitas, chapas pregueadas (Figura 3.15) ou sanfonas.

A estabilidade da estrutura secundária está fundamentada na série de pontes de hidrogênio dispostas mais ou menos ao longo da hélice, com alguns desvios dependendo de seus parâmetros. Outras fontes de estabilização para a estrutura secundária são as interações entre as cadeias laterais, que, aliás, vão também provocar um novo nível conformacional para o polipeptídeo: a estrutura terciária.

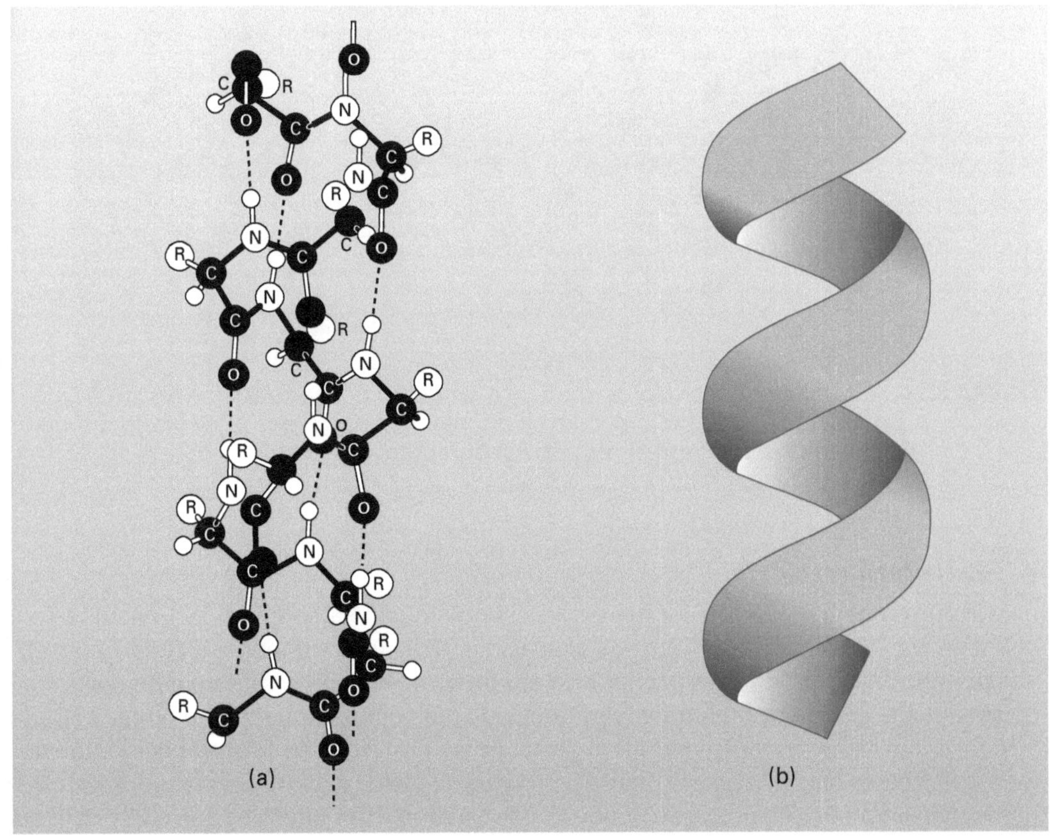

FIGURA 3.14: Estrutura secundária de proteínas em α-hélice. (a) Modelo em bolas e bastões. (b) Representação da conformação helicoidal.

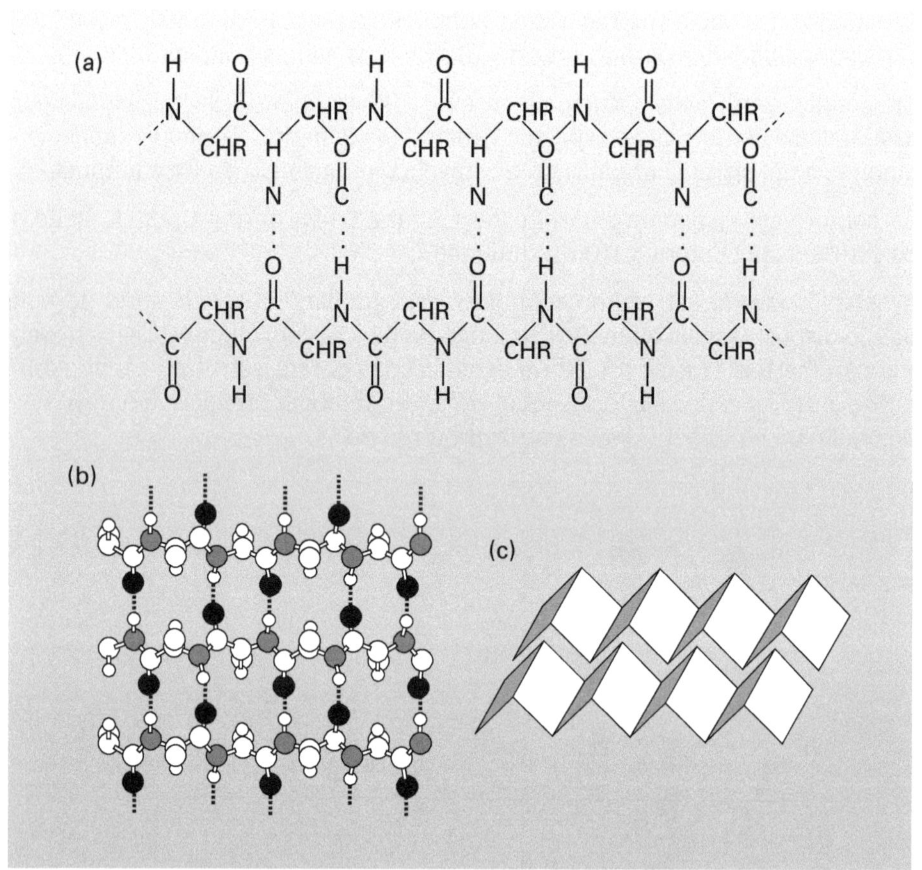

FIGURA 3.15 Estrutura secundária de proteínas em folha pregueada. (a) Ilustração de cadeias polipeptídicas com as pontes de hidrogênio. (b) Modelo em bolas e bastões. (c) Representação da conformação β.

- ***Estrutura terciária***

A estrutura terciária se refere à maneira pela qual a cadeia polipeptídica encurva-se e dobra-se em três dimensões. Uma vez fixada sua estrutura secundária, a cadeia polipeptídica tende a se enrolar no espaço, tanto em torno de si mesma quanto com outras cadeias semelhantes, para ganhar mais estabilidade e/ou ocupar um menor volume (Figura 3.16). Da nova conformação adquirida resultam as proteínas de formas mais ou menos esféricas, chamadas globulares (Figura 3.16) e as de forma cilíndrica, chamadas fibrosas. Essa nova ordem de estruturação denomina-se estrutura terciária e está predeterminada por uma série de ligações e interações, tais como:

- Pontes dissulfeto que resultam da oxidação conjunta de dois resíduos de cisteína devidamente orientados e aproximados. Outro tipo de ligação covalente que pode ocorrer é a fosfodiéster, entre duas serinas.
- Pontes de hidrogênio que surgem entre átomos doadores e receptores não envolvidos na estrutura secundária.

- Interações dipolo-dipolo de resíduos de cadeia lateral polar que, mesmo estando a proteína em meio aquoso, ficam orientados para o interior da estrutura terciária, forçados por uma maioria de resíduos hidrofóbicos em sua vizinhança.
- Interações de Van der Waals.
- Interações eletrostáticas entre grupos carregados positivamente e negativamente que, dependendo da orientação e grau de aproximação das cargas, podem ser fracas ou fortes, essas energias são altamente dependentes dos valores de pKs dos grupos e do pH do meio.

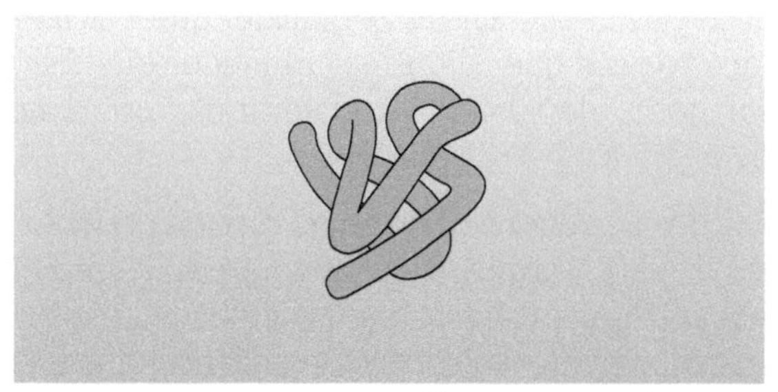

FIGURA 3.16 Representação de estrutura terciária de proteína globular de cadeia simples.

- ***Estrutura quaternária***

Aqueles resíduos, tanto polares quanto não polares, que ficaram orientados em direção à superfície da estrutura secundária, têm ainda a possibilidade de estabelecer posteriores interações de caráter permanente ou transitório com outras cadeias polipeptídicas, que podem ser iguais ou diferentes. Essas novas interações dão origem à estrutura quaternária (Figura 3.17). Portanto, a estrutura quaternária somente existe em proteínas que contêm mais de uma cadeia polipeptídica.

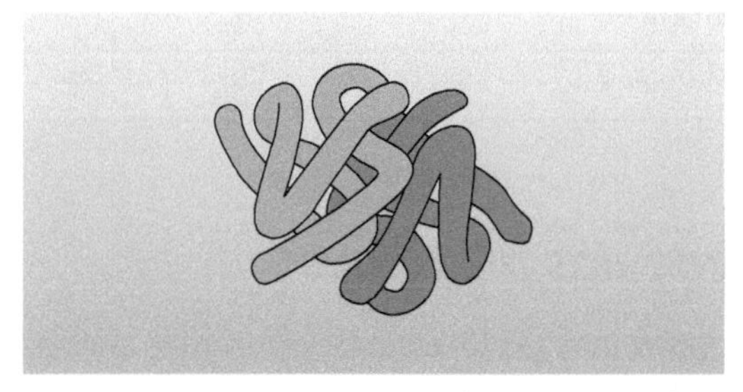

FIGURA 3.17: Representação de estrutura quaternária de proteína globular oligiomérica.

A estrutura quaternária resulta de associações de cadeias polipeptídicas. Essas subunidades podem ser idênticas ou não, e seu arranjo pode ser simétrico ou não. As forças de ligação que estabilizam a estrutura quaternária são as mesmas da terciária, com exceção das pontes dissulfeto.

3.4.2 Propriedades ácido básicas das proteínas

O comportamento de uma proteína em soluções ácidas ou básicas é determinado em grande parte pelo número e pela natureza dos grupos ionizáveis nos radicais R dos resíduos de aminoácidos.

As proteínas, da mesma forma que os peptídeos e aminoácidos, possuem pontos isoelétricos característicos nos quais elas se comportam como íons dipolares, possuindo igual número de cargas positivas e negativas. Nesse pH a proteína não migra para nenhum polo quando colocada em um campo elétrico. O pH isoelétrico depende dos valores de pK dos grupos ionizáveis dos radicais R. Será maior que 7 se a proteína contiver maior número de aminoácidos básicos que ácidos e será menor que 7 se o número de aminoácidos ácidos for maior que o de básicos. A maioria das proteínas globulares possuem pontos isoelétricos entre 4,5 e 6,5 (Tab. 3.4).

Tanto a curva de titulação como o pI de uma proteína poderão ser significativamente alterados em presença de sais, porque estes influenciam a ionização dos diferentes grupos ionizáveis dos radicais R. As proteínas podem ainda ligar-se a íons como Ca^{2+} e Mg^{2+} ou fosfatos. Por esta razão, o ponto isoelétrico de uma proteína irá depender da natureza do meio em que a proteína estiver dissolvida. O ponto isoelétrico de uma proteína não depende, contudo, da concentração de proteína, mas depende da temperatura, sendo que se essa é aumentada ocorre um deslocamento do ponto isoelétrico.

TABELA 3.4 — *Valores de pontos isoelétricos de algumas proteínas a 25 °C*

Proteína	Ponto isoelétrico (pI)
Ovoalbumina	4,6
β-lactoglobulina	5,2
Caseína	4,6
Mioglobina	7,0
Hemoglobina	6,8

3.4.3 Solubilidade das proteínas

A água associada com proteínas pode assumir diferentes formas. A água constitucional e vicinal, localizada no interior da molécula protéica ou fortemente adsorvida em sítios superficiais específicos representa cerca de 0,3 g/g de proteína seca. A água que ocupa os sítios das camadas superficiais remanescentes ou das camadas adjacentes às proteínas pode representar um acréscimo de mais 0,3 g de água/g de proteína seca.

As proteínas interagem com a água através dos átomos que participam das ligações peptídicas (dipolo-dipolo ou pontes de hidrogênio) ou através das cadeias laterais de seus aminoácidos (interações com grupos polares).

A solubilidade das proteínas em meio aquoso é resultante de vários parâmetros como pH, força iônica e temperatura. Para ser solúvel uma proteína deve ser capaz de interagir tanto quanto possível com o solvente (por pontes de hidrogênio, dipolo-dipolo e interações iônicas).

3.4.3.1 Influência do pH

Em valores de pH menores ou maiores que o ponto isoelétrico, a proteína apresenta carga positiva ou negativa, respectivamente, e as moléculas de água podem interagir com essas cargas, solubilizando a proteína. Além disso, cadeias protéicas com cargas de mesmo sinal tendem a se repelir, aumentando sua dispersibilidade em água.

O pH de menor solubilidade protéica é o pI da proteína, com igual número de cargas positivas e negativas nas moléculas. Por esse motivo, a proteína não apresenta uma carga resultante e portanto deixa de existir o efeito de repulsão e dessa forma as proteínas tendem a formar precipitados (Figura 3.18).

Em valores de pH próximos ao ponto isoelétrico, as moléculas de proteína apresentam poucas interações com a água e sua carga é pequena para evitar que as cadeias polipeptídicas se aproximem, o que resulta na formação de precipitados. A precipitação é tanto maior quanto maior for a densidade dos agregados protéicos.

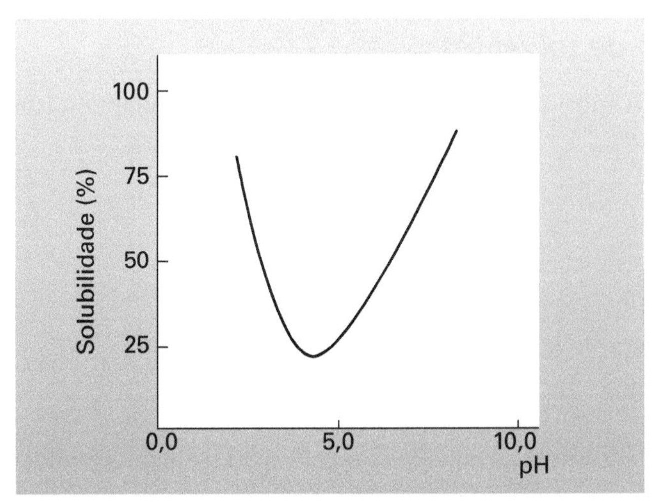

FIGURA 3.18 Solubilidade relativa de uma proteína em função de pH.

3.4.3.2 Efeito da força iônica (μ)

A força iônica, μ, influencia a solubilidade protéica de forma intensa. A força iônica é dada pela expressão

$$\mu = \tfrac{1}{2} \sum C_i Z_i^2$$

em que C é a concentração do íon i (mol/L) e Z a valência do íon i.

Os íons de sais neutros em concentrações da ordem de 0,5 a 1,0 mol/L, podem aumentar a solubilidade das proteínas. Esse efeito é denominado de *salting in*. Os íons interagem com as proteínas e diminuem as interações eletrostáticas entre as cargas opostas de moléculas vizinhas e, além disso, a água ligada a esses íons aumenta a solvatação das proteínas e consequentemente sua solubilidade.

Se a concentração de sais neutros é maior que 1 mol/L, a solubilidade protéica diminui e pode chegar até sua precipitação. Esse efeito, conhecido como *salting out*, resulta da competição entre as moléculas de proteínas com as dos íons dos sais neutros pela água. Em concentrações salinas superiores a 1 mol/L, não existe água disponível para a solvatação das proteínas, uma vez que a maioria das moléculas de água está fortemente ligada aos íons dos sais. Dessa forma, as interações proteína-proteína tornam-se mais fortes que as interações água-proteina, resultando na agregação das moléculas de proteína seguida de precipitação. Durante esse efeito a solubilidade da proteína pode ser descrita por:

$$\log S = \log S_0 - K'\mu,$$

em que: S_0 é a solubilidade protéica quando μ é igual a zero, K' é a constante de *salting out*, que depende da proteína e do sal. Essa ação de *salting out* varia com diferentes íons: $Ca^{2+} > Mg^{2+} > Li^{+} > Na^{+} > K^{+} > NH_4^{+}$.

3.4.3.3 Efeito de solventes

A força de atração entre dois íons pode ser expressa da seguinte forma:

$$F = \frac{q_1 * q_2}{D * r^2}$$

em que: F = força de atração entre os íons;

q_1 e q_2 = cargas dos dois íons;

D = constante dielétrica do meio;

r = distância entre os dois íons.

A Tabela 3.5 apresenta as constantes dielétricas de alguns líquidos.

TABELA 3.5 — *Constantes dielétricas de diferentes solventes*

Líquido	Constante dielétrica a 20 °C
água	80
metanol	3
etanol	24
acetona	21,4

Pode-se observar pela tabela que as constantes dielétricas dos solventes metanol, etanol e acetona são significativamente inferiores à da água. Sendo miscíveis com água, esses solventes reduzem a constante dielétrica do meio aquoso no qual a proteína está dissolvida. Como a força de atração entre dois íons é inversamente proporcional à constante dielétrica do meio, à medida em que a constante dielétrica diminui as forças eletrostáticas de atração aumentam, o que resulta em sua agregação e posterior precipitação. Além disso, esses solventes competem pelas moléculas de água, reduzindo a solubilidade das proteínas. Portanto, a redução de solubilidade de proteínas pela adição de solventes orgânicos é explicada por dois fatores: a redução da constante dielétrica do meio e a redução da hidratação das moléculas protéicas.

3.4.3.4 Efeito da temperatura

A maioria das proteínas são solúveis a temperatura ambiente e a solubilidade tende a aumentar à medida que a temperatura se eleva até 40-50 °C. Acima dessa temperatura as proteínas começam a sofrer desnaturação (ver ítem 3.4.4) e a solubilidade tende a diminuir.

Quando submetidas a temperaturas extremamente baixas, algumas proteínas sofrem desnaturação e precipitam. Outras não sofrem qualquer alteração e não são congeláveis, o que explica que alguns seres vivos são capazes de sobreviver e reproduzir em condições de baixas temperaturas.

3.4.3.5 Classificação das proteínas em função da solubilidade

De acordo com a solubilidade em diversos solventes, as proteínas podem ser classificadas em:

- ***Albuminas***: Solúveis em água e coagulam pelo calor. Ex.: ovoalbumina e lactoalbumina.
- ***Globulinas***: Pouco solúveis ou insolúveis em água. Coagulam pelo calor. São solúveis em soluções salinas diluídas em pH 7,0. Ex.: miosina, ovoglobulina e lactoglobulina.
- ***Prolaminas***: Insolúveis em água e em soluções salinas e solúveis em soluções de etanol. Ex.: gliadina (trigo e centeio), zeína (milho).
- ***Glutelinas***: Insolúveis em água, soluções salinas e de etanol. Solúveis em soluções ácidas e alcalinas diluídas. São encontradas somente em vegetais. Ex. glutenina (trigo).
- ***Escleroproteínas***: Proteínas de estrutura fibrosa, insolúveis nos solventes anteriormente mencionado. Ex. colágeno e queratina.

3.4.4 Desnaturação de proteínas

A conformação de uma proteína é frágil e em função disso tratamentos das proteínas com ácidos, alquilas, soluções salinas concentradas, solventes, calor e radiações podem alterar essa conformação.

A *desnaturação* de uma proteína é qualquer modificação na sua conformação (alteração das estruturas secundária, terciária ou quaternária) sem o rompimento das ligações peptídicas envolvidas na estrutura primária.

Os efeitos da desnaturação são numerosos, entre os principais podem ser citados:

- Redução da solubilidade devido ao aumento da exposição de resíduos hidrofóbicos.
- Mudança na capacidade de ligar água.
- Perda da atividade biológica (ex: enzimática ou imunológica).
- Aumento da suscetibilidade ao ataque por proteases devido à exposição das ligações peptídicas.
- Aumento da viscosidade intrínseca.
- Dificuldade de cristalização.
- Aumento da reatividade química.

A desnaturação pode ser reversível ou irreversível. A sensibilidade de uma proteína à desnaturação depende das ligações que estabilizam sua conformação, da intensidade e do tipo de agente desnaturante.

Os agentes de desnaturação podem ser classificados em físicos (calor, frio, irradiação, ultra violeta, ultrassom, agitação, etc.) e químicos (alterações de pH, solventes, uréia, etc.).

A desnaturação por esses diferentes agentes pode conduzir a estados estruturais diferentes. Por exemplo, a desnaturação completa pelo calor é, em regra, irreversível, porém, a desnaturação por uréia é, comumente reversível, ou seja a remoção da uréia permite a regeneração da proteína à forma nativa.

3.4.4.1 Agentes físicos

O calor é o agente físico mais comum, responsável pela alteração conformacional de proteínas. A velocidade de desnaturação depende da temperatura. Para a maioria das reações químicas, o aumento da velocidade é de cerca de duas vezes para cada aumento de 10 °C na temperatura. Entretanto, no caso da desnaturação protéica, essa velocidade pode aumentar 600 vezes quando a temperatura é elevada em 10 °C acima da temperatura de desnaturação. Isso é devido ao baixo nível de energia envolvido nas interações que estabilizam as estruturas secundária, terciária e quaternária.

A suscetibilidade de proteínas à desnaturação pelo calor depende de vários fatores, tais como a natureza da proteína, concentração protéica, atividade de água, pH, força iônica e o tipo de íons presentes. Essa desnaturação é freqüentemente seguida de uma redução na solubilidade, devido a exposição dos resíduos hidrofóbicos e à agregação das moléculas de proteínas desenroladas.

Temperaturas entre 50 e 100 °C provocam vibrações e perturbações que rompem as pontes de hidrogênio e de interações de Van der Waals, assim como as ligações polares, lançando grupamentos uns contra os outros de forma aleatória podendo causar desnaturação irreversível. Tal desnaturação é irreversível devido a estabilidade das novas interações ou ligações que se formam e da aleatoriedade das mudanças na configuração espacial da molécula. Em geral, quanto maior a massa molar, mais facilmente a proteína será desnaturada pelo calor.

O uso de temperaturas entre –10 °C e –40 °C também pode provocar desnaturação irreversível de algumas proteínas. Algumas enzimas, entretanto, não se desnaturam e conservam sua atividade a temperaturas de –40 °C, como a α-galactosidase. Quanto mais rápido for o congelamento menos desnaturante será o processo. O mecanismo dessa desnaturação parece estar relacionado com a mudança da força iônica e da constante dielétrica no microambiente da proteína.

Alguns tratamentos mecânicos muito severos (Ex.: batimento) podem desnaturar as proteínas, em função da intensidade da força de cisalhamento aplicada. A aplicação de altas pressões (≥ 50 kPa) também pode ter um efeito desnaturante.

A radiação eletromagnética pode afetar as proteínas em função do comprimento de onda aplicado. Radiação ultravioleta e radiações ionizantes podem provocar mudanças na conformação, rupturas de ligações covalentes, ionização, formação de radicais protéicos livres em função do nível de energia.

3.4.4.2 Agentes químicos

A desnaturação ocasionada por meios químicos envolve rompimento ou formação de ligações covalentes e é geralmente irreversível. As reações mais usuais são as de oxidação ou redução que agem sobre os grupos —SH e —S—S—, respectivamente.

O pH do meio exerce uma forte influência no processo de desnaturação. A maioria das proteínas é estável em uma faixa característica de pH, mas se expostas em valores extremos (> 10,0 ou < 3,0) as proteínas normalmente desnaturam. Em alguns casos, quando a mudança não é muito brusca o retorno ao pH original renatura a proteína.

As mudanças de solvente, de força iônica e a adição de substâncias que rompem as pontes de hidrogênio estruturais ou as interações de Van der Waals causam desnaturação tanto reversível quanto irreversível, dependendo do tipo de proteína e da severidade do tratamento.

A maioria dos solventes orgânicos pode atuar como agentes desnaturantes pois alteram a constante dielétrica do meio e, portanto, as forças eletrostáticas que contribuem para a estabilidade das proteínas. Solventes orgânicos apolares são capazes de penetrar nas regiões hidrofóbicas, rompendo as interações hidrofóbicas, e promover a desnaturação das proteínas.

Alguns compostos orgânicos, como uréia e sais de guanidina, quando concentrados em solução aquosa (4 a 8 mol/L), contribuem para romper as pontes de hidrogênio e provocar vários graus de desnaturação protéica.

Agentes tensoativos, tais como dodecilsulfato de sódio, são agentes desnaturantes muito poderosos. Esses compostos situam-se em posição intermediária entre as regiões hidrofóbicas de proteínas e o meio hidrofílico, rompendo interações hidrofóbicas e contribuindo para o desdobramento da proteína nativa. Detergentes aniônicos, também, em função do pK dos seus grupos ionizáveis, aumentam a carga da proteína em valores de pH próximos a neutralidade, aumentando as forças de repulsão internas e dessa forma aumentando sua tendência ao desdobramento.

3.4.5 Propriedades funcionais de proteínas

A qualidade de um alimento é definida pela sua composição, suas propriedades nutricionais e suas propriedades funcionais. A composição é caracterizada pelas quantidades ou proporções de seus vários componentes; as propriedades nutricionais pela sua riqueza em nutrientes essenciais, pela biodisponibilidade de tais nutrientes e pela ausência de substâncias tóxicas ou antinutricionais. As propriedades funcionais de um ingrediente são as que determinam sua utilização.

Propriedades funcionais de proteínas são definidas como as propriedades físico-químicas que afetam seu comportamento em sistemas alimentares durante o preparo, processo, armazenamento, consumo, e contribuem para a qualidade e para atributos sensoriais dos alimentos. A somatória das propriedades funcionais de um alimento ou ingrediente alimentício é referida como "funcionalidade". "Valor funcional" é uma característica de funcionalidade de um produto ou ingrediente alimentício que aumente sua aceitação e utilização. As principais propriedades funcionais das proteínas são aquelas que tornam as proteínas capazes de contribuir para as características desejáveis de um alimento. A avaliação das proteínas quanto às suas propriedades funcionais é um problema bastante complexo por causa da grande diversidade de estruturas e conformações, e de possíveis interações com outros componentes dos alimentos como lipídeos, carboidratos, água, íons, e outras proteínas.

As propriedades funcionais das proteínas podem ser modificadas por agentes físicos, químicos e biológicos, nos processos de obtenção ou isolamento de proteínas. O tipo de extração empregado, a temperatura, o pH, a força iônica, as condições de secagem e de armazenamento da proteína isolada, são todos fatores que podem afetar as suas propriedades funcionais.

As propriedades funcionais das proteínas alimentícias podem ser classificadas em três grupos principais:

- *Propriedades de hidratação*: dependem das interações entre água e as proteínas. Compreendem propriedades como absorção e retenção de água, molhabilidade, formação de gel, adesividade, dispersibilidade, solubilidade e viscosidade.
- *Propriedades relacionadas com interações proteínas-proteínas*: a este grupo pertencem propriedades como: formação de gel, coagulação, formação de estruturas como fibras e glúten.
- *Propriedades de superfície*: emulsificação, formação de espumas, formação de películas.

Estas propriedades não são totalmente independentes uma das outras. A formação de gel não envolve apenas interações tipo proteína-proteína, mas também água-proteína. A viscosidade e a solubilidade dependem tanto das interação água-proteína como proteína-proteína. Todas as propriedades funcionais estão relacionadas com a hidrofilicidade e/ou hidrofobicidade das proteínas, e estas, por sua vez, dependem dos teores de aminoácidos apolares, polares, e carregados, da massa molar, da estrutura e da conformação da proteína, entre outros fatores. Na tabela 3.6 são apresentadas as propriedades funcionais requeridas de proteínas em vários alimentos.

TABELA 3.6 — *Propriedades funcionais de proteínas requeridas em vários alimentos*

Alimento	Funcionalidade
Bebidas	Solubilidade em diversos valores de pH, estabilidade térmica, viscosidade.
Sopas, molhos	Viscosidade, emulsificação, retenção de água.
Produtos de panificação	Formação de uma matriz e um filme com propriedades viscoeslásticas, coesão, desnaturação térmica, formação de gel, absorção de água, emulsificação, aeração.
Derivados de leite (sorvetes, iogurtes)	Emulsificação, retenção de gordura, viscosidade, aeração, formação de gel, coagulação.
Substitutos de ovos	Aeração, formação de gel.
Produtos cárneos (embutidos, presunto)	Emulsificação, gelificação, coesão, absorção de água e gordura, retenção de água.
Coberturas	Coesão, adesão.
Produtos de confeitaria	Dispersibilidade, emulsificação.

Fonte: FENNEMA (1986).

3.5 BIBLIOGRAFIA

FARFÁN, J.A. **Química de Proteínas Aplicada à Ciência e Tecnologia de Alimentos**. Campinas, Editora da UNICAMP, 1990.

FENNEMA, O.R. **Food Chemistry**. New York, Marcel Dekker Inc., 2ª ed., 1985.

LEHNINGER, A. L.. **Bioquímica. Vol. 1: Componentes Moleculares das Células**. São Paulo, Edgard Blücher Ltda, 2ª ed., 1976.

SGARBIERI, V.C. **Proteínas em Alimentos Protéicos: Propriedades, Degradações, Modificações**. São Paulo, Livraria Varela, 1996.

SGARBIERI, V.C. **Alimentação e Nutrição – Fator de Saúde e Desenvolvimento**. Campinas, Editora da Unicamp, 1987.

ZAYAS, J.F. **Funcionality of Proteins in Food.** Berlim, Springer, 1997.

4. Lipídeos

4.1 INTRODUÇÃO

Pertencem ao grupo dos lipídeos as substâncias que, em geral, são solúveis em solventes orgânicos e insolúveis ou ligeiramente solúveis em água. Contêm um grande número de diferentes tipos de substâncias, incluindo acilgliceróis, ácidos graxos e fosfolipídeos, compostos a estes relacionados, derivados e, às vezes, esteróis e carboidratos. Os triacilgliceróis são os lipídeos mais comuns em alimentos, formados predominantemente por produtos de condensação entre glicerol e ácidos graxos, usualmente conhecidos como óleos ou gorduras.

Os óleos e as gorduras podem ser encontrados em células de origem animal, vegetal ou microbiana. São os maiores componentes do tecido adiposo, e, juntamente com proteínas e carboidratos, constituem os principais componentes estruturais de todas as células vivas. As gorduras exercem funções nutricionais importantes, suprindo calorias (9 kcal/g) e ácidos graxos essenciais, além do transporte das vitaminas lipossolúveis para o interior das células. São responsáveis pelo isolamento térmico e permeabilidade das paredes celulares; contribuem para o sabor e palatibilidade dos alimentos e também para a sensação de saciedade após a alimentação.

Os óleos e gorduras são usados como óleos de fritura e meio refrigerante. A gordura vegetal hidrogenada, um produto obtido a partir da modificação de óleos e gorduras, confere maciez a produtos de panificação pela combinação do efeito lubrificante com a habilidade de alterar a interação da gordura com os outros ingredientes.

Alguns lipídeos, tais como monoglicerídeos, diglicerídeos e fosfolipídeos são excelentes agentes emulsificantes em sistemas alimentícios.

A diferença entre os termos óleo e gordura está na sua forma física. As gorduras se apresentam na forma sólida e os óleos na forma líquida, a temperatura ambiente. O termo gordura é o mais empregado, enquanto que a palavra azeite é utilizada exclusivamente para óleos extraídos de frutos, como, por exemplo, azeite de oliva, azeite de dendê. A maior fonte de óleos vegetais, e consumidos em maior quantidade, são os de sementes de soja e milho. Além de outras fontes como algodão e girassol.

4.2 CLASSIFICAÇÃO GERAL

4.2.1 Lipídeos simples (neutros)

Os lipídeos simples são compostos, formados a partir da esterificação de ácidos graxos e alcoóis. Esse grupo é subdividido em:

Gorduras: são ésteres formados a partir de ácidos graxos e glicerol, chamados freqüentemente de glicerídeos (Figura 4.1).

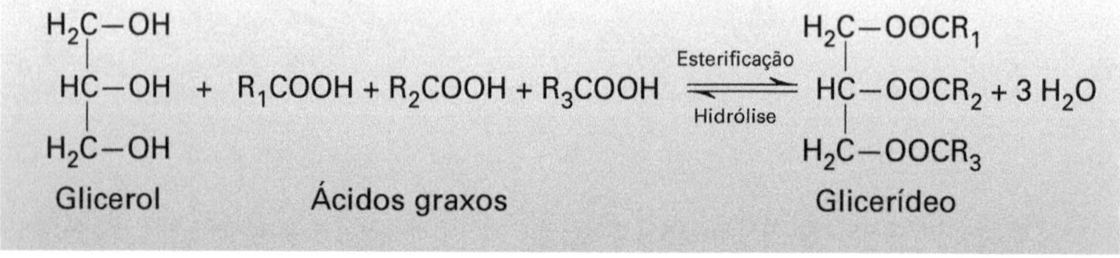

$$\begin{array}{c} H_2C-OH \\ | \\ HC-OH \\ | \\ H_2C-OH \\ \text{Glicerol} \end{array} + \begin{array}{c} R_1COOH + R_2COOH + R_3COOH \\ \text{Ácidos graxos} \end{array} \underset{\text{Hidrólise}}{\overset{\text{Esterificação}}{\rightleftharpoons}} \begin{array}{c} H_2C-OOCR_1 \\ | \\ HC-OOCR_2 \\ | \\ H_2C-OOCR_3 \\ \text{Glicerídeo} \end{array} + 3\,H_2O$$

FIGURA 4.1 Representação da reação de esterificação e hidrólise do glicerídeo.

Ceras: são misturas complexas de alcoóis, ácidos e alguns alcanos de cadeia longa, mas os principais componentes são ésteres formados a partir de ácidos graxos e alcoóis de cadeia longa, como, por exemplo, o palmitato de miricila $CH_3\,(CH_2)_{14}\,COO\,(CH_2)_{29}\,CH_3$, encontrado em grande quantidade na cera do favo de mel de abelha.

4.2.2 Lipídeos compostos

Os lipídeos compostos são substâncias que contêm além do grupo éster da união do ácido graxo e glicerol outros grupamentos químicos, como, por exemplo, os seguintes:

- **fosfolipídeos (ou fosfatídeos):** compostos que possuem ésteres formados a partir do glicerol, ácidos graxos, ácido fosfórico e outros grupos, normalmente nitrogenados.
- **cerebrosídeos (ou glicolipídeos):** compostos formados por ácidos graxos, um grupo nitrogenado e um carboidrato, não contendo grupo fosfórico.

4.2.3 Lipídeos derivados

Os lipídeos derivados são compostos obtidos por hidrólise dos lipídeos neutros e compostos, e que apresentam, normalmente, propriedades de lipídeos. São os ácidos graxos, alcoóis de alto peso molecular, esteróis, hidrocarbonetos de cadeia longa, carotenóides e vitaminas lipossolúveis.

4.3 COMPOSIÇÃO E ESTRUTURA DOS LIPÍDEOS

4.3.1 Ácidos graxos

Os ácidos graxos livres ocorrem em quantidades pequenas nos óleos e gorduras. No entanto, participam da construção das moléculas de glicerídeos e de certos não glicerídeos, representando até 96% da massa total dessas moléculas, o que contribui de maneira muito importante para as propriedades físico-químicas dos diferentes óleos e gorduras.

Os ácidos graxos de ocorrência natural nas gorduras possuem, em geral, uma longa cadeia constituída de átomos de carbono e hidrogênio (hidrocarboneto) e um grupo terminal, característico de ácidos orgânicos, denominado de grupo carboxila.

Os ácidos graxos presentes nos lipídeos são normalmente compostos alifáticos, os quais podem ser saturados e insaturados e, em alguns casos, de cadeia ramificada.

4.3.1.1 Ácidos graxos saturados

Os ácidos graxos saturados, encontrados na maioria dos óleos e gorduras, são láurico (C12), mirístico (C14), palmítico (C16) e esteárico (C18). Os ácidos láurico e mirístico estão presentes em grandes proporções nos óleos de babaçu e de amêndoa de palma. Os ácidos palmítico e esteárico ocorrem, freqüentemente, na maioria dos óleos e gorduras.

Ácidos graxos saturados de cadeia mais curta, tais como C4 a C10, são encontrados, junto com ácidos de cadeias mais longas, na gordura do leite.

Ácidos graxos saturados com mais de 24 átomos de carbono raramente ocorrem em óleos comestíveis, mas são encontrados em ceras.

A nomenclatura oficial dos ácidos saturados é realizada pela da substituição do sufixo **o** do hidrocarboneto por **óico.** Por exemplo, o hidrocarboneto com 14 átomos de carbonos é denominado de tetradecan**o**, e o ácido graxo correspondente de **ácido** tetradecan**óico**. O carbono terminal com grupo carboxílico é denominado carbono número 1, como mostra a Figura 4.2.

14 13 12 11 10 9 8 7 6 5 4 3 2 1

$$H_3C-CH_2-CH_2-CH_2-CH_2-CH_2-CH_2-CH_2-CH_2-CH_2-CH_2-CH_2-CH_2-\underset{\displaystyle OH}{\underset{|}{C}}=O$$

FIGURA 4.2 Representação da fórmula estrutural do ácido tetradecanóico.

Na Tabela 4.1, são apresentados os principais ácidos graxos saturados encontrados em alimentos, seus respectivos nomes comum e sistemático, fórmula e principais alimentos que os contêm.

TABELA 4.1 — *Principais ácidos graxos saturados encontrados em alimentos*

Nome comum	Nome sistemático	Fórmula	Alimentos
Butírico	Butanóico	$H_3C—(CH_2)_2—COOH$	Gordura do leite
Capróico	Hexanóico	$H_3C—(CH_2)_4—COOH$	Gordura do leite, óleos de coco e babaçu
Caprílico	Octanóico	$H_3C—(CH_2)_6—COOH$	Gordura do leite, óleos de coco e de babaçu, óleo de semente de uva.
Laurico	Dodecanóico	$H_3C—(CH_2)_{10}—COOH$	Óleo de semente das Lauraceae, gordura do leite.
Mirístico	Tetradecanóico	$H_3C—(CH_2)_{12}—COOH$	Óleo de noz-moscada, gordura de leite, óleo de coco.
Palmítico	Hexadecanóico	$H_3C—(CH_2)_{14}—COOH$	Óleos de soja e algodão, oliva, abacate, amendoim, milho, manteiga de cacau, toucinho.
Esteárico	Octadecanóico	$H_3C—(CH_2)_{16}—COOH$	Gordura animal, manteiga de cacau.
Araquídico	Eicosanóico	$H_3C—(CH_2)_{18}—COOH$	Óleo de amendoim
Lignocérico	Tetracosanóico	$H_3C—(CH_2)_{22}—COOH$	Óleos de amendoim, mostarda, gergelim, colza e girassol

Fonte: adaptada de Bobbio (1989).

Alguns ácidos graxos saturados têm a mesma fórmula molecular, porém a estrutura pode apresentar-se como uma cadeia linear ou em arranjo ramificado, como, por exemplo, os ácidos n-butírico e isobutírico, apresentados na Figura 4.3. Em alimentos, são raramente encontrados na forma ramificada.

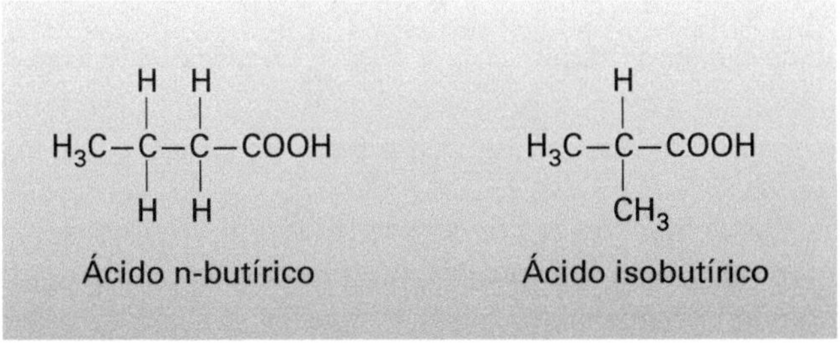

```
    H  H                         H
    |  |                         |
H3C-C--C-COOH              H3C-C-COOH
    |  |                         |
    H  H                        CH3
```

Ácido n-butírico — Ácido isobutírico

FIGURA 4.3 Representação da fórmula estrutural dos ácidos *n*-butírico e ácido isobutírico.

4.3.1.2 Ácidos graxos insaturados

Os ácidos graxos insaturados são encontrados livres ou ligados ao glicerol e apresentam uma ou mais duplas ligações entre os carbonos nas suas moléculas. Eles predominam sobre os saturados, particularmente nas plantas superiores e em animais que vivem em baixas temperaturas.

Os ácidos graxos insaturados diferem entre si quanto ao número de átomos de carbono, número de duplas ligações, localização das insaturações e configuração. Os ácidos linoléico e araquidônico são ácidos graxos essenciais, ou seja, são indispensáveis ao organismo humano e não são sintetizados pelo mesmo, devendo ser ingeridos na dieta alimentar.

Na maioria dos ácidos monoinsaturados, a dupla ligação localiza-se entre os átomos de carbono 9 e 10. Nos ácidos poliinsaturados, com freqüência, a primeira insaturação situa-se no carbono 9, e as demais duplas entre esta e a extremidade não carboxilada da cadeia hidrogenada, separadas por um grupo metileno (—CH_2—).

O ácidos graxos insaturados apresentam isomeria. Os ácidos graxos isômeros, entre si, apresentam o mesmo número de átomos de carbono, de hidrogênio e de oxigênio, porém, podem apresentar posição, disposição geométrica, arranjos linear e ramificado diferentes, resultando em propriedades físico-químicas diferentes.

Os ácidos graxos com uma ou mais duplas ligações podem apresentar dois tipos de isomeria, a de posição ou a geométrica. A primeira está relacionada com a localização das duplas ligações ao longo da cadeia. A isomeria geométrica ocorre devido à rotação restrita em torno de uma dupla ligação entre dois átomos de carbono. Assim, existem dois arranjos possíveis para os átomos em torno da ligação dupla. Em um dos arranjos, os átomos de hidrogênio estão do mesmo lado em relação à dupla (cis) e no outro estão em lados opostos (trans). Os dois compostos são estereoisômeros, que diferem em geral em seus pontos de fusão, solubilidade, propriedades biológicas e nutricionais. Por exemplo, para o ácido oleíco (cis) o ponto de fusão é 14 °C, enquanto para a sua forma trans, o ácido elaídico, o ponto de fusão passa para 44 °C (Figura 4.4).

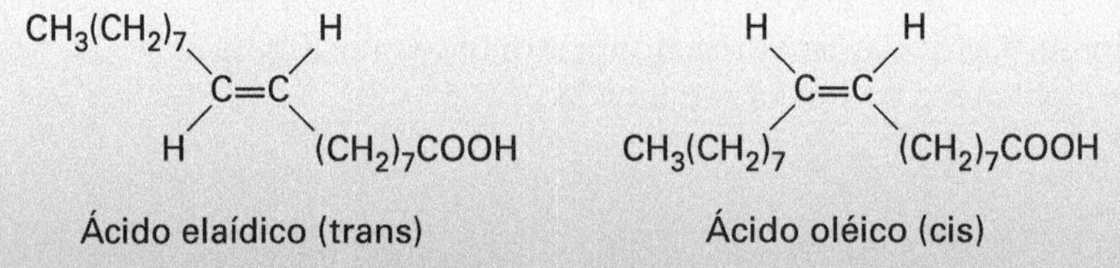

$$\begin{array}{ccc} CH_3(CH_2)_7 & & H \\ & C{=}C & \\ H & & (CH_2)_7COOH \end{array} \qquad \begin{array}{ccc} H & & H \\ & C{=}C & \\ CH_3(CH_2)_7 & & (CH_2)_7COOH \end{array}$$

Ácido elaídico (trans) — Ácido oléico (cis)

FIGURA 4.4 Representação dos arranjos cis e trans do ácido graxo insaturado.

Para a maioria dos ácidos graxos encontrados em alimentos, a configuração em CIS é a forma que ocorre naturalmente; porém, podem passar para a configuração trans em função das condições de processo.

A terminologia oficial recomendada pela IUPAC para os ácidos graxos insaturados, segue as seguintes regras:

- A cadeia de átomos de carbono é numerada a partir do grupo carboxílico.
- A posição das duplas deve ser indicada.
- Somente o átomo de carbono de número mais baixo, dos dois átomos que compõem a dupla ligação, é indicado.
- A configuração das insaturações (cis ou trans) deve ser indicada. No caso em que a configuração é omitida, é admitida a configuração **cis** para a dupla ligação.
- A nomeclatura mais empregada para ácidos contendo apenas uma dupla ligação é: **ácido (número)** (que é igual à posição do átomo de carbono, da dupla ligação, de número mais baixo) **(nome do hidrocarboneto derivado)** (substituindo **ano** por **enóico**).

Como exemplo, para o ácido hexadeca-cis-9-enóico, derivado do hidrocarboneto hexadeceno ($H_3C—(CH_2)_5—CH{=}CH—(CH_2)_7—CH_3$), a estrutura e nomenclatura mais empregada está mostrada na Figura 4.5.

$$H_3C-(CH_2)_5-CH{=}CH-(CH_2)_7-COOH$$

FIGURA 4.5 Representação da fórmula estrutural do ácido 9-hexadecenóico.

- Ácidos graxos com duas duplas ligações são mais usualmente nomeados como descrito acima, mas o sufixo **no** do hidrocarboneto é substituído por **dienóico.**
- Ácidos graxos com três duplas ligações são mais usualmente nomeados como descrito acima, mas o sufixo **no** do hidrocarboneto é substituído por **trienóico.**
- Ácidos graxos com quatro duplas ligações são mais usualmente nomeados como descrito acima, mas o sufixo **no** do hidrocarboneto é substituído por **tetraenóico.**

As duplas ligações também podem ser indicadas de forma incompleta, na nomenclatura usual, nas seguintes formas:

1. CN:1, onde: N = número de átomos de carbono e 1 = número de duplas ligações.

   Exemplo: C18:1 ⇒ 18 carbonos e 1 dupla ligação

   C18:3 ⇒ 18 carbonos e 3 duplas ligações

2. Δ^9-octadecenóico ⇒ ácido oléico

   $\Delta^{9,12}$-octadecadienóico ⇒ ácido linoléico

3. Localização da primeira dupla ligação, a partir do último grupo metílico da molécula de ácido graxo. Nos nomes IUPAC, as posições dos substituintes na estrutura principal são designadas por números, como mostrado anteriormente. Na nomenclatura comum indicam-se, normalmente, as posições dos substituintes pelas letras gregas, começando com α no carbono adjacente ao grupo funcional principal seguido por beta (β), gama (γ), delta (δ) e assim por diante até ômega (ω). O ômega é algumas vezes usado para designar o último carbono na cadeia, seja qual for o seu número, como mostrado na Figura 4.6.

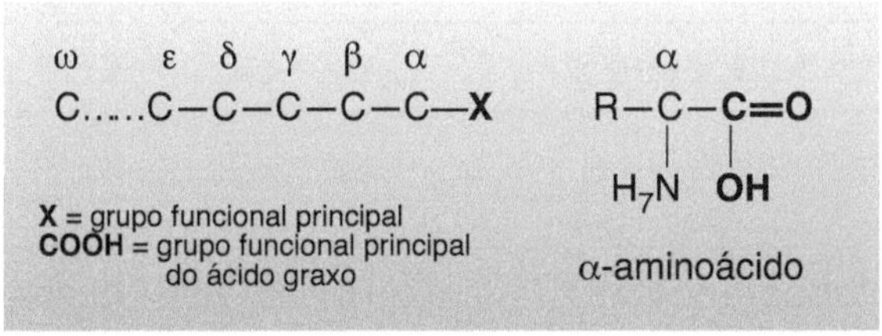

ω ε δ γ β α
C.....C–C–C–C–C–**X**

α
R–C–C=O
H₇N OH

X = grupo funcional principal
COOH = grupo funcional principal do ácido graxo

α-aminoácido

FIGURA 4.6 Representação da forma comum de nomear um composto químico com letras gregas.

Os ácidos graxos poliinsaturados são divididos em ácidos graxos $\omega 3$ e ácidos graxos $\omega 6$, sendo que os primeiros apresentam a sua primeira dupla ligação entre os 3.º e 4.º carbonos, enquanto o $\omega 6$ apresenta a primeira dupla ligação entre o 6.º e o 7.º carbonos, a partir do último grupo metílico da molécula.

Exemplo: ácido linoléico (ácido 9,12 octadecadienóico) ⇒ ácido 18:2 $\omega 6$

Em meados da década de 20, estudos mostraram que animais de laboratório alimentados com dietas livres de gordura desenvolveram sintomas diversos como perda de pêlo, esterilidade, lesões na cauda e rins. Esses efeitos, porém, eram revertidos com a adição de ácidos graxos poliinsaturados como ácido linoléico e ácido linolênico na dieta. Os animais não têm habilidade de sintetizar esses ácidos graxos a partir de outros e, por isso, são considerados essenciais, ou seja, têm que ser ingeridos na dieta. Os ácidos graxos essenciais (EFA's = "essencial fat acids") são precursores de prostaglandinas, as quais são responsáveis por importantes funções fisiológicas, como, por exemplo, contração do útero, controle de pressão sangüínea e secreção das paredes do estômago. A ingestão mínima recomendada dos ácidos graxos essenciais é de 2% do total de quilocalorias na forma de ácido linoléico e 0,5% na forma de ácido linolênico.

A família $\omega 3$ (ômega 3) contém 3 ácidos graxos: ácido linolênico, presente em óleos de soja e canola, o ácido eicosapentanóico-EPA (C20:5 ω3, derivado do ácido linolênico) e o ácido decosahexaenóico-DHA, encontrados nos óleos de peixes marinhos.

Os principais ácidos graxos insaturados presentes em alimentos estão apresentados abaixo na tabela 4.2.

TABELA 4.2 — *Principais ácidos graxos insaturados encontrados em diferentes óleos e gorduras*

Nome Comum	Nome sistemático	Fórmula	Óleo ou gordura
Caproléico	9-decenóico	C_9H_{17}—COOH	Gordura do leite
Lauroléico	9-dodecenóico	$C_{11}H_{21}$—COOH	Gordura do leite
Miristoléico	9-tetradecenóico	$C_{13}H_{25}$—COOH	Gordura animal
Fisetérico	5-tetradecenóico	$C_{13}H_{25}$—COOH	Óleo de sardinha
Oléico	9-cis-octadecenóico	$C_{17}H_{33}$—COOH	Gorduras animal e vegetal
Gadoléico	9-ecosenóico	$C_{19}H_{37}$—COOH	Óleos de peixes e de animais marinhos.
Erúcico	13-docosenóico	$C_{21}H_{41}$—COOH	Óleos de mostarda e colza
Linoléico	9,12-octadecadienóico	$C_{17}H_{31}$—COOH	Óleos de amendoim, algodão, gergelim e girassol.
Linolênico	9,12,15-octadecatrienóico	$C_{17}H_{29}$—COOH	Óleos de soja, gérmen de trigo e linhaça.

Fonte: Bobbio (1989).

4.3.2 Lipídeos simples

As gorduras alimentícias são formadas por uma mistura de triglicerídeos que diferem na sua composição de ácidos graxos, que, por sua vez, diferem em peso molecular e grau de insaturação.

4.3.2.1 Gorduras

As gorduras, quando aquecidas em soluções alcalinas, são parcialmente hidrolisadas e separadas em duas frações denominadas de fração saponificável (glicerol e sais alcalinos dos ácidos graxos livres) e fração insaponificável (esteróis, alcoóis, pigmentos e hidrocarbonetos).

A fração saponificável dos lipídeos é constituída por ésteres formados por ácidos graxos e glicerol, denominados glicerídeos. Os glicerídeos, quimicamente, são definidos como produtos da reação de uma molécula de glicerol com até 3 moléculas de ácidos graxos.

O glicerol (1, 2, 3, propanotriol) é um líquido incolor, solúvel em água e etanol, com ponto de fusão de 17,9 °C. Se o glicerol for aquecido em altas temperaturas (aproximadamente 300 °C), na presença de catalisadores, é produzida uma substância de cheiro desagradável, ação irritante para olhos, mucosas e pele, denominada de acroleína.

Se o glicerol apresenta suas 3 hidroxilas esterificadas com ácidos graxos, têm-se os triglicerídeos que são os principais componentes de óleos e gorduras. Os ácidos graxos podem ser obtidos a partir da hidrólise dos glicerídeos (Figura 4.7).

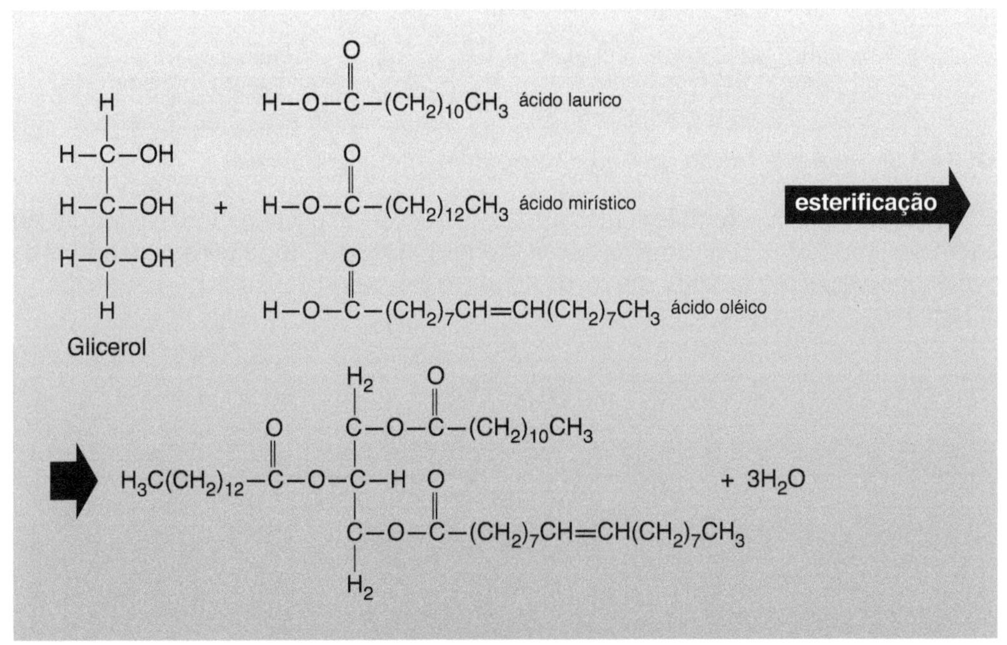

FIGURA 4.7 Representação da reação de esterificação entre glicerol e os ácidos graxos e triglicerídeo.

Os monoglicerídeos (glicerídeo com apenas uma hidroxila do glicerol esterificada com ácido graxo) e os diglicerídeos (com duas hidroxilas do glicerol esterificadas com ácidos graxos) representam quantidades inferiores a 2% dos lipídeos encontrados em alimentos, mas podem ser produzidos a partir da hidrólise parcial dos triglicerídeos.

Os triglicerídeos, nomeados conforme o número de ácidos graxos existentes na molécula, podem ser designados como monoacilglicerol (um ácido graxo), diacilglicerol (dois ácidos graxos), triacilglicerol (três ácidos graxos). O termo acilglicerol é reservado para glicerídeos em geral. Sua nomenclatura deve indicar a posição e a natureza de cada ácido graxo esterificado. Podem ser utilizadas as seguintes designações:

- _____(posição do ácido graxo na molécula) ácido graxo com substituição do sufixo **ico** por **il** (1-estearil, 2-oleil, 3-palmitil glicerol) (Figura 4.8).

- ou omitindo-se o termo glicerol e denominando os ácidos graxos localizados nas posições 1 e 2 pela substituição do prefixo **ico** por **o** e o ácido graxo localizado na posição 3 pela substituição do sufixo **ico** por **ina** (1-estearo, 2-oelo, 3-palmitina) (Figura 4.8).

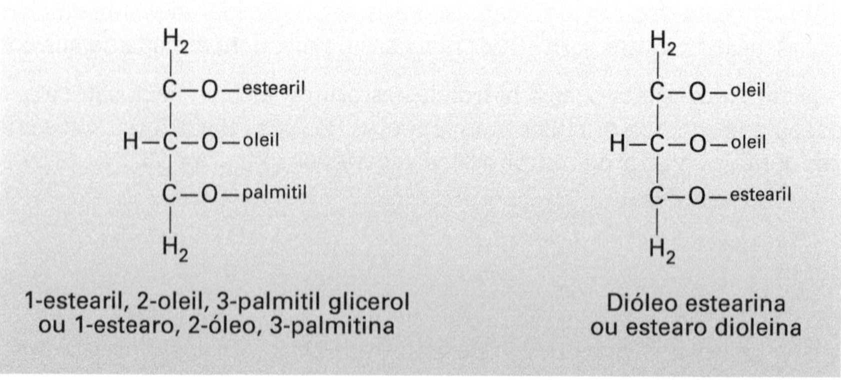

H_2C—O—estearil
H—C—O—oleil
H_2C—O—palmitil

1-estearil, 2-oleil, 3-palmitil glicerol
ou 1-estearo, 2-óleo, 3-palmitina

H_2C—O—oleil
H—C—O—oleil
H_2C—O—estearil

Dióleo estearina
ou estearo dioleina

FIGURA 4.8 Representação da estrutura de diferentes triglicerídeos.

Os triglicerídeos com dois ácidos graxos da mesma espécie e um terceiro diferente podem ser nomeados conforme apresentado na Figura 4.8. E aqueles constituídos por apenas uma espécie de ácido graxo são designados pelo prefixo **tri** e pelo sufixo **ina** (Figura 4.9).

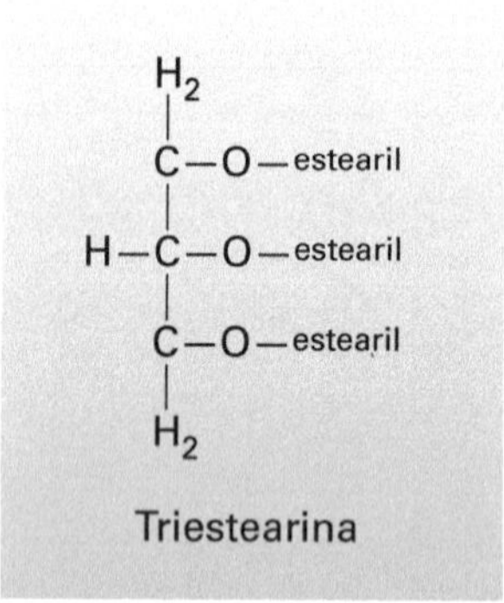

H_2C—O—estearil
H—C—O—estearil
H_2C—O—estearil

Triestearina

FIGURA 4.9 Representação do triglicerídeo triestearina.

A IUPAC-IUB - Comissão de Nomenclatura Bioquímica - recomenda a utilização do sistema **sn** (numerado estéreo especificamente) para indicar glicerídeos que exibem isomeria óptica com carbono 2 assimétrico. Nesse sistema, são usadas fórmulas de projeção de Fischer, nas quais o grupo secundário está à esquerda (Figura 4.10).

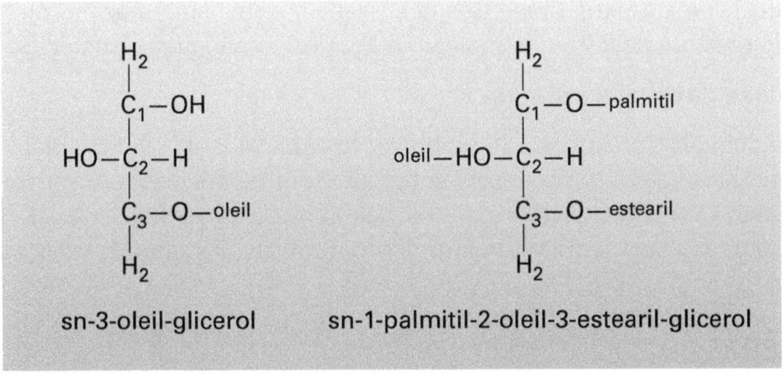

H_2 — C_1—OH; HO—C_2—H; C_3—O—oleil; H_2

sn-3-oleil-glicerol

H_2 — C_1—O—palmitil; oleil—HO—C_2—H; C_3—O—estearil; H_2

sn-1-palmitil-2-oleil-3-estearil-glicerol

FIGURA 4.10 Representação das fórmulas de projeção de Fischer para o triglicerídeo.

Os triglicerídeos podem ser constituídos por ácidos graxos iguais ou diferentes. A posição 2 do triglicerídeo é mais impedida estericamente e é normalmente ocupada por ácidos graxos de menor peso molecular e insaturados. A distribuição dos ácidos graxos nos triglicerídeos depende das vias de síntese de triglicerídeos em um dado organismo. As plantas tendem a distribuir ácidos graxos saturados e de cadeia longa nas posições 1 e 3 e ácidos insaturados dienóicos na posição 2. Os animais tendem a distribuir ácidos saturados na posição 1, ácidos graxos de cadeia curta ou insaturados na posição 2 e ácidos graxos de cadeia longa na posição 3.

As gorduras alimentícias são subdivididas em cinco grupos em função dos seus ácidos graxos predominantes esterificados no triglicerídeo:

- **Grupo das gorduras do leite**

Esse grupo se caracteriza por apresentar quantidades substanciais de ácidos graxos de cadeia curta (C_4 a C_{10}). O principal representante deles é o ácido butírico, que representa 3 a 15% do total. Ácidos de cadeia longa também são encontrados, incluindo o ácido oléico (30 a 40%), o ácido palmítico (25 a 32%) e o ácido esteárico (10 a 15%).

- **Grupo do ácido laurico**

Grupo no qual o óleo apresenta, em sua composição, 40 a 50% de ácido laurico, que contém 12 átomos de carbonos na molécula. Outros ácidos em quantidades menores também podem ser encontrados como C_8, C_{10}, C_{14}, C_{16}, C_{18}, sendo que a maioria saturados, como, por exemplo, nos óleos de coco e de babaçu.

- **Grupo dos ácidos oléico-linoléico**

É o maior e mais variado grupo. As gorduras pertencentes a este grupo são todas de origem vegetal. O grupo se caracteriza ainda por apresentar um teor menor que 20% de ácidos saturados. Os ácidos graxos presentes são os ácidos oléico e linoléico. Exemplos: óleos de algodão, milho, girassol e azeite de oliva.

- **Grupo do ácido linolênico**

Esse grupo se caracteriza por apresentar quantidades substanciais de ácido linolênico, mas apresenta também altos teores dos ácidos oléico e linoléico. Por exemplo, o óleo de soja apresenta em média 23% de ácido oléico, 48% de ácido linoléico e 9% de ácido linolênico dos ácidos graxos presentes nos triglicerídeos, enquanto no óleo de milho, o teor de ácido oléico é de 28% e o linoléico 50%, porém não apresenta ácido linolênico.

- **Grupo das gorduras animais**

As gorduras animais apresentam também teores elevados dos ácidos oléico e linoléico. Esse grupo se caracteriza por apresentar um alto teor de ácidos graxos saturados de alto peso molecular. O teor varia de 30 a 40% dos ácidos C_{16} (palmítico) e C_{18} (esteárico) saturados e por isso apresentam um alto ponto de fusão. Exemplos: sebo, toucinho.

4.3.2.2 CERAS

As ceras são ésteres de ácidos graxos e monohidroxialcoóis de alto peso molecular. Apresentam um alto ponto de fusão e são mais resistentes à hidrólise do que os glicerídeos.

Alguns óleos vegetais, incluindo os de milho, de arroz e de soja, apresentam quantidades suficientes de ceras (cerca de 0,005%), que os tornam turvos quando resfriados.

As ceras são classificadas, de acordo com o tipo de álcool que está esterificado, em:

- **Verdadeiras**: são ésteres de ácidos graxos e alcoóis de cadeia linear e alto peso molecular, como palmitílico ($C_{16}H_{33}OH$) e estearílico ($H_3C—(CH_2)_{16}—CH_2OH$).
- **Ésteres de alcoóis esteroídicos**: são ésteres de ácidos graxos e esteróis como colesterol em animais e fitosterol em vegetais. A estrutura básica do colesterol é a de um esteróide composto por quatro anéis (per-hidro-ciclo-pentano-fenantreno) ligado a uma cadeia lateral de oito átomos de carbono (Figura 4.11). É sintetizado a partir de uma série de reações de condensação envolvendo materiais lipídicos, iniciando com acetil-CoA. O colesterol é um constituinte essencial de muitas células, sobretudo da mielina, que reveste as células nervosas (cerca de um sexto do peso da matéria seca do tecido nervoso e cerebral), é encontrado em altas concentrações no fígado, onde é sintetizado e armazenado, e ainda existe nas formas livre e esterificada (aproximadamente 2/3 do colesterol sérico é esterificado a um ácido graxo) nas lipoproteínas do plasma. Sua importância biológica está ligada ao fato de que níveis elevados de colesterol estão associados à arteriosclerose e moléstias coronarianas.

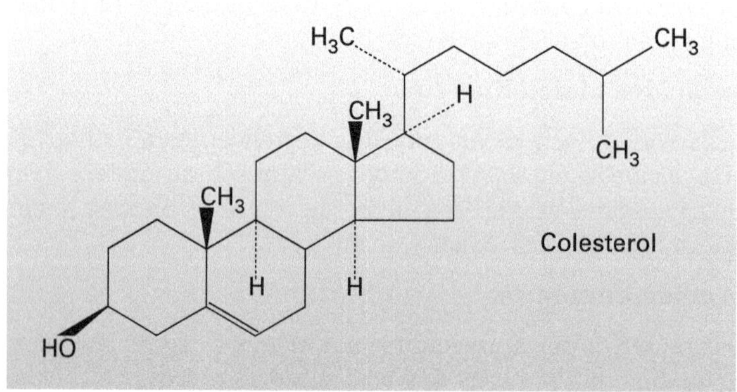

FIGURA 4.11 Representação da estrutura do colesterol.

4.3.3 Lipídeos compostos

4.3.3.1 Fosfolipídeos ou fosfatídeos

Esses compostos são definidos pela presença de um poliálcool (usualmente, mas nem sempre, o glicerol) esterificado com ácidos graxos e com ácido fosfórico (H_3PO_4). O ácido fosfórico, por sua vez, apresenta-se também esterificado a um álcool aminado (colina, etanolamina), ou um aminoácido (serina), ou mesmo a um poliálcool cíclico chamado inositol (Figura 4.12).

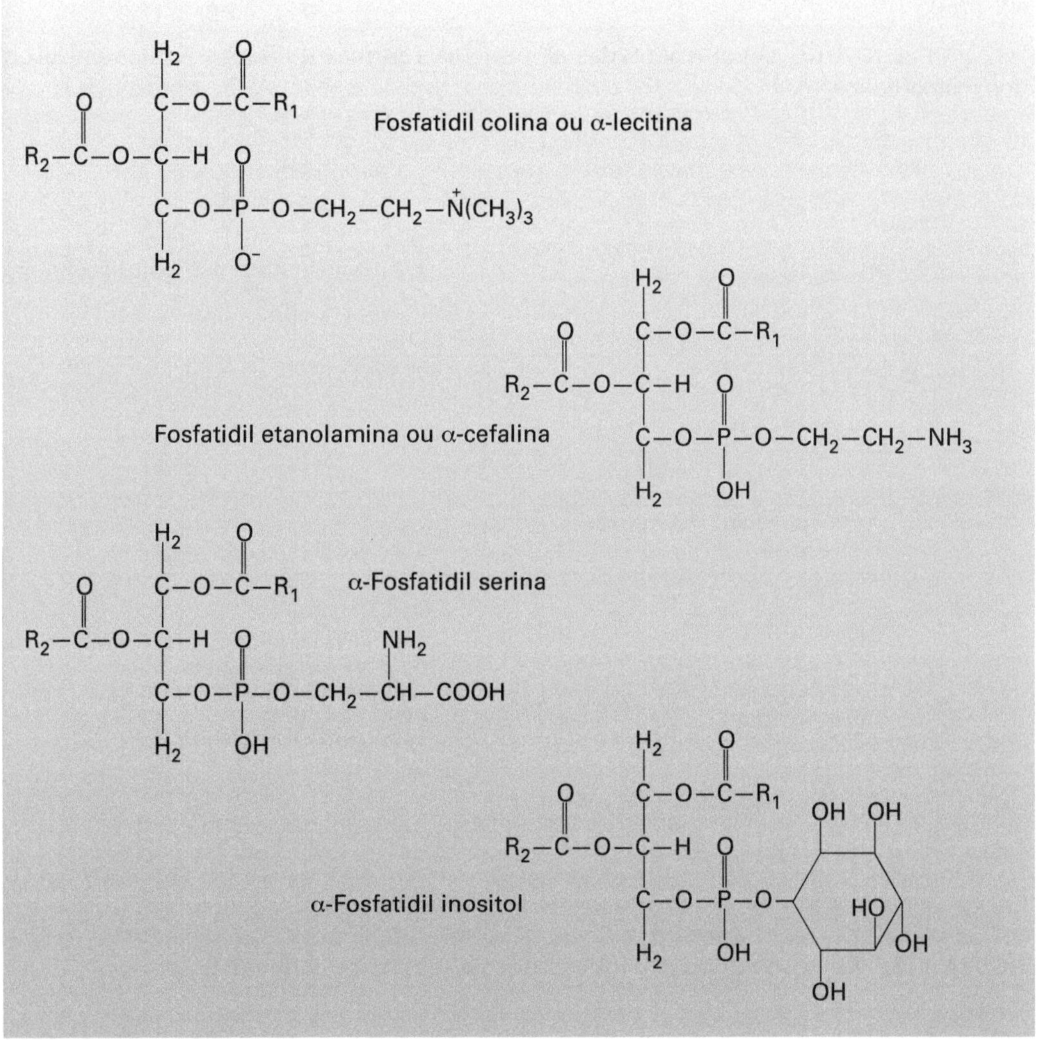

Fosfatidil colina ou α-lecitina

Fosfatidil etanolamina ou α-cefalina

α-Fosfatidil serina

α-Fosfatidil inositol

FIGURA 4.12 Representação das estruturas de alguns fosfolipídeos.

Os derivados dos ácidos graxos, situados nas posições 1 e 2 do glicerol, variam em número de insaturações e comprimento da cadeia. A posição 2 é normalmente ocupada por ácidos graxos insaturados, e a posição 1 por ácidos saturados ou monoenóicos.

Os fosfolipídeos são oxidados mais rapidamente que os triglicerídeos. São constituintes importantes das membranas celulares, nervos e tecidos orgânicos, e no ovo encontram-se complexados com proteínas.

Os fosfolipídeos com grupo amino livre participam de reações aldeído-aminas típicas de escurecimento não enzimático.

Os fosfolipídeos são excelentes agentes emulsificantes: sua molécula possui uma região de afinidade hidrofóbica ou apolar, constituída pelos ácidos graxos, e uma região hidrofílica constituída pelo radical fosfórico. São utilizados em vários produtos alimentícios, tais como maioneses, biscoitos, bolos, sorvetes, em função de sua capacidade emulsificante.

Na Figura 4.13, são apresentadas as principais formas utilizadas na nomenclatura dos fosfolipídeos.

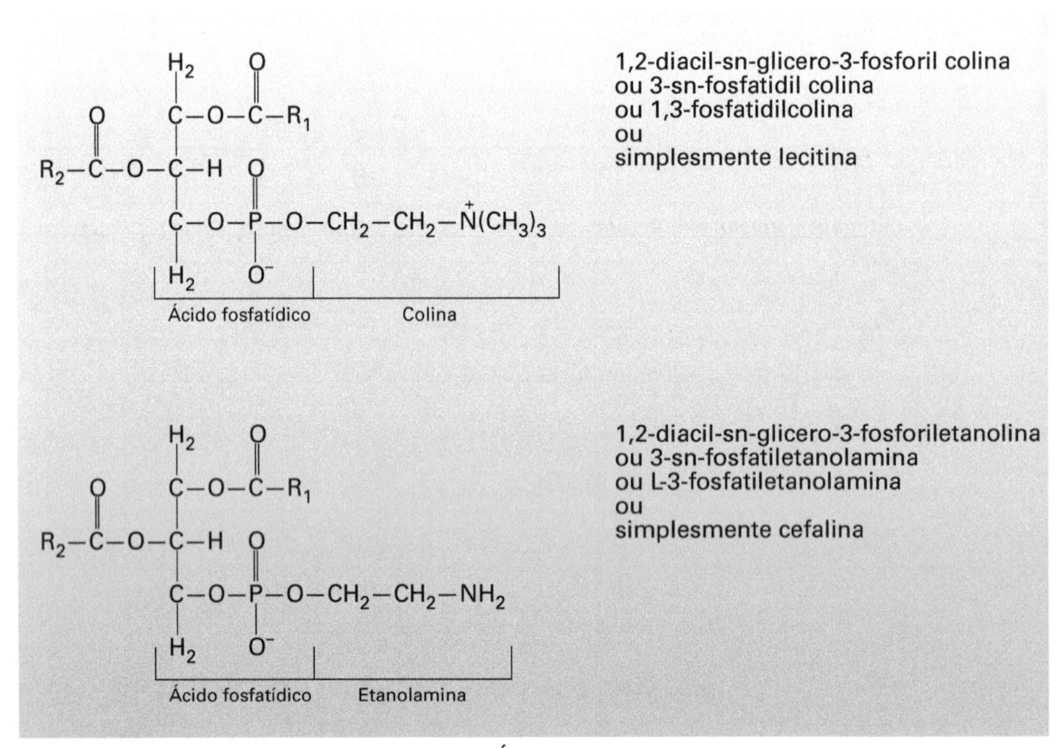

FIGURA 4.13 Representação dos fosfolipídeos e suas nomenclaturas.

As esfingomielinas constituem uma classe de fosfatídeos, no qual o glicerol encontra-se substituído por um poliálcool aminado mais complexo chamado esfingosina (Figura 4.14).

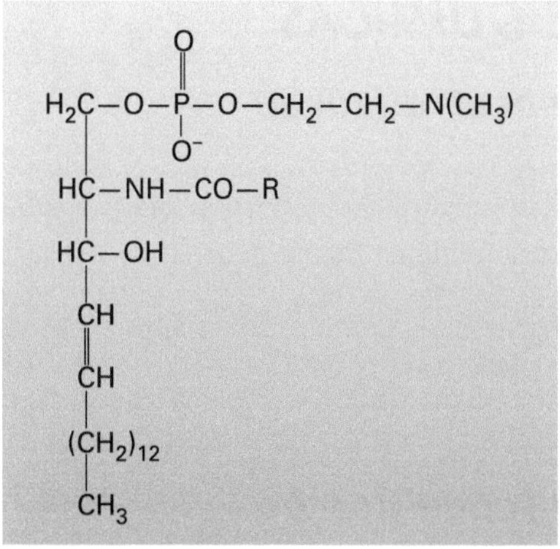

$$
\begin{array}{l}
\qquad\quad O \\
\qquad\quad \| \\
H_2C-O-P-O-CH_2-CH_2-N(CH_3) \\
\;\;| \qquad\quad | \\
\;\;| \qquad\quad O^- \\
HC-NH-CO-R \\
\;\;| \\
HC-OH \\
\;\;| \\
\;\;CH \\
\;\;\| \\
\;\;CH \\
\;\;| \\
(CH_2)_{12} \\
\;\;| \\
\;\;CH_3
\end{array}
$$

FIGURA 4.14 Representação da esfingosina.

4.3.4 LIPÍDEOS DERIVADOS

Os lipídeos derivados, que também podem ser denominados de material insaponificável, são constituídos, principalmente, por alcoóis terpênicos, alcoóis alifáticos, esteróis, vitaminas lipossolúveis, pigmentos e hidrocarbonetos.

Denomina-se material insaponificável o grupo de compostos obtidos por extração com éter, realizada na solução resultante da saponificação das gorduras.

Os principais componentes da fração insaponificável das gorduras são os esteróis, que são alcoóis de elevado ponto de fusão e de estrutura bastante complexa. São classificados conforme sua origem em zoosteróis (origem animal), fitosteróis (origem vegetal), e micosteróis (produzidos por microrganismos). O principal esterol de origem animal é o colesterol (Figura 4.11).

A maioria das gorduras contém pequenas quantidades (0,1-1,0%) de hidrocarbonetos de cadeia longa, saturados e insaturados, sendo que o de maior ocorrência é o esqualeno.

Os pigmentos lipossolúveis que conferem coloração aos alimentos são a clorofila (cor verde), mioglobina (cor vermelha) e os carotenóides (cor variando de amarela a vermelha). As vitaminas lipossolúveis são: A, D, E e K. O tocoferol, substância com atividade de vitamina E, contribui muito para a estabilidade de óleos e gorduras devido à sua função antioxidante.

4.4 REAÇÕES QUÍMICAS

4.4.1 Reação de neutralização

A reação consiste na neutralização do grupamento carboxílico do ácido graxo na presença da base forte. A titulação é feita com NaOH ou KOH, que neutraliza os ácidos graxos livres no meio, como apresentada na Figura 4.15.

$$R{-}COOH + NaOH \longrightarrow RCOO^{-}Na^{+} + H_2O$$

FIGURA 4.15 Representação da reação de neutralização do ácido graxo.

4.4.2 Reação de saponificação

A reação de saponificação é qualquer reação de um éster com uma base para produzir um álcool e o sal alcalino de um ácido carboxílico. Neste caso, a reação consiste na desesterificação do triglicerídeo, na presença de solução concentrada de álcali forte (NaOH ou KOH) sob aquecimento, liberando sais de ácidos graxos e glicerol. (Figura 4.16)

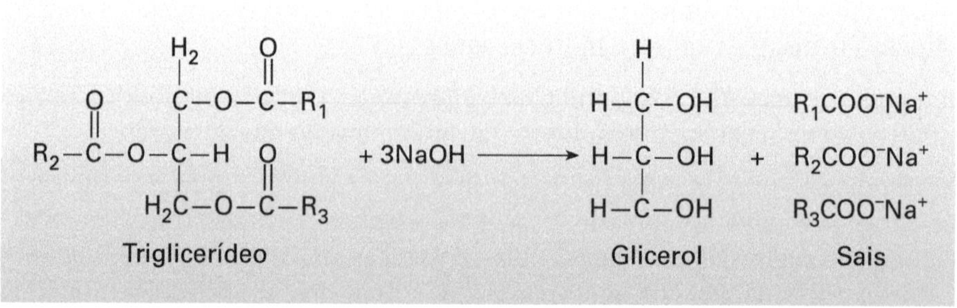

$$\underset{\text{Triglicerídeo}}{\begin{matrix} & H_2C{-}O{-}C(=O){-}R_1 \\ R_2{-}C(=O){-}O{-} & CH \\ & H_2C{-}O{-}C(=O){-}R_3 \end{matrix}} + 3NaOH \longrightarrow \underset{\text{Glicerol}}{\begin{matrix} H{-}\overset{H}{C}{-}OH \\ H{-}C{-}OH \\ H{-}C{-}OH \end{matrix}} + \underset{\text{Sais}}{\begin{matrix} R_1COO^{-}Na^{+} \\ R_2COO^{-}Na^{+} \\ R_3COO^{-}Na^{+} \end{matrix}}$$

FIGURA 4.16 Representação de uma reação de saponificação.

As reações de saponificação e de neutralização servem de base para importantes determinações analíticas, as quais têm por objetivo informar sobre o comportamento dos óleos e gorduras em certas aplicações alimentícias, como, por exemplo, estabelecer o grau de deterioração e a estabilidade, verificar se as propriedades dos óleos estão de acordo com as especificações e identificar possíveis fraudes e adulterações. São elas:

- **Índice de saponificação:** é o número de miligramas (mg) de hidróxido de potássio requerido para saponificar um grama de óleo ou gordura. É utilizado para estimar o peso molecular médio dos ácidos graxos que constituem a gordura, pois um grama de gordura contém uma quantidade maior de ácidos graxos, se estes são de cadeia curta.
- **Índice de neutralização:** é o número de miligramas de KOH ou NaOH necessários para neutralizar um grama de ácido graxo.
- **Índice de acidez**: é o número de miligramas de KOH necessários para neutralizar os ácidos graxos livres presentes em um grama de óleo ou gordura.

- **Equivalente de saponificação**: é o número de gramas (g) de gordura ou óleo saponificado por mol de KOH.
- **Equivalente de neutralização**: é o número de gramas de ácidos graxos neutralizados por mol de KOH. Numericamente, o equivalente de neutralização é igual ao peso molecular médio dos ácidos graxos examinados.

4.4.3 Reação de hidrogenação

A adição de hidrogênio (H_2) às duplas ligações dos ácidos graxos insaturados, livres ou combinados, é chamada reação de **hidrogenação**, representada na Figura 4.17.

Essa reação é de grande importância industrial, porque permite a conversão de óleos em gorduras adequadas para a produção de margarinas e para aplicação em produtos de panificação. Também utilizada para melhorar a consistência de gorduras, ou ainda para reduzir sua sensibilidade à rancidez.

$$\underset{\text{Ácido oléico C 18:1}}{CH_3(CH_2)_7-\overset{H}{C}=\overset{H}{C}-(CH_2)_7COOH} + \underset{\text{Hidrogênio}}{H_2} \longrightarrow \underset{\text{Ácido esteárico C 18:0}}{CH_3-(CH_2)_{16}-COOH}$$

FIGURA 4.17 Representação da reação de hidrogenação do ácido graxo.

Durante a hidrogenação, a gordura líquida, misturada com o catalisador sólido, reage com hidrogênio gasoso. Alguns fatores afetam a velocidade da reação, tais como: tipo e concentração do catalisador, temperatura, pressão, intensidade de agitação utilizados no processo.

Os catalisadores utilizados durante a hidrogenação de óleos podem ser platina, paládio e níquel. O níquel em pó é o catalisador mais usado, devido ao seu menor custo.

O catalisador metálico atua adsorvendo os reagentes. Esse processo quebra parcialmente a dupla ligação e a ligação simples entre os hidrogênios, enquanto ligações secundárias são formadas com o catalisador. Nessa fase, forma-se um complexo instável. Em seguida, completa-se a adição, e o produto é dessorvido, deixando a superfície do catalisador livre para adsorver novas moléculas de reagente. O processo é controlado avaliando-se os índices de refração e iodo.

Industrialmente, o processo de transformação de óleos para gorduras realiza-se por meio da hidrogenação catalítica de duplas ligações, aumentando a ocorrência de ácidos graxos com ponto de fusão acima da temperatura ambiente. Entretanto, esse processo também produz ácidos graxos insaturados na forma trans e em grande quantidade.

4.4.4 Reação de interesterificação

Com o auxílio de catalisadores como zinco, cádmio, seus compostos, ou compostos de metais alcalinos ou de metais alcalinos terrosos, é possível mudar a composição de triglicerídeos (Figura 4.18). Esse processo é muito usado industrialmente para a obtenção de gorduras hidrogenadas, com composição similar às de ocorrência natural em alimentos. Como, por exemplo, para obtenção de gorduras, a partir de óleos, com composição similar à gordura do leite ou do cacau.

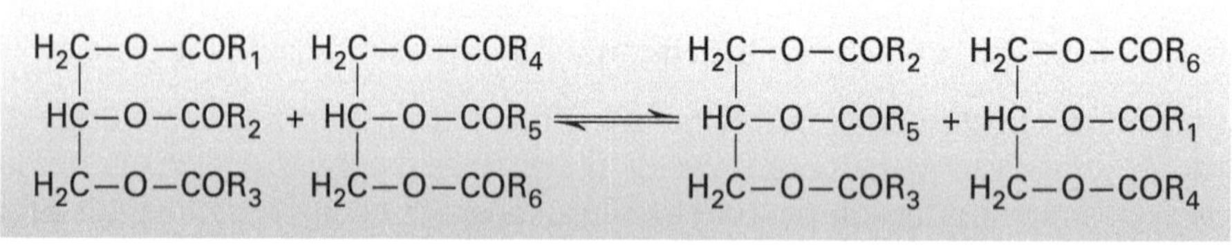

$$\begin{matrix} H_2C-O-COR_1 \\ | \\ HC-O-COR_2 \\ | \\ H_2C-O-COR_3 \end{matrix} + \begin{matrix} H_2C-O-COR_4 \\ | \\ HC-O-COR_5 \\ | \\ H_2C-O-COR_6 \end{matrix} \rightleftharpoons \begin{matrix} H_2C-O-COR_2 \\ | \\ HC-O-COR_5 \\ | \\ H_2C-O-COR_3 \end{matrix} + \begin{matrix} H_2C-O-COR_6 \\ | \\ HC-O-COR_1 \\ | \\ H_2C-O-COR_4 \end{matrix}$$

FIGURA 4.18 Representação de uma reação de interesterificação.

4.4.5 Reação de halogenação

As duplas ligações presentes nos ácidos graxos insaturados reagem com halogênios (Cloro e Bromo), para formar compostos de adição (Figura 4.19).

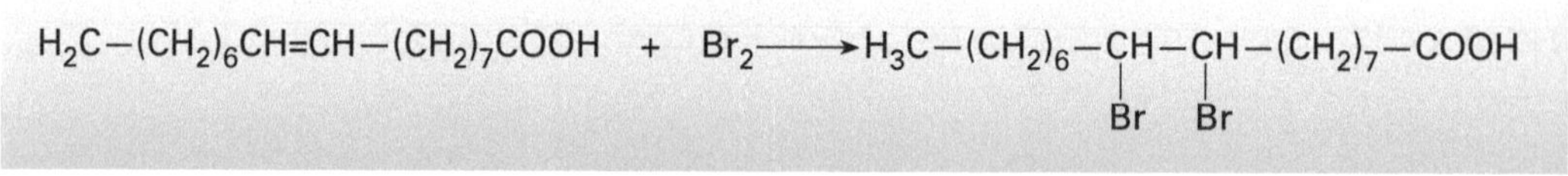

$$H_2C-(CH_2)_6CH{=}CH-(CH_2)_7COOH + Br_2 \longrightarrow H_3C-(CH_2)_6-\underset{\displaystyle Br}{\underset{|}{CH}}-\underset{\displaystyle Br}{\underset{|}{CH}}-(CH_2)_7-COOH$$

FIGURA 4.19 Representação de uma reação de halogenação.

O iodo (I_2) é menos reativo e, praticamente, só é adicionado na forma de monocloreto de iodo (ICl) ou de monobrometo de iodo (IBr).

Essa reação é uma reação de adição. Deve-se ter o cuidado de deixar a amostra no escuro, para que ocorra a reação de adição e não a de substituição.

A adição quantitativa do IBr ou ICl constitui a base de uma importante determinação realizada nas gorduras, denominada índice de iodo. O índice de iodo é o número de gramas de iodo que reage com 100 gramas de gordura. O iodo reage com os pontos de insaturação, da mesma maneira que o hidrogênio, no processo de hidrogenação, indicando o grau de insaturação dos ácidos graxos de uma gordura ou óleo.

4.4.6 Rancidez hidrolítica ou lipólise

As ligações ésteres dos lipídeos estão sujeitas à hidrólise enzimática, estresse térmico ou ação química, os quais liberam para o meio os ácidos graxos dos triglicerídeos, que podem ser desejáveis ou indesejáveis à qualidade do alimento.

A lipólise altera a qualidade das gorduras, que resulta no desenvolvimento de sabor e odor indesejáveis e reduz o ponto de fumaça (ver item 4.5.5).

O ácidos graxos livres, resultantes da ocorrência de lipólise, durante o processamento e estocagem de sementes oleaginosas e tecidos animais, devem ser removidos por processos de refino e desodorização, para a obtenção de óleos e gorduras com qualidade adequada. A gordura de leite e derivados é extremamente suscetível à lipólise devido à presença de lipases nesses alimentos, resultando na liberação de ácido butírico, o qual confere características de odor e sabor indesejáveis.

4.4.7 Rancidez oxidativa

A rancidez oxidativa é a principal responsável pela deterioração de alimentos ricos em lipídeos, porque resulta em alterações indesejáveis de cor, sabor, aroma e consistência do alimento.

A oxidação lipídica envolve uma série extremamente complexa de reações químicas, que ocorre entre o oxigênio atmosférico e os ácidos graxos insaturados dos lipídeos. Essa reação ocorre em três estágios (iniciação, propagação e terminação). Estes estágios são descritos a seguir.

4.4.7.1 Iniciação

Ocorre quando um átomo de hidrogênio é retirado do grupo metileno de um ácido graxo insaturado, levando à formação de um radical livre: $RH \rightarrow R\bullet + H$

O oxigênio adiciona-se ao radical livre e forma um radical peróxido: $R\bullet + O_2 \rightarrow RO\bullet$. Cada radical peróxido pode retirar um H de uma molécula de ácido graxo não oxidada. Esses peróxidos formados podem participar de reações de decomposição e de formação de novos radicais livres.

Para que ocorra a reação de oxidação, é necessário a presença de oxigênio e de uma certa energia inicial. Se o oxigênio, normalmente na forma triplet, passa para o estado excitado, oxigênio singlet, a energia inicial necessária para ocorrência da reação torna-se disponível. Essa passagem do oxigênio **triplet** para **singlet** ocorre na presença de fotossensibilizadores como clorofila, mioglobina ou hemoglobina e luz. Essa reação é esquematizada na Figura 4.20. Normalmente, os alimentos contêm traços de oxigênio **singlet**.

Oxigênio Triplet: $2(1/2 + 1/2) + 1$: $^3O_2$

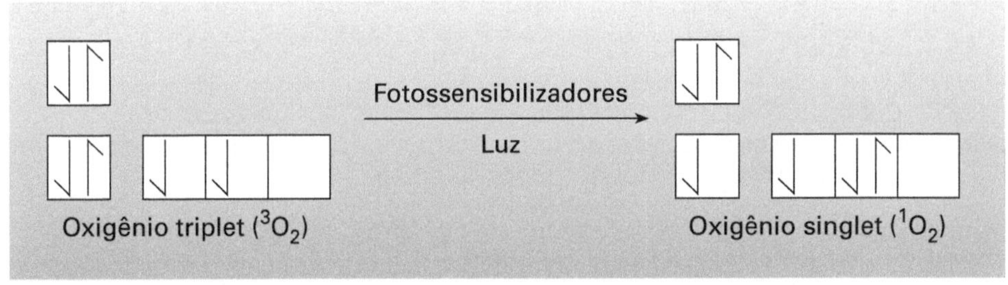

FIGURA 4.20 Representação da conversão do oxigênio triplet a singlet.

O hidrogênio é retirado de um dos carbonos adjacentes à dupla ligação, pois estes são mais lábeis que os demais devido à distribuição de elétrons na dupla ligação, formando um dos dois possíveis radicais, e cada um dos radicais pode assumir duas formas diferentes pela ressonância.

A seguir, apresentamos um exemplo da reação de oxidação em um ácido graxo monoinsaturado, com uma dupla ligação entre os carbonos 9 e 10 (Figura 4.21).

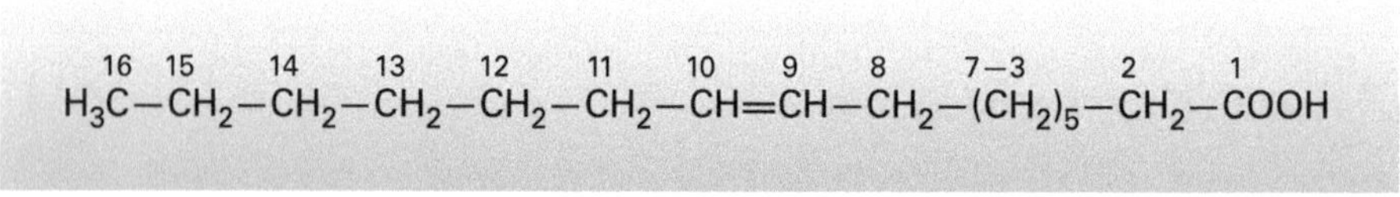

16 15 14 13 12 11 10 9 8 7−3 2 1

$$H_3C-CH_2-CH_2-CH_2-CH_2-CH_2-CH=CH-CH_2-(CH_2)_5-CH_2-COOH$$

FIGURA 4.21 Representação de um ácido graxo monoinsaturado, com duplas ligações entre os carbonos 9 e 10.

Se nesse ácido graxo, o H é retirado do carbono 8, é possível a formação de dois radicais: C_8 e C_{10} (por ressonância) (Figura 4.22).

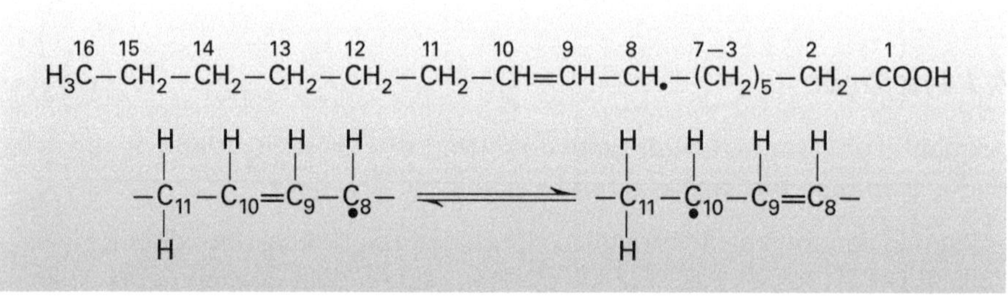

16 15 14 13 12 11 10 9 8 7−3 2 1

$$H_3C-CH_2-CH_2-CH_2-CH_2-CH_2-CH=CH-CH^{\bullet}-(CH_2)_5-CH_2-COOH$$

$$-C_{11}H_2-C_{10}H=C_9H-\dot{C}_8H- \rightleftharpoons -C_{11}H_2-\dot{C}_{10}H-C_9H=C_8H-$$

FIGURA 4.22 Representação da reação de oxidação lipídica na fase inicial. (Formação dos radicais nos carbonos C_8 e C_{10})

Por outro lado, se o H é retirado do carbono 11, também é possível a formação de outros dois radicais: C_9 e C_{11} (por ressonância) (Figura 4.23).

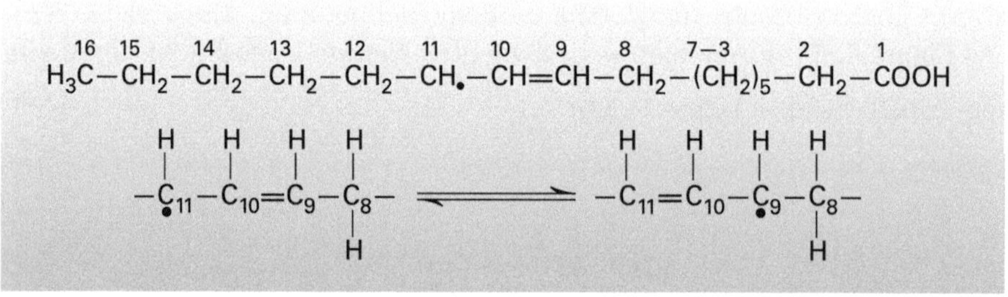

16 15 14 13 12 11 10 9 8 7−3 2 1

$$H_3C-CH_2-CH_2-CH_2-CH_2-CH^{\bullet}-CH=CH-CH_2-(CH_2)_5-CH_2-COOH$$

$$-\dot{C}_{11}H-C_{10}H=C_9H-C_8H_2- \rightleftharpoons -C_{11}H=C_{10}H-\dot{C}_9H-C_8H_2-$$

FIGURA 4.23 Representação da reação de oxidação lipídica na fase inicial. (Formação dos radicais nos carbonos C_9 e C_{11})

Com a adição de O_2, é possível ocorrer a formação de radicais peróxidos em C_8, C_{10}, C_{11} e C_9. Cada radical peróxido pode retirar um hidrogênio de outra molécula de ácido graxo não oxidada. Esses peróxidos formados podem participar de reações de decomposição e formação de novos radicais livres.

Este processo pode ser iniciado por uma série de iniciadores diferentes existentes naturalmente no alimento, como, por exemplo, íons metálicos, enzimas e presença de luz ultravioleta. As características dessa etapa são a formação de radicais livres (R• e ROO•), consumo pequeno e lento de oxigênio, baixo nível de peróxidos, aroma e sabor do alimento inalterados.

4.4.7.2 Propagação

Uma vez formado o radical livre, este reage com o oxigênio para formar um radical peróxido. Esses radicais são extremamente reativos e podem retirar átomos de hidrogênio de outros lipídeos insaturados e, dessa maneira, propagar a reação de oxidação. Essa etapa caracteriza-se pela reação em cadeia de radicais livres, pelo alto consumo de oxigênio, pelo alto teor de peróxidos e pelo início de alterações de aroma e sabor.

Cada radical peróxido pode retirar H de uma molécula não oxidada formando hidroperóxidos. E os hidroperóxidos podem ser decompostos em radicais livres.

Essa seqüência de reações resulta em um aumento do número de radicais livres, e a reação em cadeia se propaga por toda a massa de lipídeos. Novos radicais livres R• serão rapidamente formados pela reação de qualquer um dos oxi-radicais com moléculas de O_2 (Figura 4.24).

$$R\bullet + O_2 \rightarrow R{-}OO\bullet$$
$$ROO\bullet + R_1H \rightarrow ROOH + R_1\bullet$$
$$ROOH \rightarrow RO\bullet + \bullet OH$$
$$ROOH \rightarrow ROO\bullet + \bullet H$$

FIGURA 4.24 Representação da reação de oxidação lipídica na fase de propagação.

Os hidroperóxidos são decompostos por:

- alta energia de radiação;
- energia térmica;
- metais catalisadores;
- atividade enzimática.

A decomposição dos hidroperóxidos inicia-se imediatamente após sua formação. Os compostos formados, a partir dessa quebra, são típicos do hidroperóxido específico e dependem da sua posição na molécula. Esses produtos podem sofrer, posteriormente, reações de oxidação e decomposição, contribuindo assim para a formação de uma quantidade grande e variada de radicais livres. No início da reação de rancidez oxidativa, a velocidade de formação de peróxidos é maior que a de decomposição, e o inverso ocorre no final.

Os pró-oxidantes metálicos, íons multivalentes (Cu^+, Cu^{2+}, Fe^{2+}, Fe^{3+}), auxiliam na formação adicional de radicais livres, decompondo os hidroperóxidos e aumentando os radicais livres, como mostrado na Figura 4.25.

$$M^+ + ROOH \rightarrow RO\bullet + \bullet OH + M^{2+}$$
$$M^{2+} + ROOH \rightarrow ROO\bullet + H^+ + M^+$$
$$2ROOH \rightarrow RO\bullet + \bullet OH + ROO\bullet + H^+$$

FIGURA 4.25 Representação da reação de decomposição de hidroperóxidos na presença de íons metálicos.

4.4.7.3 Terminação

Ocorre quando dois radicais livres interagem entre si, para formar diversas substâncias, terminando assim o papel deles como propagadores da reação. A característica dessa etapa é a diminuição do consumo de oxigênio e a redução da concentração de peróxidos. Nessa fase, o alimento apresenta alterações de aroma, sabor, cor e consistência. Essa etapa está representada pela seqüência de reações esquematicamente na Figura 4.26.

Os hidroperóxidos não têm importância direta na deterioração do odor e sabor das gorduras. Contudo, eles são muito instáveis e se decompõem, com rompimento da cadeia hidrocarbonada, gerando uma variedade de aldeídos, alcoóis e cetonas, dentre os quais incluem-se os agentes de sabor e odor indesejáveis. Uma grande variedade de substâncias, incluindo aldeídos, alcoóis, ácidos de baixo peso molecular, oxiácidos, cetoácidos, cetonas e outros são encontrados nas gorduras rancificadas. Mas o cheiro característico e desagradável do ranço parece ser devido, principalmente, à presença de aldeídos de baixo peso molecular. A viscosidade aumenta devido à formação de polímeros de alto peso molecular, e o aparecimento da cor é devido à formação de polímeros insaturados.

Várias determinações analíticas são realizadas para avaliar o estado de oxidação (rancidez) de uma gordura, sendo que as mais usadas são as determinações dos índices de peróxido e de TBA.

- **Índice de peróxido:** é a medida do teor de oxigênio reativo, em termos de miliequivalentes de oxigênio por 1.000 gramas de gordura. Indica o grau de oxidação da gordura. Quando as duplas ligações dos ácidos graxos insaturados são oxidadas, formam-se peróxidos, que oxidam o iodeto de potássio adicionado, liberando iodo. A quantidade de iodo liberado é uma medida da quantidade de peróxidos existentes, que estão relacionados com o grau de oxidação do óleo e, conseqüentemente, com a tendência à rancificação oxidativa.

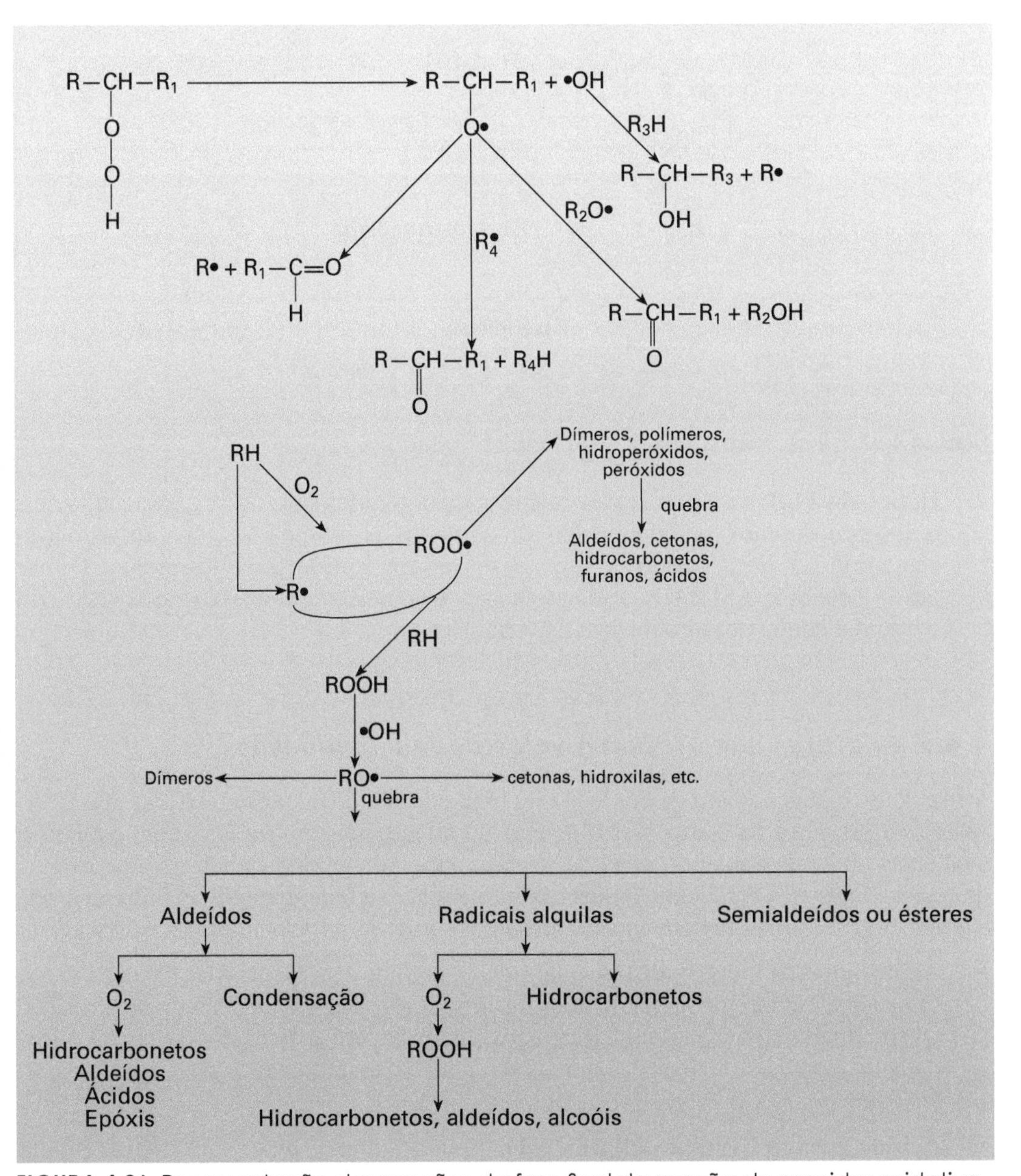

FIGURA 4.26 Representação das reações da fase final da reação de rancidez oxidativa.

Um exemplo de um gráfico do índice de peróxidos, em função do tempo, o qual ilustra as fases da rancidez oxidativa é apresentado na Figura 4.27.

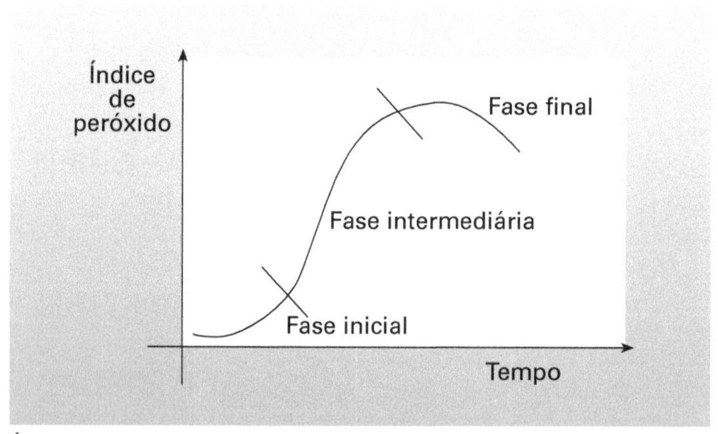

FIGURA **4.27** Índice de peróxidos em função do tempo.

- **Índice de TBA**: a determinação do índice de peróxidos é utilizada para acompanhar o desenvolvimento da rancidez em um alimento, porém, na fase final da oxidação, como o índice de peróxidos é baixo, é necessário utilizar um outro índice. O mais usado é o índice do TBA, que se baseia na reação do ácido tiobarbitúrico (TBA) com o malonaldeído (produto da fase de terminação).

4.4.7.4 Fatores que afetam a velocidade de oxidação

A reação de oxidação para os lipídeos tem uma energia de ativação alta. Por isso, é necessária a presença de compostos químicos ou fatores físicos, que forneçam energia às moléculas ou ainda baixem o nível de energia para valores que viabilizem a ocorrência da reação. Presença de ácidos graxos livres, metais, oxigênio, pigmentos fotossensíveis, além de outros fatores podem contribuir para o aumento da velocidade da oxidação.

- **Ácidos graxos constituintes**: quantidade, posição e geometria das ligações. Quanto maior o número de ácidos graxos insaturados, maior é a velocidade de oxidação. Quanto mais disponíveis estiverem esses ácidos graxos, maior também será a velocidade de oxidação. As ligações em cis são mais facilmente oxidáveis que as ligações em trans.
- **Ácidos graxos livres e acilgliceróis:** os ácidos graxos livres sofrem mais rapidamente o processo de oxidação que os ácidos esterificados ao glicerol, porque estão mais acessíveis.
- **Concentração de oxigênio:** quanto maior a concentração de oxigênio disponível, maior a velocidade de oxidação.
- **Área de superfície:** quanto maior a área de superfície, maior é a exposição ao O_2 e, portanto, maior é a velocidade de oxidação. Por exemplo, a carne moída apresenta uma superfície exposta ao oxigênio muito maior que a carne em pedaços.
- **Atividade de água:** em baixos teores de atividade de água, a taxa de oxidação é muito alta, devido ao maior contato entre substrato e reagentes. A oxidação lipídica

é, por isso, a única reação que ocorre em alimentos com baixos valores de atividade de água. Em valores de atividade de água intermediários ($a_w \cong 0{,}30$), a velocidade de oxidação é reduzida devido ao efeito de diluição. Nos valores de atividade água mais elevados ($a_w \cong 0{,}55$ a $0{,}85$), a velocidade de oxidação aumenta novamente devido ao aumento da atividade dos metais catalisadores, como mencionado anteriormente no capítulo 1 (Figura 1.10).

- **Catalisadores**: íons metálicos, radiações ultravioleta, pigmentos como clorofila e mioglobina, catalisam a reação de rancidez oxidativa.

4.4.7.5 Antioxidantes

A intensidade da oxidação lipídica pode ser minimizada pelas condições adequadas de processo. O oxigênio molecular pode ser excluído do processo, transporte e armazenamento do óleo pela utilização de atmosfera modificada de nitrogênio.

Por meios físicos, como uso de embalagens adequadas e o emprego de temperaturas mais baixas, durante o processo e armazenamento, pode-se retardar a reação. A diminuição da exposição do óleo à luz e a eliminação de pigmentos fotossensíveis (clorofila e riboflavina), reduzem sensivelmente a evolução da rancidez. Traços de metais podem ser eliminados pela adição de complexantes de íons, tais como ácido cítrico, ácido etileno-diamino tetracético (EDTA). Além dos fatores e condições descritas para minimizar a oxidação lipídica, a adição de antioxidantes é bastante empregada.

Os antioxidantes naturais ou sintéticos interferem na participação do oxigênio **singlet** ou, principalmente, atuam como inibidores da reação, fazendo papel ou de doadores de hidrogênio ou aceptores de radicais livres dos ácidos graxos. Os aceptores de radicais livres (AH) reagem primeiramente com $RO_2\bullet$ e não com radicais R•. Em síntese, esse mecanismo sugere uma competição entre esses antioxidantes (AH) e a propagação da reação em cadeia com a presença do substrato normal da reação, o ácido graxo (RH) (Figura 4.28). São produtos que interferem na fase de iniciação da reação, produzindo compostos que não participam da reação em cadeia de radicais livres e, com isso, têm excelente efeito retardador.

$$ROO\bullet + AH \rightarrow ROOH + A\bullet$$

$$ROO\bullet + RH \rightarrow ROOH + R\bullet$$

FIGURA 4.28 Representação esquemática da reação de competição entre o antioxidante (AH) e o ácido graxo (RH) pelo radical livre (ROO•).

Os antioxidantes utilizados em alimentos são compostos fenólicos sintéticos ou produtos naturais como os tocoferóis, que são lentamente destruídos durante sua ação conservadora, e, por isso, perdem sua eficiência com o tempo. Um melhor efeito dos antioxidantes fenólicos é obtido pela utilização de misturas que atuam de forma sinérgica e também pela presença de quelantes de metais pró-oxidantes. O efeito dos antioxidantes fenólicos é devido à formação de radicais mais estáveis, os quais reduzem a velocidade da reação e o número de radicais livres reativos.

Os compostos fenólicos são excelentes doadores de hidrogênio ou elétrons. A eficácia dos antioxidantes fenólicos está relacionada com a estabilidade relativa de seus radicais intermediários devido à ressonância e à falta de posições adequadas na estrutura para ataque pelo oxigênio molecular. Entre os antioxidantes naturais, além dos tocoferóis, alguns óleos essenciais também apresentam capacidade de retardar a rancificação, sendo o óleo essencial de alecrim o mais ativo desses produtos. O tocoferol, composto com atividade de vitamina E, é o mais ativo entre os antioxidantes naturais.

São compostos lábeis a altas temperaturas, e, conseqüentemente, quando os óleos são utilizados para frituras (temperaturas superiores a 180 °C), ocorre perda . A estrutura do α-tocoferol está apresentada na Figura 4.29.

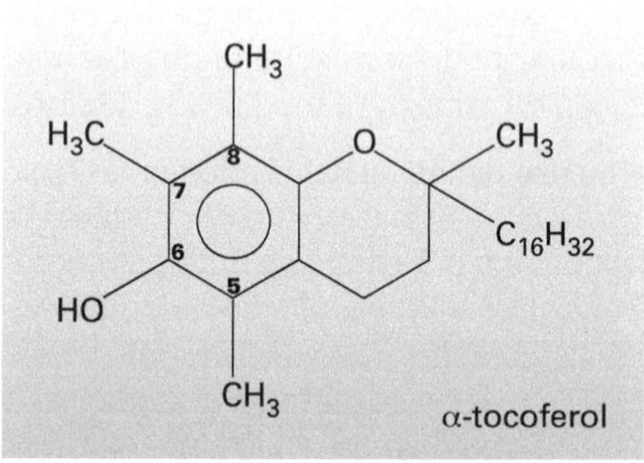

FIGURA 4.29 Representação da molécula de α-tocoferol.

Os principais antioxidantes sintéticos utilizados na indústria de alimentos são:

- **Palmitato de ascorbila: $C_{15}H_{31}COOC_6H_7O_6$**

É um composto sintético obtido, a partir de dois produtos naturais: o ácido palmítico e o ácido ascórbico. Seu mecanismo de ação ainda é desconhecido. A legislação permite a adição de até 0,02 % do teor de gordura.

- **Galato de propila (PG):**

O galato de propila é um antioxidante que perde sua eficiência sob "*stress*" térmico e em meio básico. Forma compostos escuros com íons metálicos, especialmente ferro (Figura 4.30).

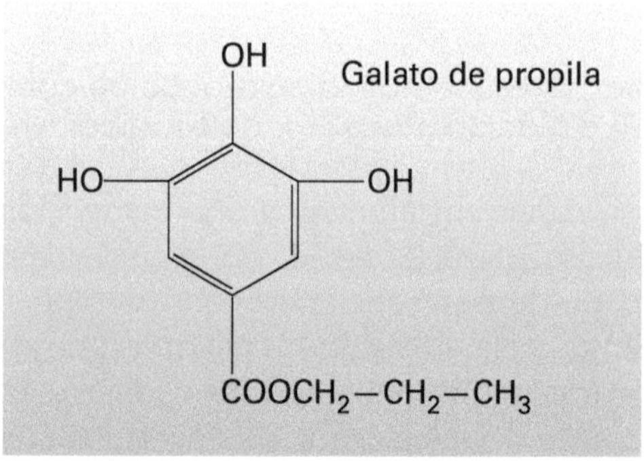

FIGURA 4.30 Representação da estrutura do galato de propila.

- **Butil hidroxianisol (BHA)**

É solúvel em óleo e solventes orgânicos. Apresenta pouca atividade antioxidante em óleos vegetais, principalmente quando estes são ricos em antioxidantes naturais (Figura 4.31).

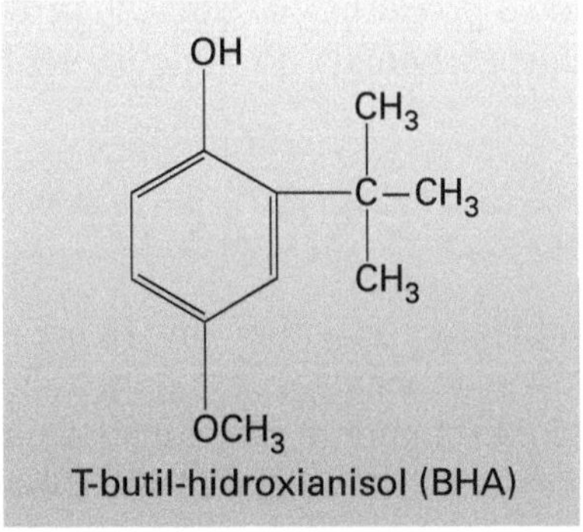

T-butil-hidroxianisol (BHA)

FIGURA 4.31 Representação da estrutura de BHA.

Quando aquecido na presença de água, sua eficiência é perdida, mas quantidades substanciais do antioxidante são transferidas para os produtos processados, aumentando a vida útil desses produtos. Tem efeito aumentado quando usado em combinação com galato de propila e com BHT.

- **Butil hidroxitolueno (BHT)**

É o antioxidante mais ativo em gorduras animais. Apresenta as mesmas características que o BHA (Figura 4.32).

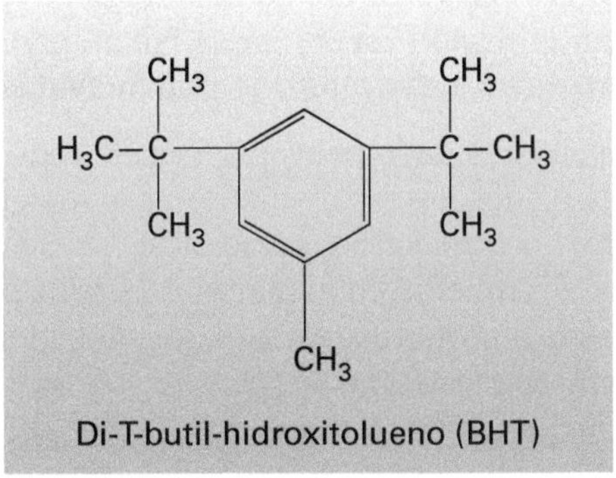

Di-T-butil-hidroxitolueno (BHT)

FIGURA 4.32 Representação da estrutura de BHT.

A legislação permite a adição de, no máximo, 0,01% para os antioxidantes PG, BHT e BHA em relação ao teor de gordura do alimento. Se for adicionado mais de um antioxidante, o limite máximo é de 0,02% da mistura, sendo que o teor máximo permitido de cada um é 0,01%.

4.4.7.6 Reversão

A reversão é um tipo particular de oxidação, que ocorre somente em óleo de soja e outros óleos contendo ácido linolênico. Os sinais de rancidez aparecem em níveis ainda muito baixos de peróxidos (próximos a 5 mEq/kg). Após o processo de refino e desodorização, os óleos desenvolvem indesejável sabor e odor descritos como "de peixe". A origem desse sabor e odor é atribuída a produtos de oxidação provenientes, principalmente, da porção terminal da cadeia hidrocarbonada do ácido linolênico.

4.5 PROPRIEDADES FÍSICAS DE LIPÍDEOS

As propriedades físicas dos lipídeos consistem em um critério útil para avaliar o estágio de processamento ou a utilidade de uma gordura para aplicação em um produto específico. Essas propriedades estão diretamente relacionadas com a composição química dos triglicerídeos. De maior importância são as que se relacionam com as mudanças de fase dos triglicerídeos.

4.5.1 Ponto de fusão

O ponto de fusão de mistura de triglicerídeos diferentes é a temperatura na qual o último traço de sólido se funde. Nos triglicerídeos puros, o ponto de fusão é função do comprimento da cadeia (quanto maior o peso molecular, maior o ponto de fusão); das ramificações (ácidos graxos com cadeias lineares têm ponto de fusão maior que para os ramificados); do grau de insaturação de seus ácidos graxos constituintes (quanto maior o grau de insaturação, menor o ponto de fusão); e da sua distribuição ao longo da molécula de glicerol (triglicerídeo com maior distribuição simétrica tem maior ponto de fusão).

As gorduras têm, em sua composição, diferentes triglicerídeos, cada um com um ponto de fusão. Dessa forma, uma gordura não tem um ponto de fusão definido, mas sim uma faixa de temperatura de fusão. Abaixo dessa faixa, todos os triglicerídeos componentes, independentemente de seus pontos de fusão individuais, estarão sólidos.

O limite inferior dessa faixa é dado pelos triglicerídeos de menor ponto de fusão, ou seja, aqueles que possuem ácidos graxos de menor peso molecular ou mais insaturados, irão se liqüefazer primeiro. Os triglicerídeos remanescentes irão se liqüefazer nesta fração líquida, à medida que a temperatura aumenta e os seus pontos de fusão vão sendo atingidos, aumentando assim a proporção de líquido:sólido. Por exemplo, a manteiga de cacau apresenta faixa de fusão entre 32 e 36 °C.

As propriedades dos triglicerídeos estão relacionadas com as propriedades dos ácidos constituintes. São compostos sólidos, com ponto de fusão bem definido. Os triglicerídeos, que contêm muitos derivados de ácidos graxos insaturados em sua estrutura, fundem-se em temperaturas mais baixas que aqueles nos quais há apenas derivados de ácidos saturados. Porém, de acordo com a aplicação desejada, as propriedades dos triglicerídeos podem ser modificadas variando, por exemplo, o ponto de fusão pela hidrogenação dos ácidos graxos insaturados. Além disso, os triglicerídeos formados por derivados de ácidos graxos, na forma cis, têm pontos de fusão menor que aqueles formados pelos isômeros trans correspondentes (Tabela 4.3).

TABELA 4.3 — *Ponto de fusão de alguns triglicerídeos puros*

Triglicerídeos	Ponto de fusão (°C)
Tripalmitina	66
Triestearina	73
Trilinoleina	—13
Trielaidina	42
Palmitooleopalmitina	37
Palmitooleoestearina	37
Estearoleoestearina	43
Estearoelaidoestearina	61

Fonte: adaptada de Stauffer (1996).

4.5.2 Calor específico

Útil em operações de processamento. A gordura líquida possui um valor de calor específico (c_p) duas vezes maior que o da gordura sólida. Esse comportamento é atribuído ao fato da gordura líquida ter um maior grau de liberdade das moléculas.

4.5.3 Viscosidade e densidade

São propriedades importantes para se definir equipamentos de manuseio de gorduras. A densidade fornece uma estimativa da razão sólido-líquido da gordura (índice de gordura sólida (SFI), ou teor de sólidos).

A força de atração entre as moléculas e a sua capacidade de empacotamento determinam a viscosidade, a densidade e outras propriedades físico-químicas. Os triglicerídeos que contêm ácidos graxos insaturados ou ramificados têm menor capacidade de empacotamento que aqueles que contêm ácidos graxos saturados e de cadeias lineares. Por isso, possuem menores densidade e viscosidade. A viscosidade é maior quanto maior for o tamanho da cadeia de ácidos graxos, diminuindo com o aumento de temperatura.

As gorduras são mais densas no estado sólido do que no estado líquido, mostram maior contração de volume durante a solidificação e maior expansão na fusão.

4.5.4 Polimorfismo

As misturas de triglicerídeos são líquidos na temperatura de fusão e quando resfriados até sua temperatura de solidificação, formarão cristais.

Os triglicerídeos são polimórficos, isto é, eles podem existir em vários arranjos cristalinos diferentes, cada um com um ponto de fusão característico. As formas mais conhecidas são 3 e são denominadas de α, β, β'.

A estrutura e as propriedades dos cristais, os quais são produzidos pelo resfriamento de uma mistura complexa de triglicerídeos, são fortemente influenciadas pela velocidade de resfriamento e temperatura. Se um óleo é resfriado rapidamente, todos os triglicerídeos cristalizam-se ao mesmo tempo, formando uma solução sólida, que consiste da mistura de cristais homogêneos, pois os triglicerídeos estão intimamente misturados entre si. Por outro lado, se o óleo é resfriado lentamente, o triglicerídeo que tiver o ponto de fusão mais alto cristaliza-se primeiro, enquanto aqueles que tiverem o ponto de fusão mais baixo cristalizam-se depois, e conseqüentemente, uma mistura de cristais é formada. A Tabela 4.4 apresenta os pontos de fusão de diferentes triglicerídeos, em função do arranjo cristalino. Esses cristais são heterogêneos e influenciam muito as propriedades físico-químicas (densidade, compressibilidade e ponto de fusão) da gordura que os contêm.

TABELA 4.4 — *Pontos de fusão de triglicerídeos em função do arranjo cristalino*

Triglicerídeo	Ponto de fusão da forma α (°C)	Ponto de fusão da forma β (°C)	Ponto de fusão da forma β' (°C)
Tricaprina	—	—	32
Trilaurina	14	34	44
Tripalmitina	44	56	66
Triestearina	54	64	73
Trioleina	—32	—13	—4

Fonte: Fennema(1985).

Na Figura 4.33, é apresentado um esquema para obtenção de 3 arranjos cristalinos a partir de um triglicerídeo.

Em gorduras naturais, a ocorrência de grandes números de diferentes espécies de triglicerídeos torna o polimorfismo ainda mais complexo. Normalmente, predomina uma forma polimórfica, que é a mais estável para o glicerídeo predominante. A consistência e as propriedades funcionais (entre as quais maleabilidade ou plasticidade) das gorduras também são muito influenciadas pelo estado de cristalização.

Entre as seguintes gorduras alimentícias: manteiga de cacau, óleo de coco, óleo de milho, óleo de girassol e toucinho predomina a forma β, e nas seguintes: óleo de algodão, óleo de palma e creme de leite predomina a forma β'.

A forma β pode ser também obtida por recristalização, a partir de solução em solvente. Algumas gorduras se cristalizam em unidades, contendo cadeias duplas ou triplas, as quais são designadas por β-2 ou β'-3 para indicar tanto o arranjo cristalino como o número de cadeias associadas. Nos diglicerídeos, as formas β e β' são mais comuns. Os monoglicerídeos não exibem polimorfismo. Na Figura 4.34, são apresentados os arranjos cristalinos das formas β e β', já a forma α, que é de curta duração por ser muito instável, apresenta forma similar à β.

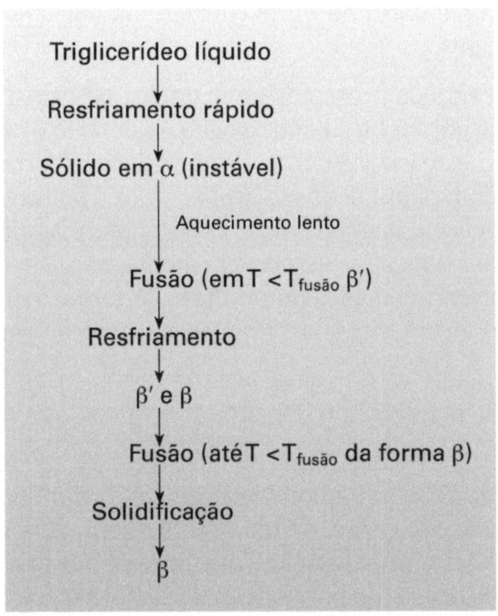

FIGURA 4.33 Formas de obtenção dos diferentes arranjos cristalinos.

A gordura que apresenta a forma β' se arranja em cristais pequenos com maior habilidade de incorporar ar, enquanto a gordura que apresenta a forma β se arranja em cristais grandes.

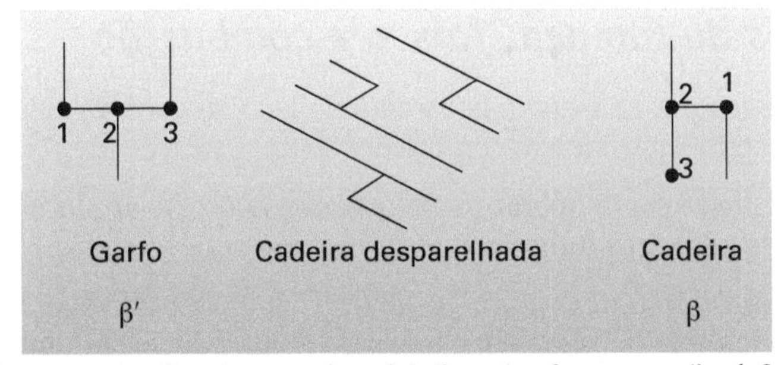

FIGURA 4.34 Representação do arranjo cristalino das formas polimórficas β e β'.

A utilidade de uma gordura, em uma aplicação em alimentos, é totalmente dependente de suas características de fusão e cristalização. Por exemplo, na manteiga e margarina, deseja-se uma textura plástica para que não adquira dureza no resfriamento, que dificulte o deslizamento sobre o pão, ou pelo contrário, fique tão fluido que escorra pelo pão; óleos destinados ao uso em saladas devem ser claros e fluidos, por isso não devem ter moléculas com altos pontos de fusão que solidifiquem e cristalizem quando colocados em geladeira; os óleos usados em maioneses não podem formar cristais quando refrigerados, pois romperiam a emulsão separando-a em duas fases.

As características desejáveis da manteiga de cacau, inclusive nos chocolates, são de apresentar uma pequena faixa de fusão (derrete na boca, mas não na mão), textura macia e superfície brilhante.

Os principais triglicerídeos presentes na manteiga de cacau são palmítico-oléico-esteárico (55%) do total de gordura e palmítico-oléico-palmítico (5%). O triglicerídeo predominante palmítico-oléico-esteárico (POS) pode apresentar as formas cristalinas α-2, β'-2 e β-3. A forma β-3 apresenta ponto de fusão de 35,5 °C, e a manteiga de cacau deve existir somente nesta forma, pois é a mais estável e a que confere as características adequadas aos produtos nos quais for utilizada. Se toda a manteiga não estiver nessa forma, ela pode se converter, durante armazenamento do produto, na forma mais estável, resultando no defeito conhecido por "bloom" (manchas brancas na superfície de chocolates).

A solidificação da manteiga de cacau em sua forma estável β-3 é obtida pelo processo de temperagem da manteiga ou dos produtos que contenham a mesma, tais como chocolates.

A temperagem é um processo que transforma a gordura na sua forma polimórfica mais adequada. A manteiga de cacau, ou um produto contendo a mesma, na forma líquida, é resfriado para iniciar a cristalização (mistura das formas polimórficas), depois é reaquecido até um pouco abaixo do ponto de fusão da forma polimórfica desejada. Assim, todas as outras se liquefazem e permanecem somente os cristais da forma desejada. O produto é então agitado nessa temperatura, para obter uma gordura com alta proporção de pequenos cristais da forma polimórfica desejada, e depois é resfriado. Esses cristais vão atuar como sementes de cristalização, garantindo que toda a gordura se cristalize na forma polimórfica desejada, eliminando as demais.

4.5.5 Pontos de fumaça, faísca e combustão

Os pontos de fumaça, faísca e combustão de um óleo (ou gordura) medem sua estabilidade térmica, quando aquecido em contato com o ar.

O ponto de fumaça é a temperatura na qual, em aparelho apropriado de laboratório, são constatadas as primeiras fumaças do material sob aquecimento.

O ponto de faísca é a temperatura, na qual os componentes voláteis do produto examinado são emitidos com tal velocidade que são capazes de iniciar uma ignição, mas não de suportar uma combustão.

O ponto de combustão é a temperatura, na qual os voláteis desprendidos podem suportar uma contínua combustão.

O ponto de combustão é aproximadamente 50 °C mais alto que o ponto de faísca, que, por sua vez, é aproximadamente 140 °C mais alto que o ponto de fumaça.

As temperaturas referentes aos pontos de fumaça, de faísca e de combustão de um óleo são diminuídas quando esse óleo apresentar ácidos graxos livres, emulsificantes e resíduos de alimentos (Tabela 4.5).

4.5.6 Índice de refração

O índice de refração de uma gordura aumenta com o aumento da cadeia de seus ácidos graxos constituintes, assim como com o grau de insaturação desses ácidos graxos. O índice de refração correlaciona-se com o índice de iodo, podendo ser usado como um procedimento alternativo para controle do processo de hidrogenação.

TABELA 4.5 — *Efeito da concentração de ácidos graxos livre nos pontos de fumaça, faísca e combustão de óleo de soja*

Concentração de ácidos graxos livres (%)	Temperatura (°C)		
	Ponto de fumaça	Ponto de faísca	Ponto de combustão
0,05	210	330	370
0,5	160	290	350
5,0	125	260	320

Fonte: adaptada de Stauffer (1996).

4.6 BIBLIOGRAFIA

BOBBIO, F. O.; BOBBIO, P. A. **Introdução à Química de Alimentos**. 2.ª ed. São Paulo, Livraria Varela, 1989.

BOBBIO, P. A.; BOBBIO, F. O. **Química de Processamento de Alimentos**. 2.ª ed. São Paulo, Livraria Varela, 1990.

FENNEMA, R. O. **Principles of Food Science, Part I: Food Chemistry**. 2.ª ed. New York, U.S.A, Marcel Dekker Inc., 1985.

FENNEMA, R. O. **Principles of Food Science, Part I: Food Chemistry**. 3.ª ed. New York, U.S.A, Marcel Dekker Inc., 1996.

HARTMAN, L., ESTEVES, W. **Tecnologia de Óleos e Gorduras Vegetais**. Secretaria da Indústria, Comércio e Tecnologia do Estado de São Paulo, São Paulo.

JOSLYN, M. A. **Methods in food analysis.** 2.ª ed. New York, Academic Press, Inc.,U.S.A., 1970.

POTTER, N.N. **Food Science.** 4.ª ed. Van Nostrand Reinhold, New York, U.S.A., 1986.

STAUFFER, E.C. **Fats and oils.** Ed. American Association of Cereal Chemists, Inc., 1996.

WONG, D.W.S. **Química de los Alimentos: Mecanismos y Teoria.** Zaragoza, Editorial Acribia, Espanha, 1989.

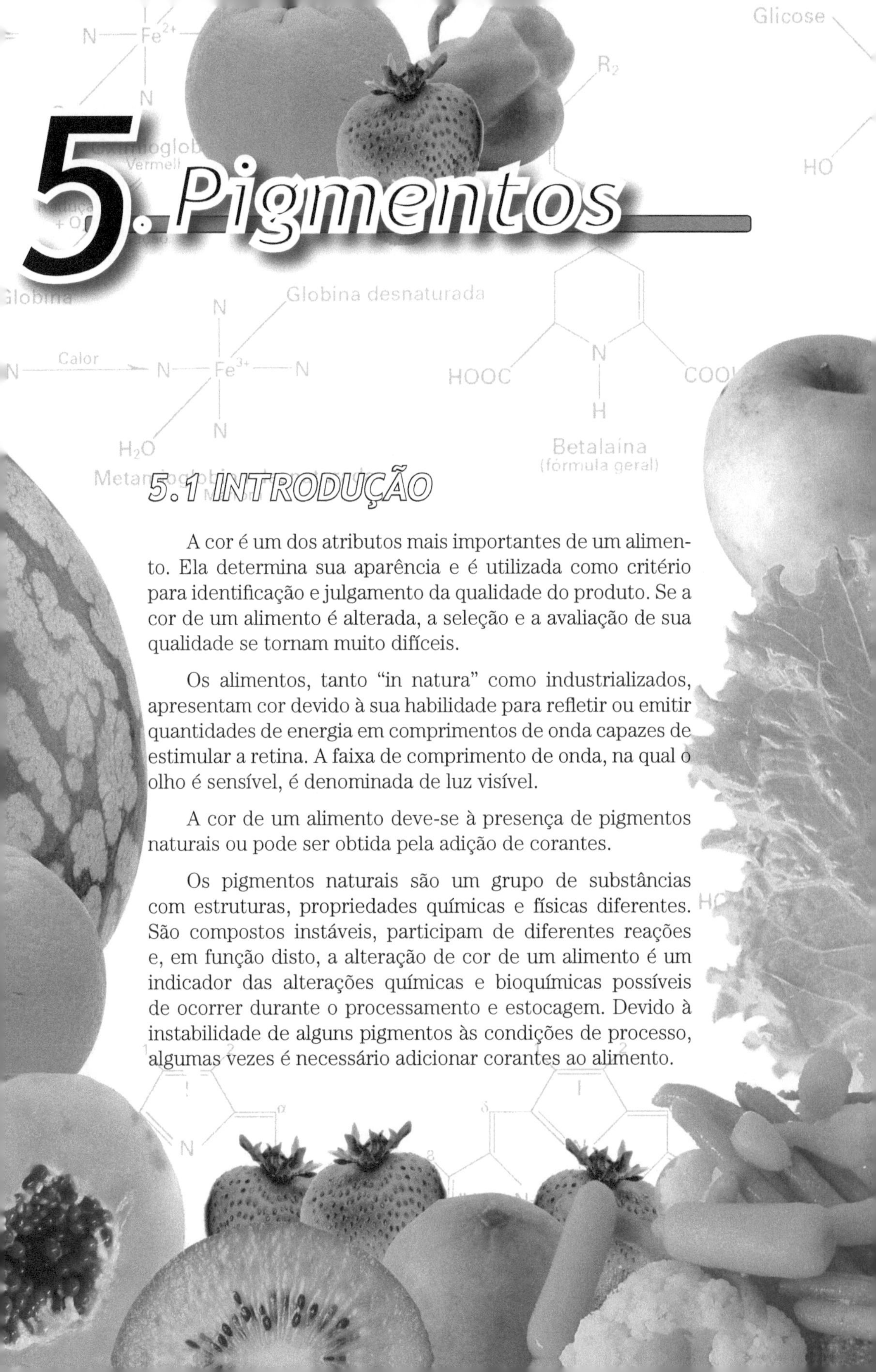

5. Pigmentos

5.1 INTRODUÇÃO

A cor é um dos atributos mais importantes de um alimento. Ela determina sua aparência e é utilizada como critério para identificação e julgamento da qualidade do produto. Se a cor de um alimento é alterada, a seleção e a avaliação de sua qualidade se tornam muito difíceis.

Os alimentos, tanto "in natura" como industrializados, apresentam cor devido à sua habilidade para refletir ou emitir quantidades de energia em comprimentos de onda capazes de estimular a retina. A faixa de comprimento de onda, na qual o olho é sensível, é denominada de luz visível.

A cor de um alimento deve-se à presença de pigmentos naturais ou pode ser obtida pela adição de corantes.

Os pigmentos naturais são um grupo de substâncias com estruturas, propriedades químicas e físicas diferentes. São compostos instáveis, participam de diferentes reações e, em função disto, a alteração de cor de um alimento é um indicador das alterações químicas e bioquímicas possíveis de ocorrer durante o processamento e estocagem. Devido à instabilidade de alguns pigmentos às condições de processo, algumas vezes é necessário adicionar corantes ao alimento.

O conhecimento da estrutura e das propriedades dos pigmentos naturais é essencial para o dimensionamento adequado de um processo, de forma a preservar a cor natural do alimento e evitar mudanças indesejáveis de cor, e é muito importante, também, para o desenvolvimento e aplicações de corantes.

Os pigmentos naturais são normalmente agrupados, em função de sua estrutura química, em: compostos heterocíclicos com estrutura tetrapirrólica, compostos de estrutura isoprenóide, flavonóides, betalaínas, taninos, pigmentos quinoidais e riboflavina.

5.2 COMPOSTOS HETEROCÍCLICOS COM ESTRUTURA TETRAPIRRÓLICA

Esses compostos também denominados de metaloporfirinas caracterizam-se pelo núcleo porfirina associado, através de quatro átomos de nitrogênio, a um metal. Porfina é uma estrutura cíclica insaturada e que contém quatro anéis pirrólicos, unidos por ligações simples entre carbonos. Esses anéis são numerados com algarismos romanos (I a IV). A porfirina, um derivado das porfinas, consiste no núcleo porfina com substituintes nas posições 1 a 8. Os átomos de carbono situados na periferia dos anéis pirrólicos são numerados de 1 a 8 e os átomos de carbono situados na ligação entre os anéis são denominados de α, β, γ, δ (Figura 5.1). Os principais pigmentos encontrados em alimentos pertencentes a esse grupo são as clorofilas e os hemecompostos (hemoglobina e mioglobina).

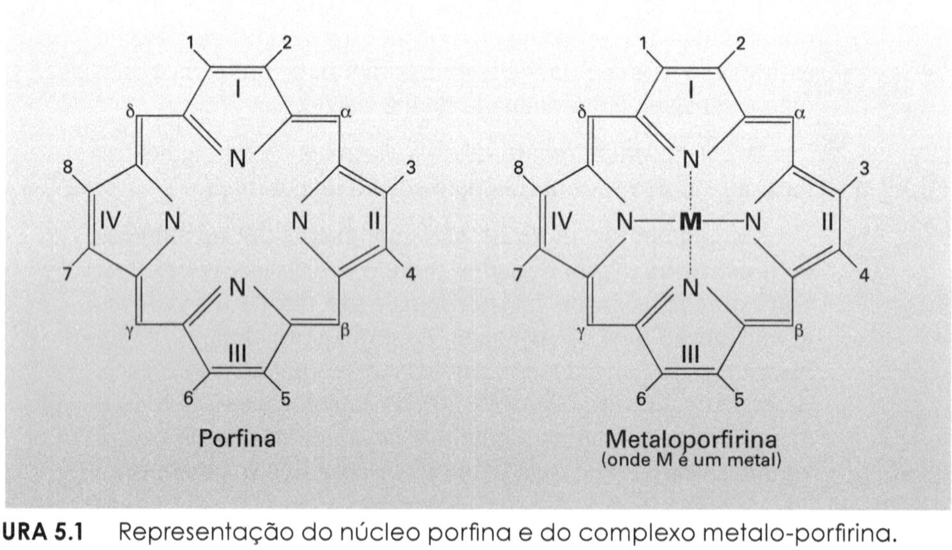

FIGURA 5.1 Representação do núcleo porfina e do complexo metalo-porfirina.

5.2.1 Clorofila

É o composto responsável pela cor verde dos vegetais. É a classe de pigmentos mais abundante na natureza. É essencial ao processo de fotossíntese. Nos tecidos vegetais vivos, a clorofila está presente como suspensão coloidal nas células de cloroplastos, associada com carotenóides, lipídeos e proteínas. As ligações entre essas moléculas são fracas e facilmente quebradas, tornando possível a extração das clorofilas dos tecidos vegetais verdes pela maceração do tecido com solventes orgânicos.

As diferenças de cor encontradas entre os vegetais são atribuídas à presença de outros pigmentos associados, particularmente os carotenóides que sempre acompanham as clorofilas. Em frutas, principalmente, ao longo da maturação, a clorofila é degradada e a cor verde desaparece, enquanto a síntese de carotenóides aumenta.

5.2.1.1 Estrutura química

Todas as clorofilas são porfirinas, formadas pela adição de um quinto anel isocíclico ao núcleo porfina. Apresenta uma estrutura tetrapirrólica quelada com magnésio, contendo os radicais metila nas posições 1, 3, 5 e 8, etila na 4, ácido propiônico esterificado com álcool fitílico na 7, cetona na 9 e carboximetoxila na 10. Na natureza, são encontradas várias clorofilas, cujas estruturas diferem com relação aos substituintes em torno do núcleo porfina. As clorofilas mais importantes, denominadas de **a** e **b**, são encontradas sempre na proporção de 3 clorofilas a para cada clorofila b nos tecidos vegetais verdes. A clorofila **a** difere da **b**, em função do radical presente em C_3. A clorofila **a** tem fórmula $C_{55}H_{72}0_5N_4Mg$, com radical metila ($—CH_3$), e a clorofila **b** tem fórmula $C_{55}H_{70}0_6N_4Mg$, com radical formila (—HC═0). Na Figura 5.2, é apresentada a estrutura da clorofila.

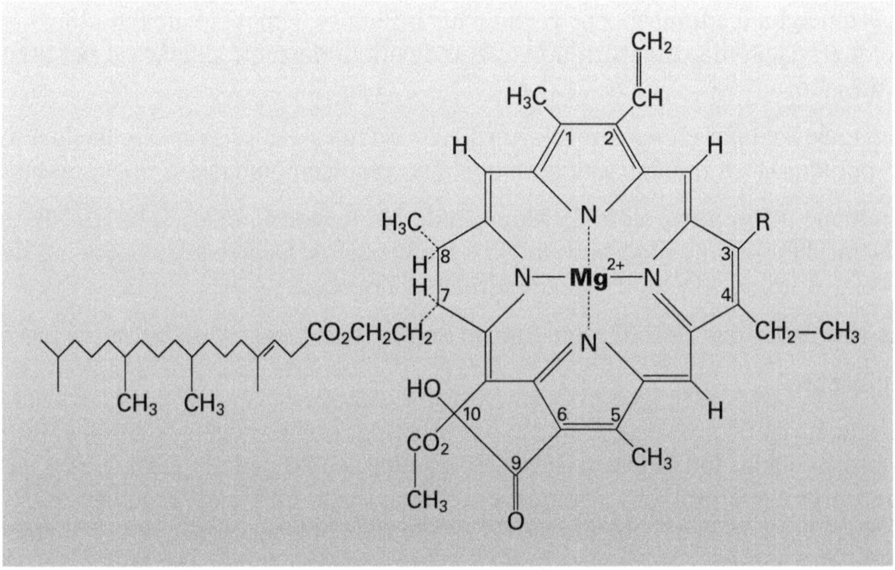

FIGURA 5.2 Representação da estrutura das clorofilas. Onde R = $—CH_3$ na clorofila **a** e R = —HC=O na clorofila **b**

As principais substâncias que podem ser obtidas a partir da clorofila estão relacionadas na Tabela 5.1.

TABELA 5.1 — *Relação dos derivados da clorofila*

Derivado	Estrutura
Fitol	Álcool com estrutura isoprenóide ($C_{20}H_{39}$).
Forbina	Porfirina + anel C_9—C_{10}
Feoforbídeo	Clorofila sem Mg^{2+} e sem fitol.
Clorina	Feoforbídeo resultante da quebra do anel isocíclico (C_9-C_{10}) da clorofila.
Feofitina	Clorofila sem Mg^{2+} e com H^+.
Fitina	Derivado de um feoforbídeo ou clorina contendo Mg^{2+}.
Clorofilina	Clorofila com radical ácido propiônico em C_7 resultante da hidrólise do éster fitílico.

5.2.1.2 Propriedades químicas

As clorofilas são alteradas quimicamente por vários fatores, tais como pH, presença de metais bivalentes, aquecimento, enzimas, etc.

pH

Em meio alcalino, as clorofilas perdem o fitol, formam as clorofilidas, tornam-se mais solúveis em água e adquirem cor verde mais brilhante. Em meio alcalino forte (pH>8), ocorre degradação da estrutura do vegetal devido à desmetoxilação da pectina e alteração de sabor.

Em meio ácido fraco as clorofilas perdem o íon magnésio, sendo este facilmente substituído por íons H^+, formando as feofitinas e sua coloração muda para verde-castanho.

Em meio ácido forte, além da remoção do íon magnésio e sua substituição por prótons, à clorofila perde o fitol, formando os feoforbídeos. Ocorre a subseqüente degradação da estrutura do vegetal devido à hidrólise da pectina.

As alterações das clorofilas em função do pH estão representadas na Figura 5.3.

Aquecimento

O aquecimento provoca a desnaturação das proteínas que protegem a clorofila. Em função desse fato, os ácidos formados ou presentes no suco celular podem reagir com as clorofilas, as quais perderam a proteção natural da proteína. Dessa interação, resulta a perda do íon magnésio pelas clorofilas, substituição desse por dois prótons fornecidos pelo ácido e formação da feoftina com conseqüente alteração da cor original das clorofilas.

Presença de luz e oxigênio

A clorofila nos tecidos vegetais vivos está protegida da degradação pela luz durante a fotossíntese pelos lipídeos e carotenóides associados. Uma vez que essa proteção é perdida na senescência, por extração do pigmento do tecido ou danos celulares durante o processamento, as clorofilas se tornam suscetíveis à fotodegradação. Na presença de luz e oxigênio, essas clorofilas são irreversivelmente perdidas e se tornam incolores. Os produtos são pouco conhecidos: acredita-se que a fotodegradação resulte na abertura dos anéis pirrólicos e fragmentação em componentes menores.

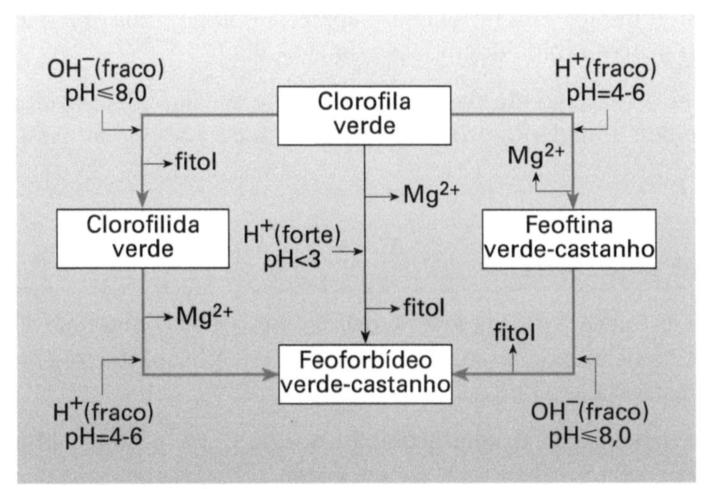

FIGURA 5.3 Alteração de cor das clorofilas em função do pH.

Presença de metais bivalentes

O íon magnésio é facilmente substituído por metais bivalentes como cobre e zinco, formando complexo de cor verde brilhante, mais atraente que a cor original da clorofila. Esses complexos são mais estáveis em soluções ácidas que alcalinas. A formação de complexos com cobre é mais rápida do que com zinco. O cobre não é absorvido, nessa forma, pelo organismo. A legislação permite um teor máximo de cobre ionizável de 200 mg/L.

Enzimas

A mudança de cor no amadurecimento de frutos ou envelhecimento de vegetais é resultante da degradação das clorofilas, que, enquanto presentes, mascaram a cor dos outros pigmentos. A clorofilase, uma esterase, é a enzima que catalisa a degradação da clorofila. Essa enzima catalisa a remoção do fitol das clorofilas e das feoftinas, formando clorofilidas e feoforbídeos, respectivamente O feoforbídeo sofre uma clivagem do anel da porfirina, pela ação da enzima dioxigenase, e se converte em um composto incolor flurorescente que, posteriormente, é convertido em um composto não fluorescente. A atividade da enzima é reduzida, quando o tecido vegetal é aquecido em temperaturas acima de 80 °C e é perdida acima de 100 °C.

5.2.1.3 Preservação da cor

No processamento de alimentos ricos em clorofilas, a substituição do magnésio por prótons na presença de ácidos diluídos é a principal reação responsável pela alteração da cor desses alimentos. Dessa forma, os principais métodos para evitar a formação de cor verde-castanho em frutas e hortaliças consistem, principalmente, na adição na álcalis, o mais usado é o bicarbonato de sódio, de forma a neutralizar os ácidos ou da adição de tampões, como fosfato ou citrato,

A utilização de atmosferas ricas em CO_2 e baixas temperaturas retarda a degradação enzimática da clorofila em frutos e vegetais frescos. O efeito do CO_2 está provavelmente relacionado com a inibição da produção e ação do etileno, uma vez que em atmosferas ricas em etileno ocorre rápida degradação da clorofila.

Para manter a estabilidade das clorofilas nos vegetais, uma excelente opção é utilizar vegetal de boa qualidade, processando-os rapidamente e estocando-os sob baixas temperaturas.

5.2.2 Heme pigmentos

A cor vermelha da carne é devida à presença de duas cromoproteínas. O heme (ferro) é o grupo prostético dessas duas proteínas. Ambas, complexam o oxigênio, característica essencial para a atividade biológica do animal.

O cromóforo responsável pela absorção de luz e cor é uma metaloporfirina, cujo grupo metálico é o ferro.

No animal vivo, a hemoglobina é o pigmento principal. Entretanto, a maior parte desse pigmento é retirada, quando o animal é abatido e o sangue removido (sangria). Na carne, a mioglobina é o pigmento principal, responsável por 90% ou mais de sua cor característica. A quantidade de mioglobina varia consideravelmente entre os diferentes tecidos musculares e é influenciada pela espécie, idade, sexo e atividade física. Embora a hemoglobina tenha um peso molecular cerca de quatro vezes maior que a mioglobina, a capacidade de oxigenação é a mesma, uma vez que ambas têm o mesmo número de grupos heme. No sangue, a hemoglobina complexa-se com o oxigênio e forma a oxihemoglobina. Na mioglobina, a porção protéica tem um peso molecular de 17 000 Daltons e na hemoglobina cerca de 67 000 Daltons.

5.2.2.1 Estrutura

A mioglobina *in natura* possui um átomo do íon ferroso (Fe^{2+}) ligado a cinco átomos de nitrogênio, dos quais quatro pertencem ao anel porfirínico, e um ao resíduo histidina da globina. A última valência coordenativa do ferro está ligada com a água. A estrutura da mioglobina é apresentada na Figura 5.4.

A globina é uma proteína de baixo peso molecular que envolve a molécula de mioglobina e forma uma barreira contra as interações do ferro com os reagentes do meio.

A hemoglobina consiste de quatro mioglobinas ligadas, formando um tetrâmero.

5.2.2.2 Cor e características químicas

A cor da carne é determinada pelo estado químico da mioglobina, seu estado de oxidação, tipos de ligantes ao grupo heme e conformação da globina presente.

O ferro do anel porfirínico pode existir em duas formas: como íon ferroso (Fe^{2+}) ou na forma oxidada como íon férrico (Fe^{3+}). A presença do íon ferroso no anel porfirínico é o que confere cor vermelha à carne. Se o íon ferroso (Fe^{2+}) oxidar-se a íon férrico (Fe^{3+}), a carne torna-se castanho.

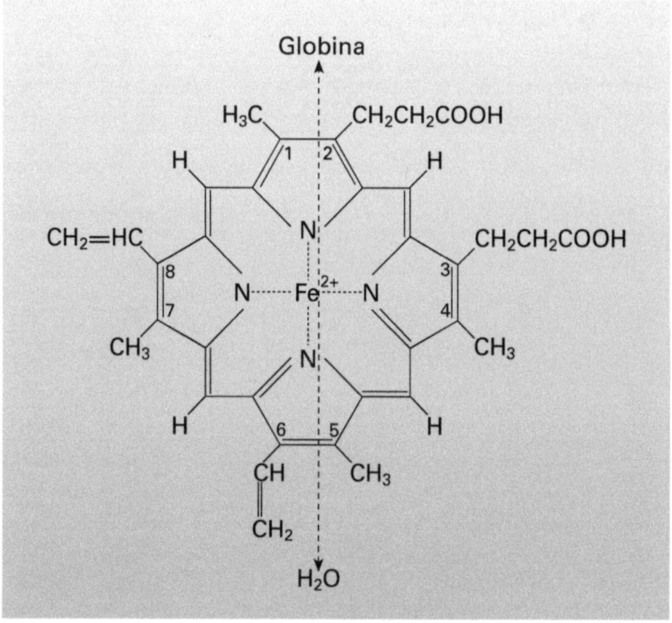

FIGURA 5.4 Representação esquemática da mioglobina.

O estado de oxidação do ferro é independente da forma oxigenada da mioglobina. Na mioglobina, uma das valências coordenativas do ferro está ligada à água (Figura 5.4). Na presença de oxigênio molecular, o O_2 substitui a molécula de água e forma a oximioglobina. Pela capacidade de a mioglobina reagir com o oxigênio formando a oximioglobina, de cor vermelha mais clara, resulta em uma carne de cor mais escura no seu interior que na sua superfície, exposta ao oxigênio. Tanto a mioglobina (vermelho púrpuro) como a oximioglobina (vermelho) podem se oxidar, mudando o estado do ferro de ferroso para férrico e, neste caso, a cor muda para castanho, pigmento denominado de metamioglobina. Nesse estado, a metamioglobina não é capaz de ligar oxigênio e a sexta valência do ferro é ocupada pela água (Figura 5.5).

As reações na carne fresca são dinâmicas e determinadas pelas condições no músculo e pelas proporções existentes de mioglobina, oximioglobina e metamioglobina, que podem se interconverter.

A presença de O_2, em baixas concentrações, favorece a formação da oximioglobina, enquanto na ausência deste, o equilíbrio é deslocado no sentido de formação da mioglobina. A quantidade de metamioglobina formada, provocada pela oxidação de Fe^{2+} a Fe^{3+}, pode ser minimizada se o O_2 for totalmente excluído.

Duas reações diferentes podem provocar a descoloração da mioglobina. Peróxido de hidrogênio pode reagir tanto com o íon ferroso como com o férrico e formar a coleglobina, um pigmento de cor verde. Também, na presença de sulfito de hidrogênio e de oxigênio, pode-se formar a sulfomioglobina de cor verde. Tanto o peróxido quanto o sulfito são gerados por crescimento microbiano intenso.

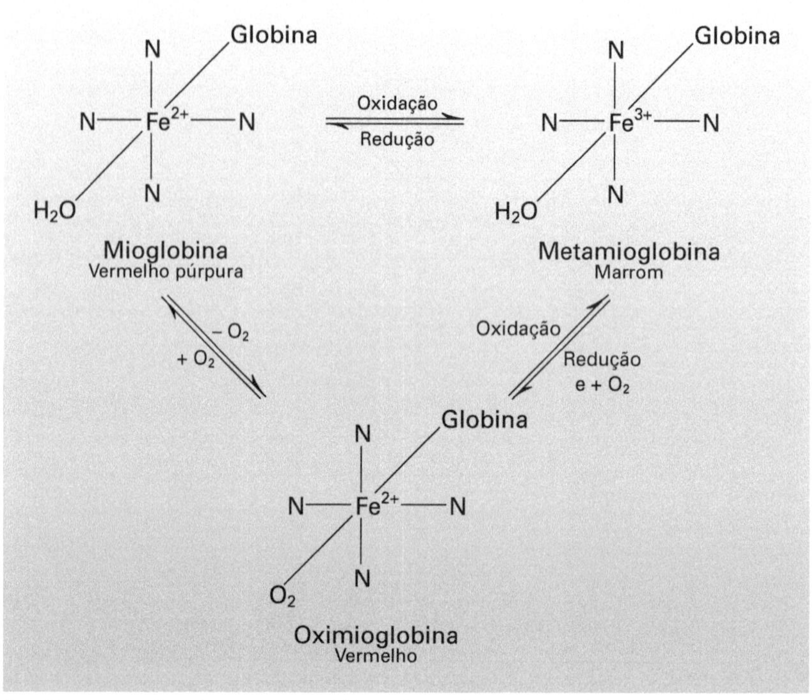

FIGURA 5.5 Representação esquemática das alterações de cor da mioglobina.

O aquecimento desnatura a globina, o pigmento perde sua barreira contra os agentes oxidantes presentes no meio. Assim, o íon ferroso oxida-se a íon férrico, formando a metamioglobina desnaturada e a carne adquire cor marrom. Esta reação é irreversível, portanto, a metamioglobina desnaturada não se converte mais a mioglobina ou oximioglobina.

5.2.2.3 Produtos curados

Para se obter produtos cárneos curados adiciona-se nitrato e/ou nitrito para evitar o desenvolvimento de bactérias patogênicas do gênero *Clostridium* e, conferir à carne uma cor rósea. A adição desses compostos baseia-se na capacidade do óxido nitroso de reagir com a mioglobina e formar o pigmento nitrosomioglobina de cor rósea-escura. Na presença de calor, a nitrosomioglobina forma o pigmento nitroso-hemocromo de cor rósea, pigmento de carne cozida curada, que é estável ao calor, mas é sensível à luz e à oxidação, podendo adquirir cor castanha nessas circunstâncias (Figura 5.6).

O nitrato e o nitrito são componentes naturais de alguns alimentos, cujas quantidades dependem do teor de nitrato disponível no solo e na água. O nitrato é absorvido do solo pelas plantas, sendo parte convertida em nitrito pela ação da enzima nitrato redutase presente nos vegetais, a qual permanece ativa mesmo após a colheita. Assim, o armazenamento inadequado, em condições de temperatura elevada e baixa circulação de ar, favorece a conversão de nitrato a nitrito. Este é consideravelmente mais tóxico que o nitrato, uma vez que, em certas condições, interage com aminas secundárias e terciárias presentes nos alimentos, formando as nitrosaminas, as quais são consideradas potencialmente carcinogênicas.

O nitrito se reduz a óxido nitroso, que, por sua vez, retarda o crescimento do *Clostridium botulinum* e a conseqüente produção da enterotoxina durante o armazenamento. Sua eficiência bacteriostática está relacionada com o pH do alimento, que determina a concentração da forma não dissociada do ácido nitroso, sendo mais eficiente em pH igual ou inferior a 5,0. O nitrato não apresenta nenhuma atividade inibidora contra o *Clostridium botulinum*, mas sua ação é manifestada após sua redução a nitrito pelas bactérias presentes na carne.

$2NaNO_3$ (nitrato) $\xrightarrow{\text{bactérias}}$ $2NaNO_2 + O_2$
$NaNO_2$ (nitrito) $\rightarrow$ $HNO_2 + NaOH$
$3HNO_2$ (ácido nitroso) $\rightarrow$ $2NO + H_2O + HNO_3$
NO (óxido nitroso) + mioglobina $\rightarrow$ Nitrosomioglobina (NMB)
Nitrosomioglobina + calor $\rightarrow$ Nitrosohemocromo

FIGURA 5.6 Representação das reações de conversão de nitrato/nitrito a óxido nitroso e deste com a mioglobina.

O nitrato ($NaNO_3$) na presença de bactérias da carne reduz-se a nitrito ($NaNO_2$). O nitrito em pH 5,5 reduz-se a óxido nitroso, o qual, por sua vez, reage com a mioglobina, ou com a oximioglobina ou, então, com a metamioglobina. O nitrato é adicionado normalmente junto com o nitrito em produtos não homogeneizados (não moídos), tais como presunto, para que o nitrato se reduza ao nitrito, lentamente, durante a cura. Em altas concentrações, o nitrito pode oxidar os anéis porfirínicos e provocar o aparecimento de manchas verdes no produto cárneo. Assim, para evitar esse defeito, nesses produtos adiciona-se o nitrato para que, à medida que os agentes de cura se difundam pela carne, ele, gradualmente, reduza-se a nitrito e esse, por sua vez, a óxido nitroso. É importante ressaltar que a redução do nitrato a nitrito depende da presença de bactérias redutoras na carne. Nos produtos emulsionados, tais como salsicha e mortadela, o nitrito é distribuído de forma homogênea na mistura de carne moída e, portanto, nas concentrações utilizadas, não ocorre o aparecimento das manchas verdes.

Para garantir que o nitrito realmente se reduza a óxido nitroso, usualmente, adiciona-se junto com o nitrito, agentes redutores. Os agentes mais utilizados são ácido ascórbico, seus sais (ascorbatos) e seus isômeros (eritorbatos). O nitrito na presença do ácido ascórbico forma o óxido nitroso que atua como agente de cura, além de inibir a oxidação do ferro. Quando se utiliza o ácido ascórbico, o teor de nitrato diminui mais rapidamente do que quando se utiliza o ascorbato.

A legislação permite a adição de um teor máximo de 200 mg/kg de nitrito. Para que o produto cárneo adquira a cor desejada, é suficiente a adição de 50 mg/kg de nitrito, mas para que este exerça uma ação inibidora sobre as bactérias do gênero *Clostridium* é necessário um teor de 150 mg/kg de nitrito. Na Figura 5.7 estão representadas as reações que resultam em alteração da cor característica da carne e seus produtos.

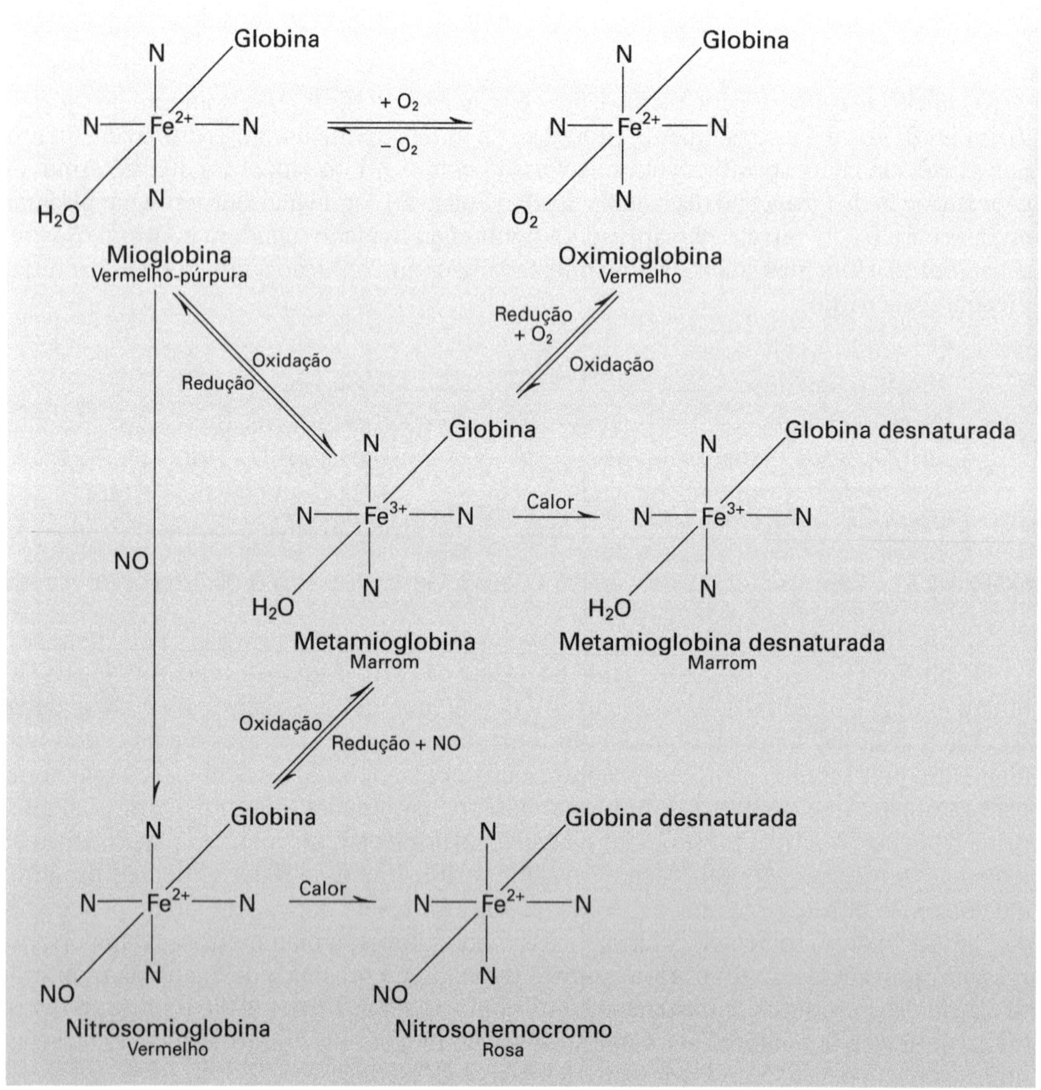

FIGURA 5.7 Representação das alterações de cor da mioglobina.

5.3 COMPOSTOS DE ESTRUTURA ISOPRENÓIDE

Os pigmentos pertencentes a esse grupo são denominados de carotenóides. Sua cor varia de amarelo a vermelho. Esses pigmentos estão amplamente distribuídos na natureza, ocorrendo em vegetais junto com as clorofilas. O nome carotenóides é derivado do nome científico da cenoura *Daucus carote L.* Os animais não sintetizam carotenóides, mas podem ingerir o pigmento e absorvê-lo.

A estrutura básica dos carotenóides consiste em oito unidades de isopreno unidas de tal forma que ocorre uma reversão na parte central da molécula e os dois grupos metílicos centrais ficam separados por três carbonos (Figura 5.8). Já foram identificados mais de 300 carotenóides, os quais podem ser subdivididos em dois grupos principais:

- *Carotenos*: compostos constituídos por carbono e hidrogênio.
- *Xantofilas*: derivados obtidos por oxidação dos carotenos com formação dos grupos: hidroxila, metoxila, carboxila, cetona.

A cor é resultante da presença de um sistema de duplas ligações conjugadas. Para que a cor amarela apareça, são necessárias, no mínimo, sete ligações conjugadas. O aumento no número de ligações conjugadas resulta em maiores bandas de absorção em maiores comprimentos de onda, e, neste caso, os carotenóides tornam-se mais vermelhos.

A estrutura fundamental dos carotenóides pode ser representada pelo pigmento do tomate, o licopeno, a partir da qual podem ser obtida outras estruturas, por meio de reações de hidrogenação, ciclização, oxidação ou combinação dessas.

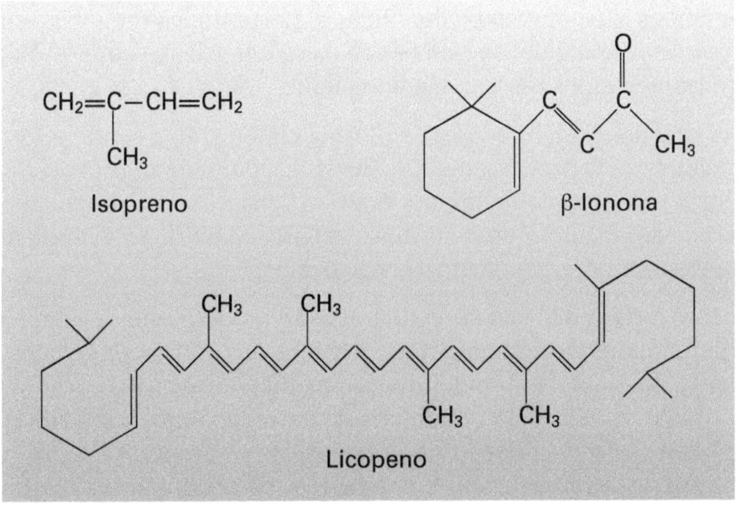

$CH_2=C(CH_3)-CH=CH_2$

Isopreno

β-Ionona

Licopeno

FIGURA 5.8 Representação das estruturas do isopreno, da β ionona e do licopeno.

Os carotenóides ocorrem em alimentos, na forma de misturas simples de alguns compostos ou como misturas muito complexas (Tabela 5.2). As misturas mais simples, normalmente, são encontradas em produtos animais, devido à limitada habilidade desses organismos de absorver e depositar carotenóides. Algumas das misturas mais complexas de carotenóides são encontradas em frutas cítricas. Os principais carotenóides encontrados em folhas verdes são luteína, violaxantina e neoxantina. Em frutas, durante a maturação, grandes quantidades de carotenóides são formadas. Os mais freqüentes são α e β-caroteno e xantofilas. A presença de luz é necessária para a síntese de carotenóides.

Alguns carotenóides são precursores de vitamina A, denominados de pró-vitamina A. Somente os carotenóides que contêm em suas moléculas a estrutura cíclica da β-ionona (Figura 5.8) apresentam atividade de pró-vitamina A. O α-caroteno possui uma molécula de pró-vitamina A e o β-caroteno duas (Figura 5.9).

TABELA 5.2 — *Carotenos e ocorrência em alimentos*

Carotenos	Atividade de pró-vitamina A	Ocorrência em alimentos
α-caroteno	50-54	cenoura, tomate, laranja
β-caroteno	100	cenoura, tomate, laranja
γ-caroteno	42-50	cenoura, tomate, laranja
licopeno	desprezível	tomate, cenoura, pimentão
cataxantina	desprezível	cogumelo, crustáceos
bixina	desprezível	urucum
zeaxantina	desprezível	milho, pimentão verde

Fonte: Bobbio & Bobbio (1995).

Os carotenóides são compostos lipofílicos e, portanto, são solúveis em solventes orgânicos. Eles são moderadamente estáveis ao calor e perdem a cor por oxidação. Podem ser facilmente isomerizados por calor, ácido ou luz.

As duplas ligações podem ocorrer na forma cis ou trans, sendo a forma trans mais freqüente na natureza. O processamento e a estocagem podem provocar a isomerização dos carotenóides presentes no alimento e alterar sua cor. Os compostos com todas as ligações em trans apresentam uma cor mais escura. Além disso, o aumento de ligações em cis resulta em um enfraquecimento gradual da cor.

A oxidação é a principal causa da degradação de carotenóides em alimentos. Eles são facilmente oxidados devido ao grande número de duplas conjugadas. A estabilidade é dependente do meio. No tecido intacto, os pigmentos estão protegidos da oxidação, entretanto, danos físicos ao tecido ou sua extração aumentam sua suscetibilidade à oxidação. Podem sofrer oxidação na presença de luz, calor e de pró-oxidantes. Em função de sua estrutura insaturada e conjugada, os produtos de sua degradação são muito complexos. Uma autoxidação intensa irá resultar na quebra dos pigmentos e descoloração.

Os carotenóides são estáveis na faixa de pH da maioria dos alimentos (pH 3,0 a 7,0).

Enzimas como a lipoxigenase catalisam a degradação oxidativa dos carotenóides por mecanismos indiretos. Inicialmente, a enzima catalisa a oxidação de ácidos graxos insaturados para produção de peróxidos, e estes, por sua vez, reagem com os carotenos.

Os carotenóides apresentam propriedades antioxidantes. São conhecidos por reagir com o oxigênio "singlet" e, portanto, proteger as células dos radicais livres. Nem todos os carotenóides são antioxidantes, o licopeno é conhecido por ser especialmente eficiente na complexação do oxigênio "singlet". Vários estudos indicam que os carotenóides desempenham um papel importante na prevenção de doenças como câncer, catarata, arteriosclerose e retardo do processo de envelhecimento.

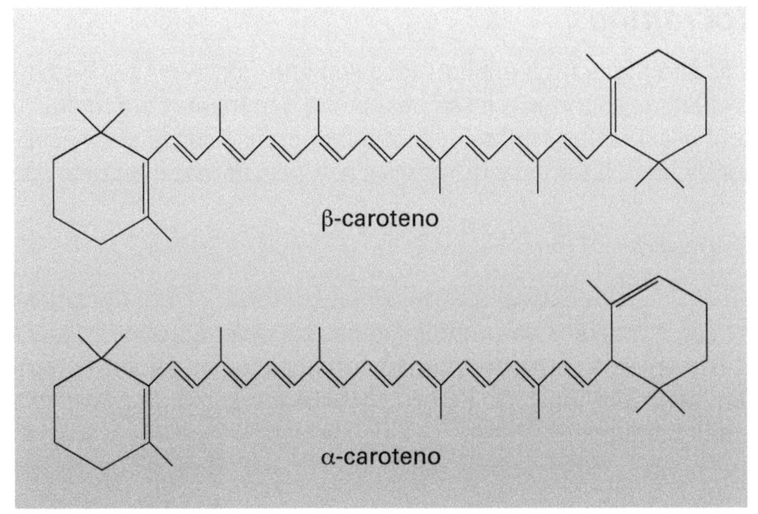

FIGURA 5.9 Representação das estruturas do β-caroteno e α-caroteno.

Alguns carotenos como o *β*-caroteno, *β*-apo-8 carotenal e a cataxantina, sintetizados a partir da *β*-ionona são utilizados como corantes em alimentos. São utilizados também extratos naturais de urucum, açafrão, páprica, para colorir alimentos. O mais utilizado é o urucum, um extrato colorido obtido do pericarpo do fruto da árvore *Bixa orellana*.

O pigmento laranja do urucum é essencialmente um carotenóide, cis-bixina insolúvel em óleos. Pelo tratamento térmico utilizado na extração a cis-bixina, converte-se em trans-bixina de cor vermelha e solúvel em óleo. O corante, produzido comercialmente, contém de 0,20 a 0,25% de bixina. Para produzir bixina solúvel em água, efetua-se a extração a partir do pericarpo do fruto tratado com solução alcalina (10 g/L) a 70 °C.

O açafrão, extrato das flores de *Crocus sativus*, possui uma cor muito atraente, mas tem aplicação limitada em função do preço elevado.

A páprica, extraída de pimentões vermelhos *Capsicum annum*, tem uma aplicação limitada em alimentos devido ao fato de imprimir pungência, sabor e aroma característicos.

5.4 FLAVONÓIDES

Os compostos heterocíclicos com oxigênio na molécula, denominados de flavonóides, consistem de uma classe de pigmentos encontrados somente em vegetais. Todos os flavonóides têm a estrutura —C_6—C_3—C_6—, sendo que as duas partes da molécula com 6 carbonos são anéis aromáticos. São glicosídeos de polihidroxi e polimetoxi derivados do 2-fenilbenzopirilium ou íon flavilium.

Os flavonóides são subdivididos em antocianinas e outros flavonóides.

5.4.1 Antocianinas

As antocianinas são pigmentos encontrados somente em vegetais. Estão presentes em quase todas as plantas superiores e são pigmentos dominantes em muitas frutas e flores, podem apresentar cores que variam de vermelho intenso ao violeta e azul. A palavra antocianina é derivada de duas palavras gregas: *anthos* (flores) e *kyanos* (azul).

5.4.1.1 Estrutura

São facilmente obtidos por extração a frio com metanol ou etanol fracamente acidificado. Quimicamente são glicosídios das antocianidinas, as quais consistem, portanto, nas agliconas das antocianinas. A estrutura fundamental das antocianidinas consiste no núcleo flavilium (2-fenilbenzopirilium). Na Figura 5.10 são apresentadas as estruturas do núcleo flavilium e da antocianidina.

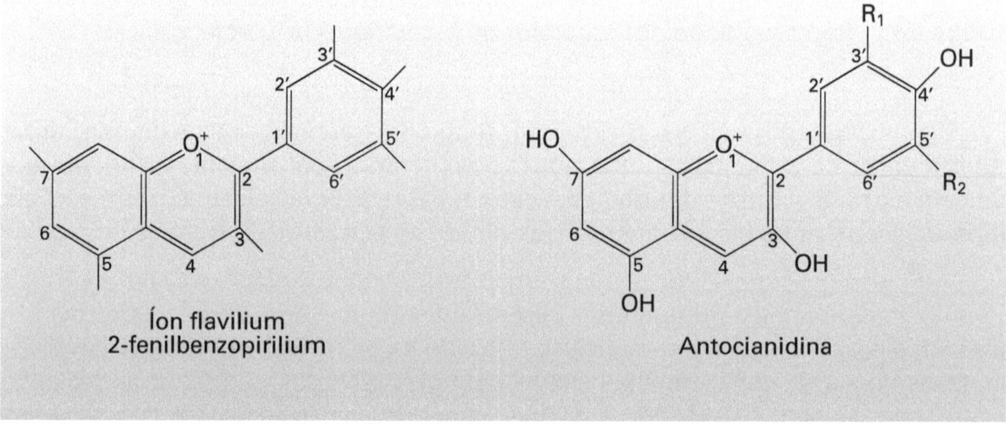

FIGURA 5.10 Representação da estrutura do núcleo flavilium e da antocianidina.

Entre as vinte antocianidinas conhecidas, que ocorrem naturalmente, apenas seis são mais freqüentes: pelargonidina, cianidina, peonidina, delfinidina, petunidina e malvidina. A substituição dos grupos hidroxila e metoxila influencia na cor das antocianinas. O aumento do número de grupos hidroxilas tende a acentuar a cor para o azul, e o aumento no número de grupos metoxilas para o vermelho. Algumas das antocianidinas mais comuns em alimentos são apresentadas na Tabela 5.3.

As antocianinas são antocianidinas ligadas a açúcares e muito freqüentemente contêm ácidos ligados aos açúcares. Os resíduos de carboidratos estão ligados ao carbono na posição 3 da antocianidina, raramente nas posições 5 e 7. Os açúcares mais comuns são glicose, galactose, ramnose e arabinose, os dissacarídeos: rutinose, sambubiose, latirose e soforose. Em muitas antocianinas, os resíduos de açúcares são acilados e estes grupos estão ligados à hidroxila da posição 3 e menos freqüentemente na posição 6 do açúcar. Os ácidos encontrados com maior freqüência são os ácidos p-coumárico, caféico. Algumas vezes são encontrados os ácidos p-hidroxibenzóico, malônico e acético. Os açúcares conferem estabilidade à antocianina. A natureza individual dos açúcares não é significante. Entretanto, sua posição na molécula exerce uma influência profunda na reatividade da antocianina.

TABELA 5.3 — *Antocianinas em alimentos*

Antocianidina	R_1	R_2	$\lambda_{Máx}$ (nm)	Ocorrência
Pelargonidina	H	H	520	Morango, amora
Cianidina	OH	H	535	Jabuticaba
Delfinidina	OH	OH	546	Berinjela
Malvidina	OCH_3	OCH_3	542	Uvas
Peonidina	OCH_3	H	532	Cereja, uva

Onde: λ_{Max} é o comprimento de onda de máxima absorção
Fonte: Timberlake (1980).

A diferença entre as antocianinas é devida a vários fatores: número de grupos hidroxila esterificados na molécula, grau de metoxilação desses grupos, natureza, número e posição da glicosilação, natureza e número de ácidos alifáticos e aromáticos ligados aos resíduos glicosídeos.

A estrutura da molécula antocianina apresenta um efeito pronunciado na intensidade e estabilidade da cor. O aumento do número de grupos hidroxilas converte o comprimento de onda de absorção máxima da antocianina, para comprimentos de onda mais longos, e sua cor muda de laranja para azul-avermelhado. Os grupos metoxilas substituindo os grupos hidroxilas revertem esse quadro. O grupo hidroxila na posição C_3 é particularmente significante, devido à mudança da cor de amarelo-alaranjado para vermelho. A mesma hidroxila, entretanto, desestabiliza a molécula, e as 3 deoxiantocianidinas são muito mais estáveis que as outras antocianidinas. De forma similar, a presença de grupo hidroxil na C_5 e substituição na C_4 estabilizam as formas coloridas. A glicosilação também afeta a estabilidade desse pigmento, e a meia-vida das antocianidinas é significativamente menor que a de seus correspondentes 3 glicosídeos.

Devido à possibilidade de diferentes substituições com ácidos e carboidratos em diferentes posições, o número de antocianinas é quinze a vinte vezes maior que o de antocianidinas.

5.4.1.2 Estabilidade da cor

As antocianinas são pigmentos instáveis, apresentam maior estabilidade em condições ácidas. Tanto a cor do pigmento e a sua estabilidade são fortemente influenciadas pelos substituintes da aglicona. A degradação das antocianinas pode ocorrer durante a extração do vegetal, processamento e estocagem de alimentos.

A degradação das antocianinas é influenciada por vários fatores: pH, temperatura, enzimas, ácido ascórbico, oxigênio, dióxido de enxofre, íons metálicos (principalmente ferro).

pH

Todas as antocianidinas têm como estrutura básica o íon *flavilium*, o qual é muito reativo. Atribui-se a essa estrutura seis formas de ressonância, com a maior carga parcial positiva nos carbonos 2 e 4. A estabilidade do cátion é dependente de reações nos radicais 2 e 4. A presença de um íon oxônio adjacente ao carbono 2 é a razão pela qual as antocianidinas apresentam uma natureza anfótera.

Em meios ácidos e neutros, quatro estruturas de antocianinas existem em equilíbrio: o cátion *flavilium* (AH^+), a base quinoidal (A), a pseudobase carbinol (B) e a chalcona (C). O pH do meio exerce um papel importante no equilíbrio entre as diferentes formas de antocianinas e, conseqüentemente, na modificação de cor. As antocianinas exibem coloração vermelha intensa apenas em uma faixa muito limitada de pH, ou seja, de 1,0 a 3,0 que corresponde a um equilíbrio entre o cátion *flavilium* (vermelho) e a base carbinol (incolor). Uma elevação de pH provoca uma transformação estrutural com perda da cor vermelha. Em pH de 4,0 a 6,5 o sal *flavilium* é imediatamente convertido em duas bases quinoidais neutras de cor púrpura, que lentamente se hidratam para a pseudobase carbinol, com desaparecimento progressivo da cor. As reações $A \rightarrow AH^+$, $AH^+ \rightarrow B$, $B \rightarrow A$ e $B \rightarrow C$ são todas endotérmicas, portanto, qualquer aumento de temperatura favorece a forma chalcona e, assim sendo, em altas temperaturas aumenta a forma chalcona. Na Figura 5.11 são apresentadas as alterações do pigmento malvidina em função do pH.

A reação de transferência de prótons para formar AH^+, a partir de A, é muito rápida, da ordem de microssegundos, e tem um pK de 4,25. A quantidade presente na forma de base quinoidal (A) é muito pequena, no equilíbrio, em qualquer valor de pH. Em soluções muito ácidas (pH = 0,5), a espécie AH^+ de cor vermelha é a única encontrada em solução. Ao elevar-se o pH, a concentração e a intensidade da cor da antocianina diminuem. Os valores de pK para B/AH^+ e A/AH^+ são, respectivamente, 2,60 e 4,25. Em função do fato de a concentração de base quinoidal ser muito pequena, em relação ao total, em qualquer valor de pH, as antocianinas apresentam coloração pouco intensa quando o pH é maior que 4,0. Essa é a razão pela qual corantes contendo antocianinas podem ser usados apenas em valores de $pH < 4,0$, uma vez que a forma AH^+ é a cor de maior importância.

As antocianidinas são menos estáveis que as antocianinas, devido à falta de substituintes na posição 3, e a forma chalcona é uma dicetona instável que é facilmente hidrolisada, de forma irreversível.

A presença de dois ou mais resíduos ácidos ligados aos açúcares é fundamental para uma boa estabilidade da cor das antocianinas em soluções neutras.

Temperatura

A estabilidade das antocianinas é muito afetada pela temperatura. A velocidade de degradação também é influenciada pelo O_2, pH e estrutura do pigmento.

O mecanismo exato da degradação ainda é desconhecido, sabe-se que depende do tipo de antocianina e da temperatura.

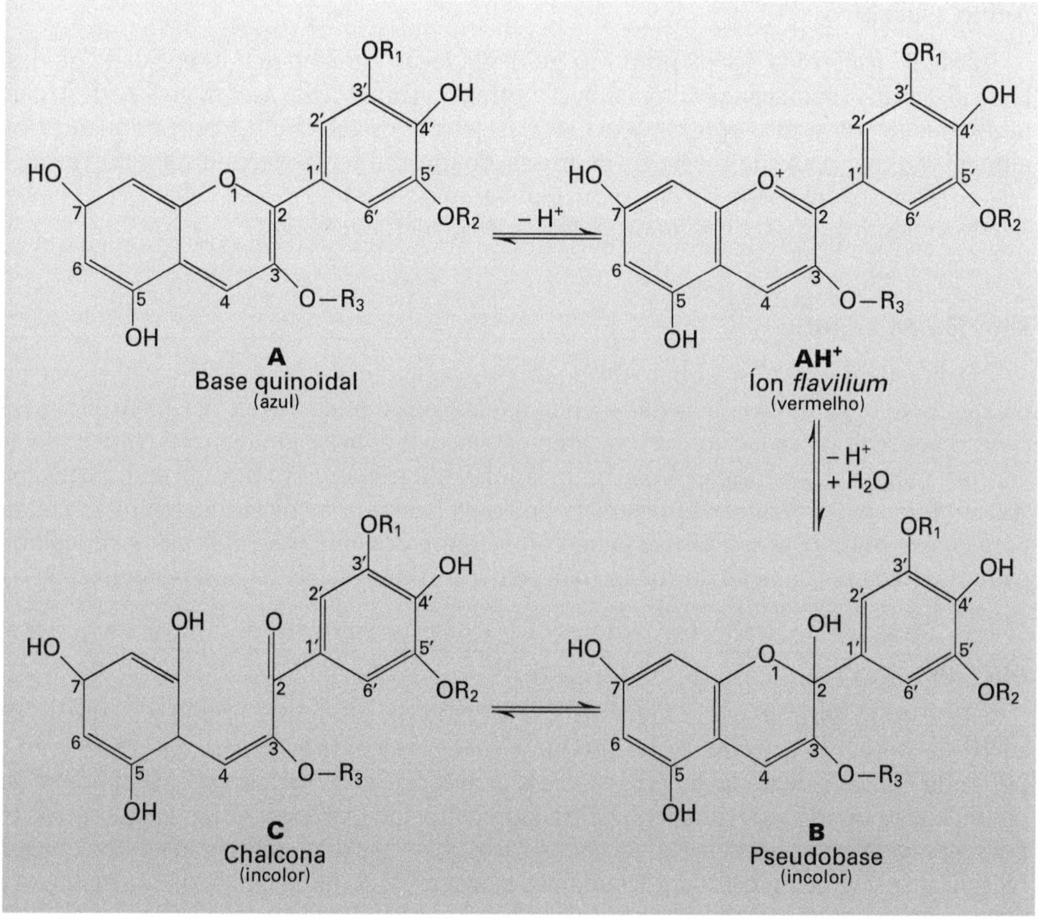

FIGURA 5.11 Alteração de cor das antocianinas em função de pH.

No aquecimento, o equilíbrio desloca-se para a forma chalcona, e as formas AH^+ e A diminuem. O resfriamento aliado à acidificação provoca uma rápida transformação da base quinoidal (A) e da pseudobase carbinol (B) para a forma catiônica AH^+. Entretanto, a forma chalcona (C) muda muito lentamente. Essas reações são reversíveis e, portanto, formas incolores das antocianinas podem ser transformadas em formas catiônicas.

O uso de altas temperaturas destrói as antocianinas. Recomenda-se a utilização de tratamentos HTST ("high temperature short time") para uma melhor retenção do pigmento. A destruição do pigmento pode ocorrer em diferentes velocidades e provocar diferentes alterações de cor, dependendo da composição do produto alimentício. Mais comumente, a cor vermelha torna-se marrom. Entretanto, o processamento e a estocagem adequados de frutas resulta em alterações muito pequenas de cor.

Oxigênio

A natureza insaturada da estrutura das antocianinas torna-as suscetível ao oxigênio molecular. Na presença de oxigênio, as antocianinas escurecem. Quando se substitui o O_2 por atmosferas ricas em nitrogênio ou vácuo, a cor das antocianinas é mantida.

Ácido ascórbico

O ácido ascórbico e seus produtos de degradação aumentam a intensidade de destruição das antocianinas. As antocianinas interagem com o ácido ascórbico e se destroem mutuamente. Esse fato contrapõe-se ao desejo que os fabricantes têm de manter ou aumentar o teor de ácido ascórbico de frutas, de forma a promover seu valor nutricional, pois nesse caso ambos interagem, reduzindo tanto o valor nutricional como a cor. O mesmo ocorre com aminoácidos, fenóis e derivados de carboidratos.

Dióxido de enxofre

O dióxido de enxofre é muito usado no processamento de frutas, em concentrações baixas como 0,030 mg/kg, pois inibe a degradação enzimática das antocianinas. Em concentrações mais elevadas, forma um complexo incolor com as antocianinas. O dióxido de enxofre reage com a posição 4 das antocianinas e forma um produto de adição incolor. Antes do desenvolvimento do processo de congelamento, a adição de sulfito às frutas, para conservá-las para um processamento posterior, era uma prática usual. A descoloração provocada pela adição de sulfito pode ser revertida pela acidificação e aquecimento.

Enzimas

A ação de enzimas pode diminuir a qualidade do produto, durante a extração de sucos de frutas ou preparação de produtos processados, provocando escurecimento e perda de cor, por degradação enzimática das antocianinas. As antocianinas podem ser degradadas por várias enzimas encontradas nos tecidos vegetais como as glicosidases, polifenoloxidases e peroxidases. As glicosidases, às vezes denominadas de antocianases, hidrolisam as antocianinas a antocianidinas e açúcares. As antocianidinas são instáveis e facilmente degradáveis a compostos incolores. A polifenoloxidase atua na presença de *o*-difenóis e oxigênio para oxidar as antocianinas. A enzima primeiramente oxida *o*-difenol a *o*-benzoquinona, a qual, por sua vez, reage com antocianinas por um mecanismo não enzimático para formar produtos de degradação.

Metais

As antocianinas podem formar pigmentos azul-púrpura ou acinzentados com metais. Essa reação pode provocar alteração, se os produtos de frutas durante a estocagem ou processamento estiverem em contato com metais como ferro, alumínio ou latão.

Copigmentação

A copigmentação intermolecular das antocianinas com outros flavonóides, certos ácidos fenólicos, alcalóides e outros compostos, incluindo as antocianinas, aumenta a intensidade de sua cor, resultando em tonalidades que variam de púrpura a azul. A intensidade dos efeitos de copigmentação depende de vários fatores, incluindo tipo e concentração de antocianinas e copigmentos, pH e temperatura do solvente. O valor de pH para uma copigmentação máxima está em torno de 3,5 e pode variar ligeiramente em função do sistema pigmento-copigmento. A intensificação da cor por copigmentos aumenta com o aumento da proporção copigmento/antocianinas. O aumento de temperatura reduz fortemente o efeito intensificador da cor. Esse fenômeno da copigmentação está amplamente distribuído na natureza e também ocorre em produtos de frutas e vegetais, tais como sucos e vinhos.

A reação de copigmentação é provavelmente o principal mecanismo de interação molecular envolvido nas variações de cor e de adstringência ocorridas durante o envelhecimento de vinhos.

5.4.2 Outros flavonóides

Os pigmentos, conhecidos por antoxantinas, palavra derivada das palavras gregas: *anthos* (flores) e *xanthos* (amarelo), são encontrados apenas em vegetais. São pigmentos derivados do núcleo flavonóide (C_6—C_3—C_6), encontrados na forma livre ou de glicosídios associados a açúcares e taninos. O açúcar, quando presente, liga-se, preferencialmente, às hidroxilas das posições 3 e 7 das agliconas.

Esses pigmentos apresentam cores claras ou amareladas e são encontrados em alimentos como repolho branco, batata e cebola, pouco concorrendo para a cor dos alimentos.

Muitos flavonóides apresentam uma denominação relacionada com a fonte onde foram descobertos, em vez de uma relacionada com o tipo e posição dos substituintes da aglicona.

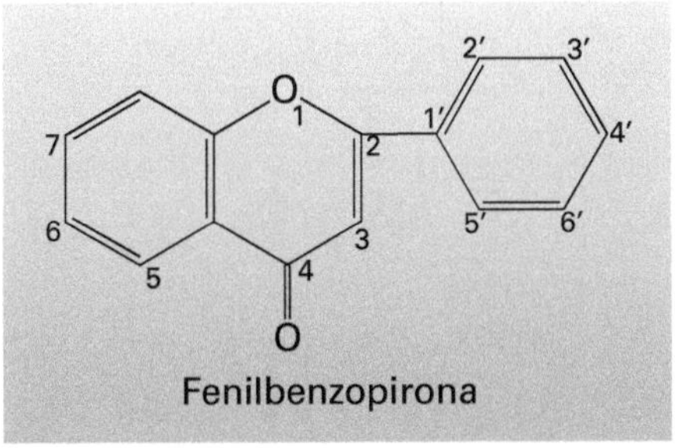

FIGURA 5.12 Representação da estrutura básica das antoxantinas.

A diferença entre os flavonóides é atribuída ao estado de oxidação da ligação do carbono 3 (Figura 5.12). As estruturas mais comuns e mais abundantes são as flavonas e os flavonóis. Estes pigmentos apresentam uma estrutura mais oxidada do que a das antocianinas, sua estrutura básica é a fenilbenzopirona (Figura 5.12). A importância desses pigmentos com relação à cor dos vegetais limita-se aos vegetais amarelados e à copigmentação com antocianinas. Além dessas duas classes há outras cinco classes de compostos que não possuem o esqueleto flavonóide básico, mas que estão quimicamente relacionados com o núcleo flavonóide e que, portanto, são incluídos no grupo. São as flavanonas, chalconas, auronas, as isoflavonas e as dehidrochalconas (Figura 5.13). A diferença entre os compostos situa-se no número de hidroxilas, metoxilas e outros substituintes em torno dos dois anéis de benzeno.

O caráter fenólico dos flavonóides confere a esses compostos a habilidade de seqüestrar metais, podendo atuar como antioxidantes em alimentos. Com alguns metais como o íon férrico, alguns flavonóides formam complexos de cores escuras.

Esses pigmentos são mais resistentes ao calor do que as antocianinas. Possuem cor amarela de várias tonalidades ou são incolores e são pouco sensíveis à luz, ao contrário das antocianinas. Alguns flavonóides adquirem coloração amarelada quando aquecidos em meios fracamente alcalinos. Essa alteração deve-se ao efeito dos íons OH^- sobre as antoxantinas, transformando-as em chalconas.

Uma classe especial de compostos é a das leucoantocianidinas, também denominados de proantocianidinas. São compostos incolores, que podem ser convertidos em produtos coloridos durante o processamento de alimentos. Sua estrutura básica é o flavo 3, 4-diol, que pode ocorrer na forma de dímeros, trímeros ou polímeros. Na forma de dímeros, são encontrados em maçãs, pêras e outras frutas. Esses compostos foram identificados pela primeira vez em sementes de cacau, nas quais, sob aquecimento e condições ácidas, se hidrolisam em cianidina e epicatequina. As leucoantocianidinas se degradam, quando expostas à luz ou ao oxigênio e produzem compostos vermelho-amarronzados de cor estável. Conferem adstringência a alguns alimentos, pela interação das leucoantocianidinas com proteínas. Outras leucoantocianidinas encontradas na natureza, quando hidrolisadas, resultam nas antocianinas comuns: pelargonidina, petunidina e delfinidina.

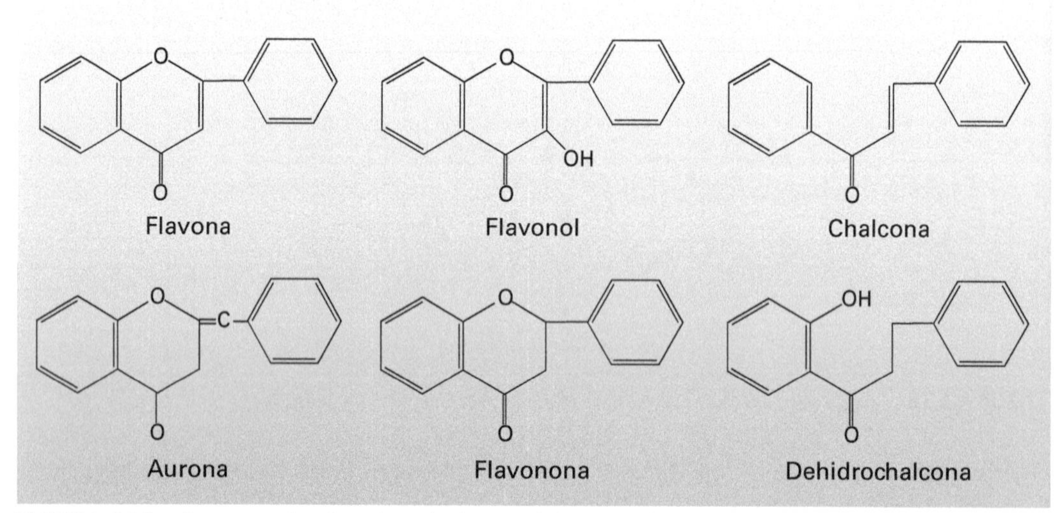

FIGURA 5.13 Representação da estrutura básica dos flavonóis, flavonas, chalconas, auronas, flavanonas e dehidrochalconas.

5.5 BETALAÍNAS

As betalaínas, encontradas somente em vegetais, assemelham-se em aparência e reatividade às antocianinas. São hidrossolúveis, encontrados apenas em dez famílias da ordem *Centrospermae*, à qual pertence a beterraba.

As betalaínas são um grupo de pigmentos que compreendem as betacianinas, pigmentos vermelhos, e as betaxantinas, pigmentos amarelos, cuja coloração não é afetada na mesma intensidade pelo pH como as antocianinas. A principal betacianina é a betanina (Figura 5.14), glicosídeo da betanidina, que perfaz cerca de 75 a 95% do total de pigmentos da beterraba. Os outros pigmentos vermelhos são isobetanina (epímero da betanina na posição C_{15}), prebetanina (sulfato monoéster da betanina) e isoprebetanina (sulfato monoéster da isobetanina). Os dois principais pigmentos amarelos são vulgaxantina I e vulgaxantina II.

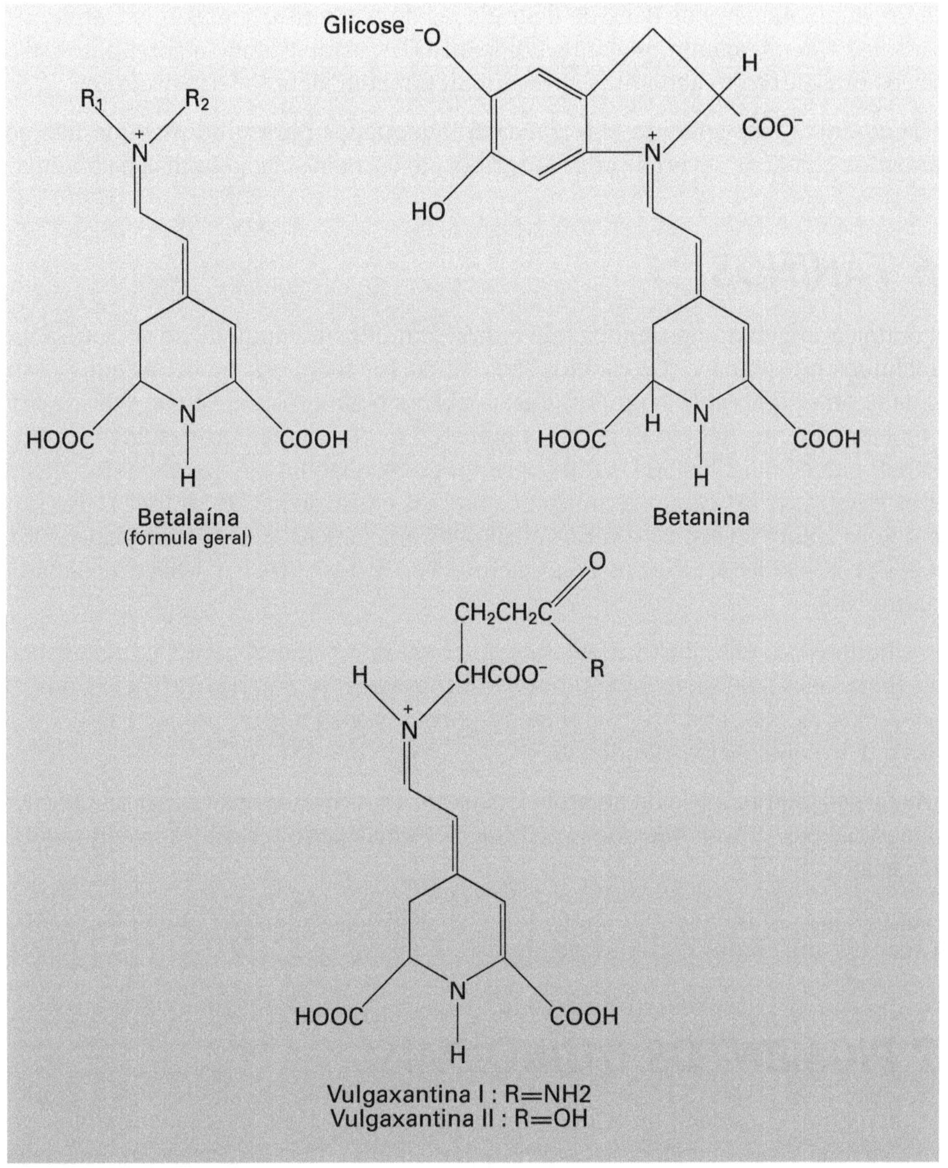

FIGURA 5.14 Representação da estrutura básica das betalaínas, betanina e vulgaxantinas I e II.

A estabilidade da cor da betanina em solução é fortemente influenciada pelo pH e pelo aquecimento. É muito estável na faixa de pH de 4,0 a 5,0 e razoavelmente estável na faixa de pH de 4,0 a 6,0. A degradação da betanina resulta em ácido betalamínico e ciclodopa, que é reversível.

A betanina pode ser degradada também por exposição à luz e oxigênio. Esses efeitos são cumulativos, mas certa proteção pode ser oferecida por antioxidantes como os ácidos ascórbico e isoascórbico. A reação de oxidação do ácido ascórbico pelo oxigênio molecular é catalisada por pequenas quantidades de íons metálicos, como cobre e ferro, o que provoca uma redução na sua capacidade de proteger as betaninas. Esse efeito, portanto, aumenta a intensidade de degradação do pigmento, o qual pode ser controlado com a adição de um agente quelante, como o EDTA, estabilizando a cor. Muitos sistemas protéicos presentes em alimentos apresentam também algum efeito protetor.

Os corantes extraídos de beterraba são adequados para produtos que não sofram tratamentos térmicos severos como derivados de carne e soja, gelatinas e sorvetes.

5.6 TANINOS

Uma definição rigorosa de taninos não existe, e muitos compostos de estrutura variada são incluídos neste grupo. Os taninos são compostos fenólicos especiais que possuem a habilidade de se combinar com proteínas e outros polímeros, tais como polissacarídeos. São funcionalmente definidos como compostos polifenólicos hidrossolúveis com peso molecular entre 500 e 30 000 Daltons, que possuem a habilidade de precipitar alcalóides, gelatina e outras proteínas. A química dos taninos é complexa. Os taninos têm a propriedade de precipitar proteínas e vários alcalóides em solução e, com íons férricos formam soluções preto-azuladas. Eles estão presentes nos frutos verdes e desaparecem ao longo da maturação.

Os taninos são classificados em dois grupos: taninos hidrolisáveis e taninos condensados (leucoantocianidinas). Os taninos hidrolisáveis, polímeros derivados dos ácidos gálico e elágico, são assim denominados porque consistem de moléculas glicosídicas ligadas a diferentes grupos fenólicos.

A cor dos taninos varia de amarelo a marrom-escuro e contribui para a adstringência de alimentos. Sua propriedade de precipitar proteínas pode ser utilizada como agente de clarificação.

A presença de taninos em frutos provoca adstringência, mas, também, contribuem para sua textura, conferindo-lhes rigidez.

5.7 PIGMENTOS QUINOIDAIS

Esses pigmentos estão amplamente distribuídos na natureza. Eles são amarelos, vermelhos e marrons e são encontrados em raízes, madeira e também ocorrem, em certos níveis, em certos insetos. O grupo maior é os dos pigmentos antraquinonas. Os mais importantes pigmentos quinoidais, para uso em alimentos, são cochonila e carmim-cochonila.

A cochonilha (E120) é um material de cor vermelha extraído de corpos secos de insetos fêmeas das espécies *Dactylopius coccus Costa* ou *Coccus cacti L.* Os insetos proliferam em cactus no Peru, Equador, Guatemala e México.

O principal pigmento da cochonila é o ácido carmínico, o qual representa cerca de 20% da massa seca dos insetos. O extrato de cochonila ou ácido carmínico é raramente usado como material colorante em alimentos. Na forma de pó, pode ser usado em diferentes produtos, como iogurtes, polpas. É estável à luz e calor.

5.8 RIBOFLAVINA E RIBOFLAVINA 5' FOSFATO

Riboflavina (Vitamina B_2) é um pigmento amarelo que está presente em muitos alimentos vegetais e de origem animal. Leite e levedura são as maiores fontes de riboflavina. A riboflavina é estável em condições ácidas, mas é instável em soluções alcalinas e quando exposto à luz. Sua redução produz uma forma incolor, mas a cor é regenerada em contato com o ar.

5.9 BIBLIOGRAFIA

ARAÚJO, J. M. A. **Química de Alimentos Teoria e Prática**. Viçosa, U.F.V. Imprensa Universitária, 1995.

BOBBIO, F. O.; BOBBIO, P. A. **Introdução à Química de Alimentos**. 2.ª ed. São Paulo, Livraria Varela, 1995.

BOBBIO, P. A.; BOBBIO, F. O. **Química do Processamento de Alimentos**. 2.ª ed. São Paulo, Livraria Varela, 1992.

FRANCIS, F. J. Food Colorants: Anthocyanins. **Critical Reviews in Food Science and Nutrition 28** (4): 273-314, 1989.

MAZZA, G.; BROUILLARD, R. Recent Developments in the Stabilization of Anthocyanins in Food Products. **Food Chemistry 25** (—): 207-225, 1987.

MAZZA, G. Anthocyanins in Grapes and Grape Products. **Critical Reviews in Food Science and Nutrition 35** (4): 341-371, 1995.

POTTER, N. N.; HOTCHKISS, J. H. **Ciencia de los Alimentos**. Zaragoza, Editorial Acribia S. A., 1999.

RICHARDSON, T.; FINLEY, J. W. **Chemical Changes in Food During Processing**. New York, Van Nostrand Reinhold Company, Inc., 1985.

SIKORSKI, Z. E. (ed.) **Chemical and functional properties of food components**. Lancaster, Technomic Publishing Company, Inc., 1997.

STRACK, D; VOGT, T; SCHLIEMANN, W. Recent advances in betalain research. **Phytochemistry 62.** 247-269, 2003

STRINGHETA, P. C. Copigmentação de Antocianinas. **Biotecnologia Ciência & Desenvolvimento 3**(14) : 34-37, 2000.

TIMBERLAKE, C. F. Anthocyanins-occurrence, extraction and chemistry. **Food Chemistry 5** ( ): 69-80, 1980.

VON ELBE, J. H.; SCHWARTZ, S. J. Colorants in FENNEMA, O.R. ed. **Principles of Food Science. Part I: Food Chemistry**. 2.ª ed. New York, Marcel Dekker Inc., 1985.

WONG, D.W.S. **Química de los alimentos: Mecanismos y teoría**. Zaragoza-Espanha, Editorial Acribia S.A., 1995.

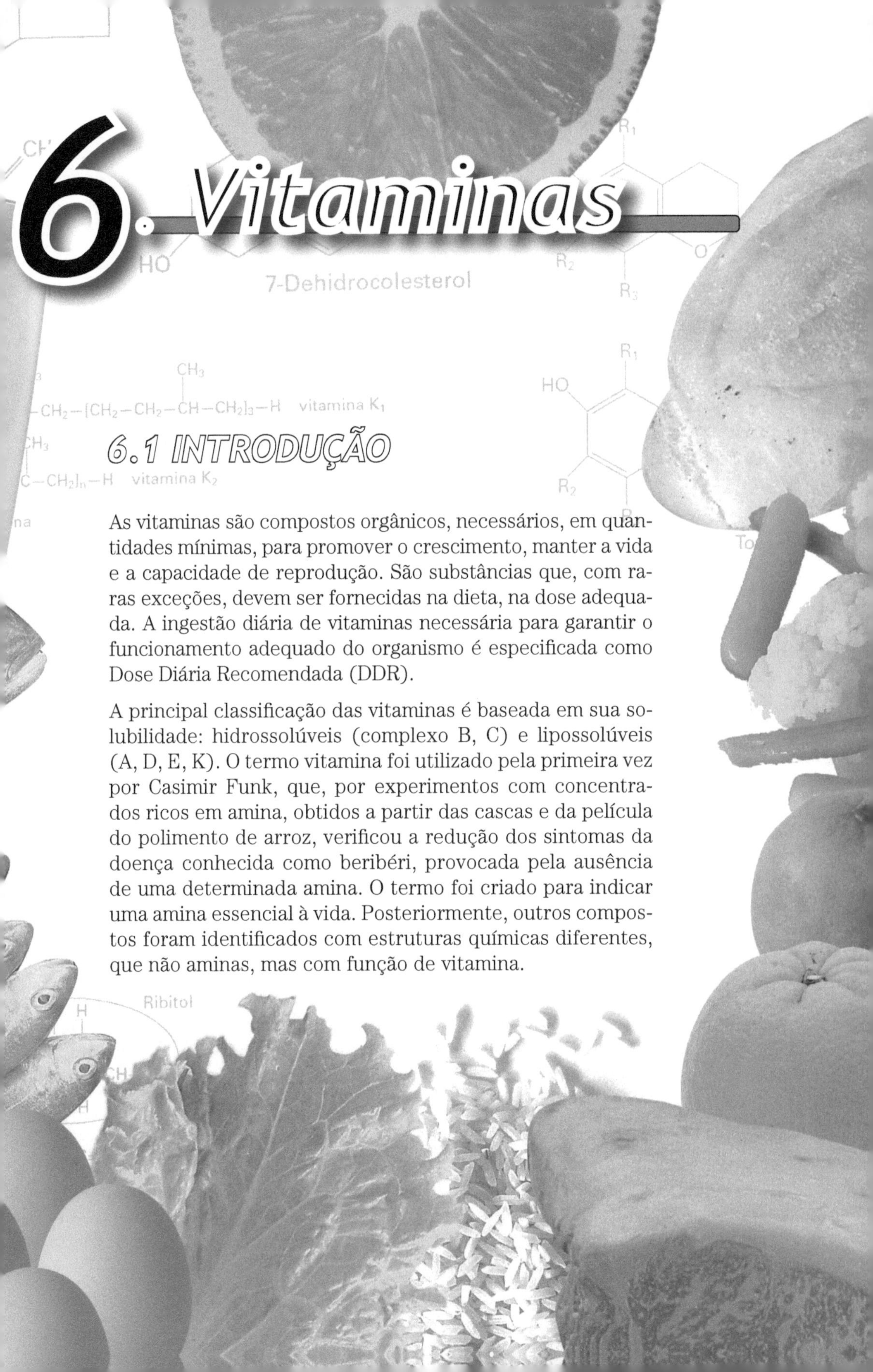

6. Vitaminas

6.1 INTRODUÇÃO

As vitaminas são compostos orgânicos, necessários, em quantidades mínimas, para promover o crescimento, manter a vida e a capacidade de reprodução. São substâncias que, com raras exceções, devem ser fornecidas na dieta, na dose adequada. A ingestão diária de vitaminas necessária para garantir o funcionamento adequado do organismo é especificada como Dose Diária Recomendada (DDR).

A principal classificação das vitaminas é baseada em sua solubilidade: hidrossolúveis (complexo B, C) e lipossolúveis (A, D, E, K). O termo vitamina foi utilizado pela primeira vez por Casimir Funk, que, por experimentos com concentrados ricos em amina, obtidos a partir das cascas e da película do polimento de arroz, verificou a redução dos sintomas da doença conhecida como beribéri, provocada pela ausência de uma determinada amina. O termo foi criado para indicar uma amina essencial à vida. Posteriormente, outros compostos foram identificados com estruturas químicas diferentes, que não aminas, mas com função de vitamina.

6.2 VITAMINAS LIPOSSOLÚVEIS

6.2.1 Vitamina A

A vitamina A, conhecida por axeroftol ou retinol, pertence ao grupo de compostos conhecido como retinóides (Figura 6.1).

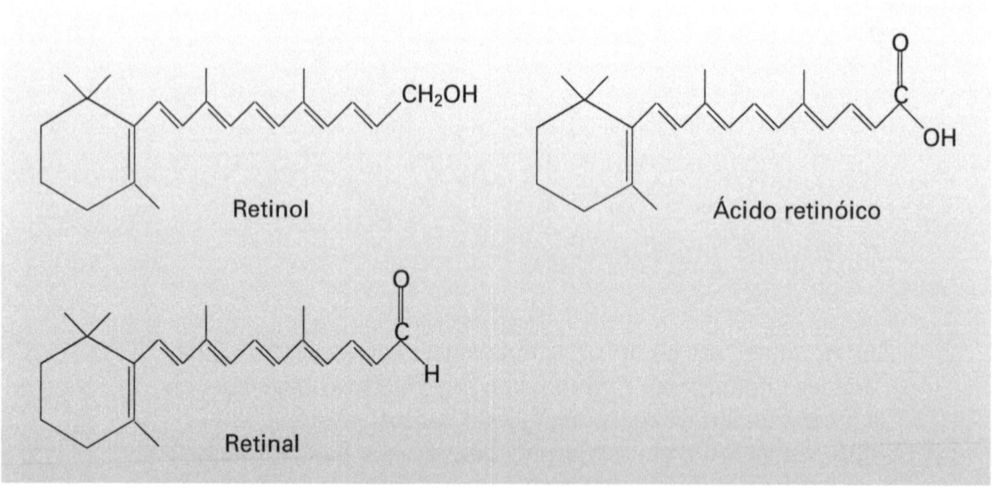

Retinol CH_2OH
Ácido retinóico O C OH
Retinal O C H

FIGURA 6.1 Representação das estruturas de retinóides.

Nos alimentos de origem animal, a vitamina A é encontrada na forma de ésteres de retinol (Figura 6.2), que são facilmente hidrolisados, no trato gastrointestinal, a retinol.

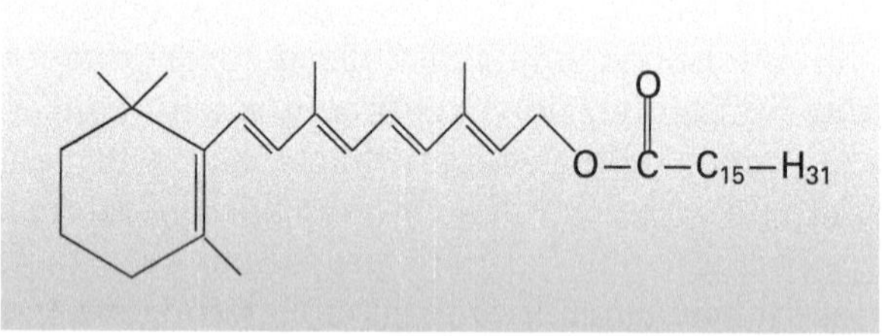

O O–C–C_{15}–H_{31}

FIGURA 6.2 Representação da estrutura do palmitato de retinol

Nos alimentos de origem vegetal, somente são encontrados precursores de vitamina A, denominados de pró-vitamina A. São precursores de vitamina A os carotenóides que contêm o anel de β-ionona, sendo que o β-caroteno é o que exibe maior atividade de vitamina A. Os carotenóides são metabolicamente inativos, apresentando atividade de vitamina A somente após a sua conversão enzimática para retinol, realizada pela enzima presente na mucosa intestinal, a β-caroteno-15,15′-dioxigenase.

A presença de duplas ligações conjugadas nos retinóides, seus ésteres e carotenos permite a formação de vários isômeros. As formas trans, tanto dos retinóis como dos carotenos, exibem maior atividade de vitamina A que seus isômeros cis correspondentes. Assim sendo, qualquer conversão dos isômeros trans para cis resultará em uma menor atividade de vitamina A no produto. Podem ocorrer perdas de 15 a 35% da atividade de vitamina A em vegetais, durante o processamento térmico resultantes da isomerização de carotenóides.

A atividade de vitamina A é reduzida por oxidação e exposição à luz. O aquecimento até temperaturas menores que 100 °C não afeta sua atividade, entretanto, o aquecimento até temperaturas mais elevadas pode resultar em perda de atividade, durante a estocagem do alimento, principalmente se sua embalagem for transparente. A presença de antioxidantes no produto exerce efeito protetor.

A atividade de vitamina A é expressa em μg de retinol por 100 gramas de alimento. Sendo que, 6 μg de β-caroteno equivalem a 1,0 μg de retinol, o qual por sua vez corresponde a 3,33 Unidades Internacionais (UI).

A presença dessa vitamina no organismo é essencial para promover a visibilidade normal mesmo com pouca luminosidade, para crescimento dos ossos e para o desenvolvimento e manutenção do tecido epitelial. O consumo em excesso dessa vitamina é prejudicial ao organismo e pode resultar em dor e fragilidade óssea, alterações na pele e cabelos. A vitamina A é encontrada, principalmente, em óleo de fígado de bacalhau, fígados bovino e de aves, cenoura e espinafre.

6.2.2 Vitamina D

As substâncias calciferol (D_2) e colecalciferol (D_3) apresentam atividade de vitamina D, conhecida como vitamina anti-raquitismo. O colecalciferol (D_3) é formado pela ação da luz solar, raios ultravioleta, sobre o 7-dehidrocolesterol da pele. Ambas as formas são esteróis, com as mesmas propriedades de solubilidade apresentada pelas gorduras. Suas estruturas são apresentadas na Figura 6.3.

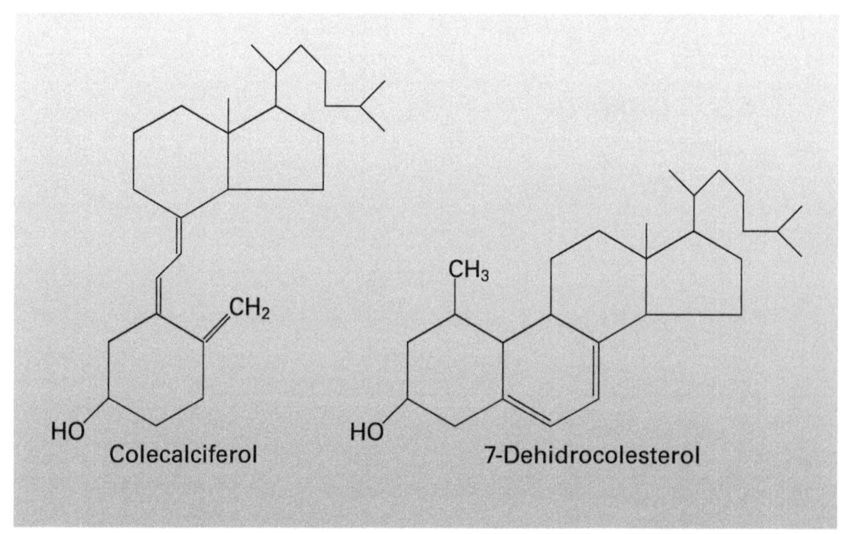

FIGURA 6.3 Representação das estruturas do colecalciferol e 7-dehidrocolesterol.

O principal papel fisiológico da vitamina D, no corpo, consiste na manutenção do nível de cálcio, por estímulo de sua absorção pelo trato gastrointestinal, na sua retenção pelos ossos e, também pela promoção de sua transferência dos ossos para o sangue. A vitamina D atua em associação com outras vitaminas, hormônios e nutrientes no processo de mineralização óssea. Além disso, exerce uma função biológica importante em outros tecidos do corpo, incluindo o cérebro, sistema nervoso, músculos e cartilagem, pâncreas, pele, órgãos reprodutivos e células imunológicas. A deficiência dessa vitamina resulta em raquitismo nas crianças e osteomalacia nos adultos, além de dentes frágeis. Não há benefícios na ingestão de vitamina D, se as necessidades de cálcio e fósforo forem deficientes.

A vitamina D é armazenada no fígado, pele, ossos e cérebro, e o seu excesso resulta em calcificação óssea excessiva, cálculos renais, calcificação de rins e pulmões, hipercalcemia, cefaléia, fraquezas, náusea, vômitos, etc.

A vitamina D é relativamente estável durante o armazenamento e o processamento de alimentos, podendo ser degradada apenas por exposição prolongada à luz e ao oxigênio.

Poucos alimentos contêm quantidades significativas de vitamina D. As principais fontes são derivadas de alimentos de origem animal, como manteiga, ovos, queijos e sardinha.

6.2.3 Vitamina E

Oito compostos químicos apresentam atividade de vitamina E, quatro são derivados do tocoferol e quatro do tocotrienol, sendo que todos são derivados do 6-cromanol. Os tocotrienóis diferem dos tocoferóis por apresentarem três duplas ligações na sua cadeia lateral. As estruturas do tocoferol e tocotrienol estão apresentados na Figura 6.4. As formas α, β, γ ou δ-tocoferóis e tocotrienóis diferem entre si, com relação ao número e posição dos grupos metila no anel cromanol (Tabela 6.1). A forma mais ativa, como vitamina E, é o composto α-tocoferol.

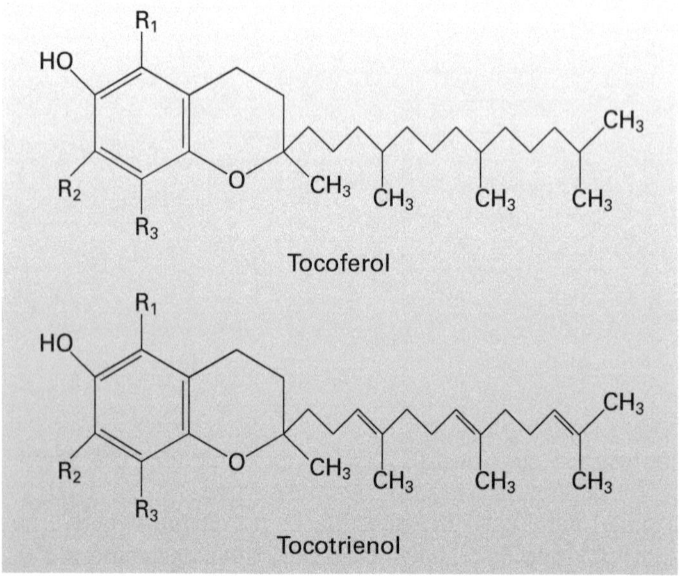

FIGURA 6.4 Representação das estruturas dos tocoferóis e tocotrienóis.

A vitamina E é um antioxidante muito eficiente. Ela doa facilmente um hidrogênio do grupo fenólico do anel cromanol para os radicais livres. O radical resultante não é reativo porque ele é estabilizado pelo deslocamento de um par de elétrons no anel aromático.

Os tocoferóis são estáveis ao calor, mas são sensíveis à luz ultravioleta, álcalis e oxigênio. São destruídos, nos alimentos, por reações de rancidez, frituras e congelamento.

A vitamina E é encontrada em óleos vegetais e produtos derivados, como maioneses, temperos para salada, germe de trigo, gema de ovo, sementes e fígado.

TABELA 6.1 — Isômeros do tocoferol e do tocotrienol

Isômero	Substituições		
	R_1	R_2	R_3
α-	CH_3	CH_3	CH_3
β-	CH_3	H	CH_3
γ-1	H	CH_3	CH_3
δ-1	H	H	CH_3

A função da vitamina E no organismo ainda não foi bem esclarecida. Como é um antioxidante, poderia inibir ou retardar a oxidação no tecido animal, principalmente de ácidos graxos insaturados, e da vitamina A, protegendo o organismo do envelhecimento por evitar a formação de radicais livres. A vitamina E parece ser necessária para prevenir febre reumática, distrofia muscular, abortos, fibroses e a esterilidade. O sinais de deficiência vitamínica ainda não são bem conhecidos, parece existir uma relação de sua deficiência com problemas de pele e produção de hormônios sexuais. O excesso de vitamina E no organismo parece aumentar o efeito anticoagulante do sangue.

6.2.4 Vitamina K

A vitamina K, fator coagulante ou anti-hemorrágico, é necessária para produção da enzima protrombina, a qual é responsável pela coagulação sangüínea.

Quimicamente, as substâncias com atividade de vitamina K são quinonas. Duas formas são naturais: K_1 e K_2, encontradas em plantas verdes e alimentos que tenham sofrido fermentação por bactérias. A forma sintética é a menadiona (K_3), com atividade de cerca de duas vezes maior que as formas naturais. As estruturas são representadas na Figura 6.5.

As quinonas são resistentes ao calor, instáveis a álcalis e à luz solar. A deficiência de vitamina K provoca hemorragia e só ocorre por falta de vegetais verdes na dieta ou inibição da flora intestinal, o que pode ocorrer após um tratamento prolongado com antibióticos.

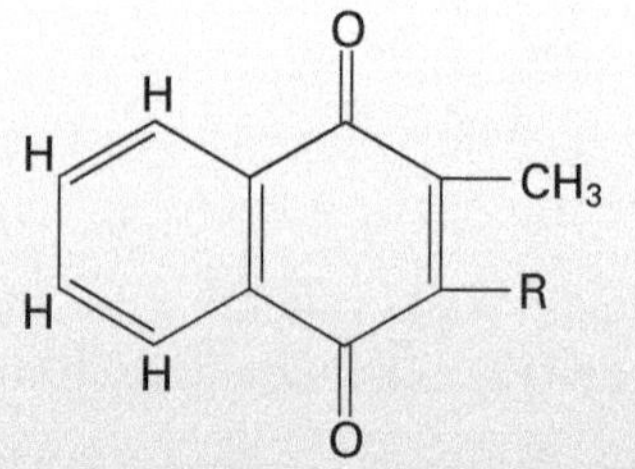

R= $-CH_2-CH=C(CH_3)-CH_2-[CH_2-CH_2-CH(CH_3)-CH_2]_3-H$ vitamina K_1

R= $-[CH_2-CH=C(CH_3)-CH_2]_n-H$ vitamina K_2

R= H menadiona

FIGURA 6.5 Representação das estruturas das vitaminaS K_1, K_2 e K_3.

6.3 VITAMINAS HIDROSSOLÚVEIS

Essas vitaminas compreendem o complexo B e a vitamina C.

6.3.1 Vitaminas do Complexo B

As diferentes vitaminas do Complexo B apresentam funções relacionadas, fonte de distribuição comum e são fatores essenciais em processos metabólicos como glicólise, ciclo de Krebs, fermentação alcóolica, entre outros, atuando como componentes essenciais de determinadas coenzimas ou grupos prostéticos. Esses cofatores enzimáticos são essencias e específicos para determinadas enzimas envolvidas nas vias metabólicas citadas.

6.3.1.1 Tiamina (B_1)

A tiamina é uma vitamina necessária para o funcionamento normal do sistema nervoso, participando do metabolismo de gorduras, proteínas e carboidratos.

Essa vitamina é perdida por lixiviação, destruída por luz ultravioleta e por ação de dióxido de enxofre ou sulfitos, mas é estável nas temperaturas de processamento de alimentos. É facilmente oxidada ao composto colorido tiocromo.

Quimicamente é uma base hidrogenada, quase sempre encontrada na forma de cloreto-hidrocloreto (Figura 6.6).

A deficiência grave de tiamina provoca beribéri e uma deficiência amena dessa vitamina resulta em fadiga, irritabilidade, instabilidade emocional, retardo de crescimento normal, perda de apetite, perda de interesse e letargia geral. Não se conhecem efeitos tóxicos. As principais fontes desta vitamina são lêvedo de cerveja, germe de trigo e vegetais verdes.

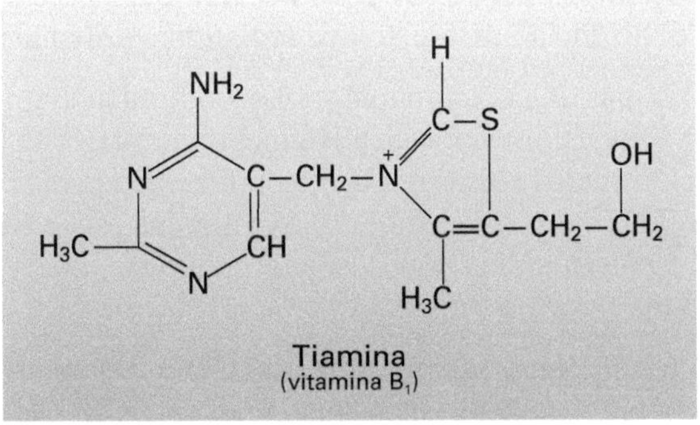

Tiamina
(vitamina B_1)

FIGURA 6.6 Representação da estrutura da tiamina.

6.3.1.2 Riboflavina (B_2)

A riboflavina pertence a um grupo de pigmentos fluorescentes amarelos denominados flavinas. O anel da flavina liga-se a um álcool derivado da ribose (ribitol). A riboflvina pura é encontrada na forma de cristais amarelos. É estável ao calor, à oxidação e a ácidos, solúvel em água e é instável em meio alcalino. Na presença de luz, sofre clivagem da molécula de ribitol, formando a lumilactoflavina (Figura 6.7). Devido à estabilidade ao calor e hidrossolubilidade, muito pouco é perdido no cozimento e processamento de alimentos. Todavia, por ser sensível a álcalis, a adição de bicarbonato de sódio em alguns produtos alimentícios destrói uma grande parte de riboflavina dos mesmos. É essencial para o crescimento e para saúde dos olhos e pele. Quando ingerida isoladamente na dieta, cerca de 15% são absorvidos, e quando é ingerida junto com alimentos a quantidade absorvida pelo organismo pode chegar até 60%.

A deficiência dessa vitamina resulta em queilose (rachaduras nos cantos dos lábios), glossite (língua inchada e vermelha), dermatite seborréica e distúrbios oculares.

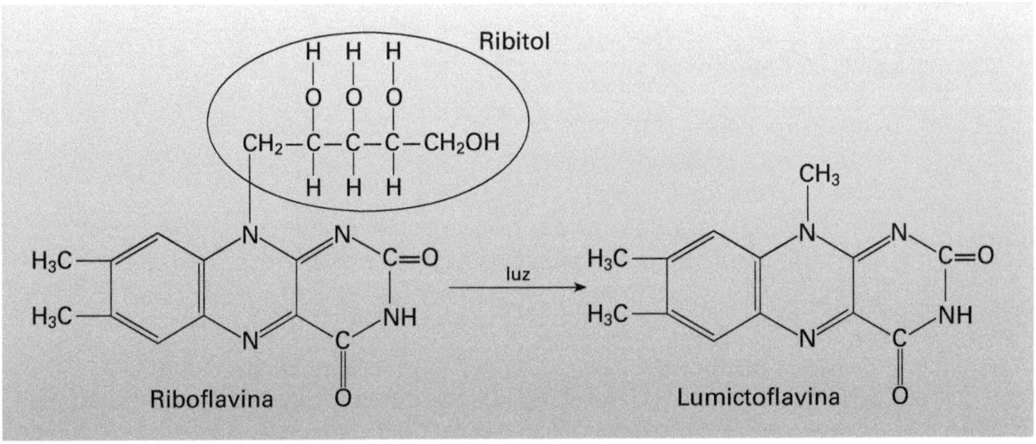

Ribitol

Riboflavina — luz → Lumictoflavina

FIGURA 6.7 Representação das estruturas da riboflavina e lumictoflavina.

6.3.1.3 Niacina (B_3)

O ácido nicotínico, também conhecido como niacina, e a nicotinamida foram considerados os fatores preventivos da pelagra (PP). Todavia, as pesquisas mais recentes indicam que a pelagra é uma deficiência mista de niacina, tiamina e riboflavina.

A niacina, ou ácido nicotínico, é um material esbranquiçado cristalino, estável quando seco. É facilmente convertido na forma ativa nicotinamida. É muito mais estável que a tiamina e a riboflavina. É muito resistente ao calor, luz, oxigênio, ácidos e álcalis. Ocorre uma perda desprezível em água de cozimento. A vitamina é normalmente administrada na sua forma amida, a nicotinamida, em doses terapêuticas, pois o ácido nicotínico age como um vasodilatador.

O ácido nicotínico tem como precursor o triptofano. E a nicotinamida é facilmente preparada por aquecimento do ácido nicotínico com uréia ou NH_3, na presença de um catalisador, o molibdênio. Na Figura 6.8 são apresentadas as estruturas do triptofano, ácido nicotínico e a conversão de ácido nicotínico em nicotinamida.

A função do ácido nicotínico no organismo é como componente das coenzimas nicotinamida adenina dinucleotídeo (NAD) e nicotinamida adenina dinucleotídeo fosfato (NADP). Essas coenzimas estão relacionadas com o metabolismo dos açúcares, respiração celular e síntese de gorduras. Parte da niacina pode ser sintetizada pelas bactérias da flora intestinal, e parte pode ser sintetizada a partir do triptofano.

A deficiência de niacina é manifestada por vários sintomas. No ínicio ocorrem fraqueza muscular, anorexia, indigestão e erupção cutânea. A deficiência grave conduz à pelagra , conhecida com 3D, caracterizada por dermatite, demência, diarréia, tremores e língua amarga. Na pele, desenvolve-se uma dermatite com pigmentação, descamação e rachaduras nas partes expostas à luz solar. A equivalência do triptofano é de 60 miligramas de triptofano por 1 miligrama de niacina.

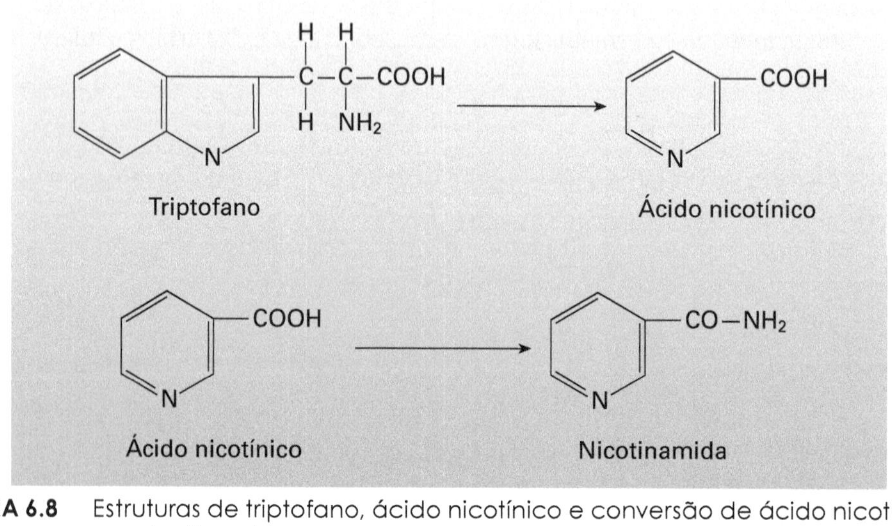

Triptofano → Ácido nicotínico

Ácido nicotínico → Nicotinamida

FIGURA 6.8 Estruturas de triptofano, ácido nicotínico e conversão de ácido nicotínico em nicotinamida.

6.3.1.4 Ácido pantotênico (B_5)

O ácido pantotênico é um composto branco, cristalino, de sabor amargo, mais estável em solução que na forma seca. É decomposto por ácidos, álcalis e pelo aquecimento a seco. É essencial no metabolismo de gorduras, proteínas e carboidratos, faz parte da coenzima A e participa da formação de esteróis como colesterol e de hormônios adrenais.

Quimicamente, o ácido pantotênico é formado por um hidroxiácido e um aminoácido, unidos por ligação peptídica (Figura 6.9).

$$HO-CH_2-C(CH_3)_2-CH(OH)-C(=O)-NH-CH_2-CH_2-COOH$$

Ácido pantotênico

FIGURA 6.9 Representação da estrutura do ácido pantotênico.

A deficiência produz cansaço geral, problemas de coordenação motora, problemas gastrointestinais, lesões na pele, inibição do crescimento.

6.3.1.5 Vitamina B_6

Em 1938, a piridoxina foi identificada como sendo uma outra fração do complexo vitamínico B, e sintetizada em 1939. Mais tarde, descobriu-se que dois derivados da piridoxina, denominados piridoxamina e piridoxal, também eram ativos. Dessa forma, a vitamina B_6 é, na realidade, um complexo desses três compostos químicos, intimamente relacionado às piridinas de ocorrência natural que estão inter-relacionadas metabólica e funcionalmente. A piridoxina ou B_6 é o termo usado para designar esse grupo de vitaminas.

Essa vitamina exerce um papel essencial em vários processos bioquímicos, pelos quais os alimentos são metabolizados no organismo. A piridoxina é encontrada nas células na forma ativa, piridoxal fosfato (PLP), uma coenzima que age no metabolismo de proteínas, gorduras e carboidratos. É também necessária para a formação de compostos porfirínicos, essenciais na síntese da molécula de hemoglobina. É importante para a formação e o metabolismo de triptofano e para sua conversão a ácido nicotínico. A piridoxina está envolvida na imunidade celular e também no metabolismo do sistema nervoso central.

As estruturas da piridoxina, piridoxal e piridoxamina são apresentadas na Figura 6.10. A piridoxina é um sólido solúvel em água e apresenta caráter básico. O piridoxal é solúvel em água e etanol e tem caráter básico, reage com grupos NH^- das proteínas dos alimentos, perdendo sua atividade biológica. A piridoxamina, é solúvel em água e etanol e de caráter básico, é a forma mais estável das três. As três formas são estáveis ao calor, mas são destruídas pela luz.

Os sintomas de deficiência são similares aos da niacina e riboflavina. Os sintomas iniciais da deficiência são dermatite seborréica, língua grossa e vermelha. Posteriormente, tremores, náuseas, vômitos, perda de peso e anorexia.

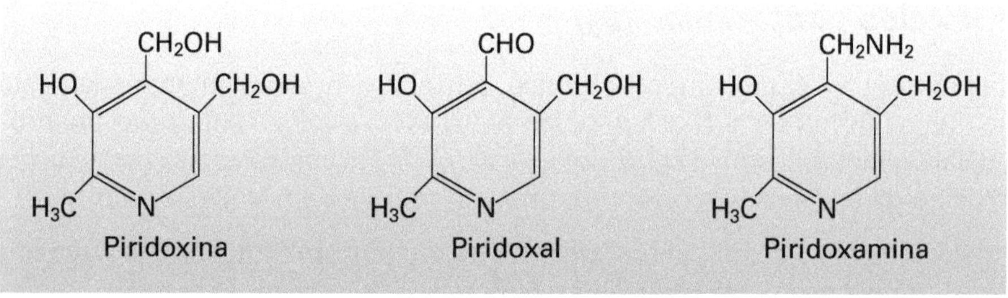

FIGURA 6.10 Representação das estruturas da vitamina B_6.

6.3.1.6 *Ácido fólico (B_9)*

O termo folacina é usado como descrição genérica de ácido fólico e de todos os compostos similares que exibem atividade de folacina.

É uma vitamina muito importante para todos os vertebrados. Permite o crescimento normal, mantém a capacidade reprodutora e previne certas desordens sangüíneas. Após a absorção, as diferentes formas são transformadas em coenzimas, muito ativas, que estão distribuídas pelo corpo.

Aparentemente, o ácido fólico é encontrado com diferentes estruturas químicas, dependendo da origem, mas todos são constituídos de uma molécula de ácido pteróico, ligado a pelo menos uma molécula de ácido glutâmico (Figura 6.11). O mecanismo de perda de ácido fólico em alimentos não é conhecido.

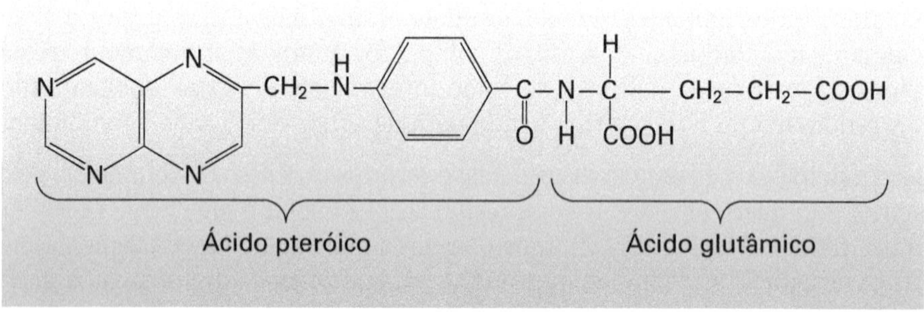

FIGURA 6.11 Representação da estrutura do ácido fólico.

6.3.1.7 *Biotina (H)*

A biotina é uma das vitaminas menos conhecidas do Complexo B, mas é tão importante quanto as demais (Figura 6.12). Ela participa de reações de carboxilação, síntese de ácidos graxos, formação de ácidos nucléicos e de vários aminoácidos.

É um sólido solúvel em água e pouco solúvel em etanol e clorofórmio. É estável na faixa de pH de 5,0 a 8,0 e também ao calor e à ação da luz e oxigênio. A biotina tem a capacidade de se ligar à avidina, uma proteína existente na clara do ovo, formando o complexo avidina-biotina.

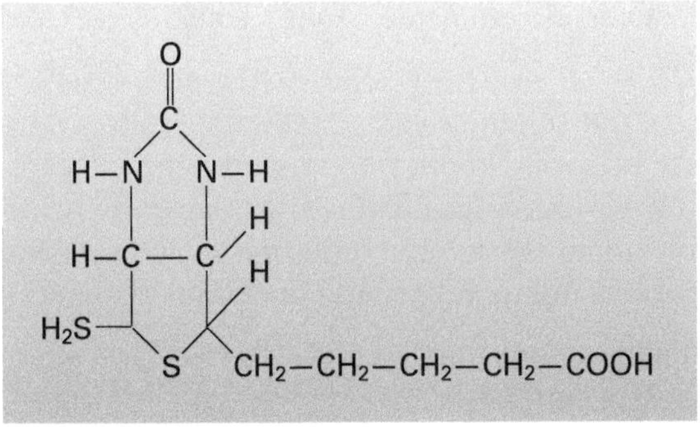

FIGURA 6.12 Fórmula estrutural da biotina.

A deficiência de biotina provoca doenças de pele, perda de apetite, náusea, insônia, anemia e depressão. A melhor fonte de biotina é a geléia real, mas devido à facilidade com que a biotina é sintetizada no trato intestinal, deficiências de biotina são dificilmente observadas no homem.

É encontrada em uma grande variedade de alimentos, tais como fígado, leite, feijões de soja e ovos.

6.3.1.8 Vitamina B_{12}

Cobalamina é o nome genérico da vitamina B_{12}, devido à presença de cobalto na molécula. Há vários compostos diferentes de cobalamina que exibem atividade de vitamina B_{12}. Desses compostos, a cianocobalamina e hidroxicobalamina são as formas mais ativas.

A vitamina B_{12} é necessária para o tratamento e a prevenção da anemia perniciosa e é essencial para o funcionamento normal de todas as células.

Essa vitamina é estável à temperatura ambiente. A faixa de pH de estabilidade ótima é 4,0 a 6,0, porém é lentamente destruída por ação de ácidos diluídos, álcalis, luz e agentes oxidantes e redutores. Ela é hidrossolúvel e forma cristais vermelhos. Sua cor vermelha é devida à presença de cobalto na molécula.

A vitamina B_{12} só é encontrada em alimentos de origem animal e praticamente ausente em plantas superiores. E a sua deficiência resulta em anemia e infeções intestinais. A dose diária recomendada para adultos é de 2,0 μg.

6.3.2 Vitamina C

O ácido ascórbico é um carboidrato que pode ser sintetizado a partir da D-glicose ou D- galactose por muitas espécies de animais com exceção dos primatas e de certas aves. O ácido ascórbico pode ser oxidado reversivelmente ao ácido dehidroascórbico, na presença de íons metálicos, calor, luz ou de condições levemente alcalinas (acima de pH 6,0) com perda parcial da atividade de vitamina C. O ácido dehidroascórbico pode ser oxidado irreversivelmente ao 2,3 ácido dicetogulônico com perda da atividade (Figura 6.13).

Esse ácido pode ser convertido em ácido oxálico e ácidos L-treônicos e posteriormente em pigmentos escuros.

O ácido ascórbico é um sólido branco, cristalino, muito solúvel em água. No estado sólido, é relativamente estável. No entanto, quando em solução, é facilmente oxidado a ácido L-dehidroascórbico. Essa facilidade de oxidação do ácido ascórbico é devida à presença do grupo, fortemente redutor, a redutona. Como ele é um forte agente redutor, atua como um antioxidante muito importante em vários sistemas biológicos.

A reação é acelerada por íons metálicos (Cu^{2+} e Fe^{2+}), e, em meio de teor de umidade reduzido, a destruição é função da atividade de água. Na ausência de catalisadores, o ácido ascórbico reage lentamente com o oxigênio.

A contaminação com íons metálicos, durante o processamento, resulta em aumento da oxidação do ácido ascórbico para ácido dehidroascórbico, que por sua vez, é convertido em ácido dicetogulônico, que sofre desidratação e descarboxilação com formação de furfural. A reação de polimerização subseqüente forma pigmentos escuros.

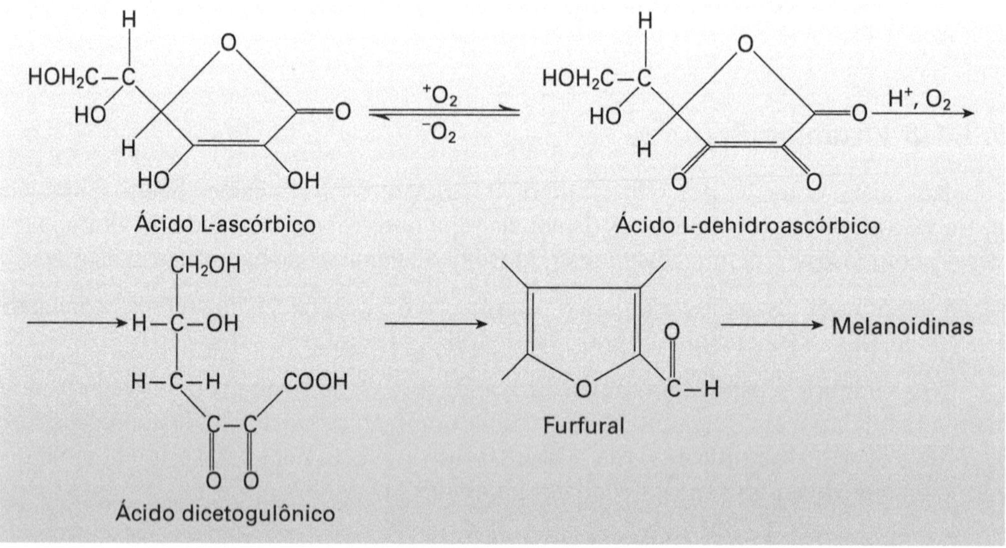

FIGURA 6.13 Representação da reação de oxidação do ácido ascórbico.

Certas enzimas (peroxidase e ácido ascórbico oxidase) presentes nos alimentos aceleram a oxidação do ácido ascórbico. Essas enzimas devem ser inativadas para evitar as perdas do ácido ascórbico.

A oxidação do ácido ascórbico ocorre pela ação das quinonas oriundas da oxidação de compostos fenólicos pelas enzimas polifenoloxidases.

A velocidade da oxidação aeróbica é dependente de pH; é mais rápida e a degradação é maior em meio alcalino (pH $\geq$ 8,0). Em pH muito ácido (pH $\leq$ 1,5), o íon hidrogênio catalisa a decomposição do ácido ascórbico pela hidrólise do anel da lactona e, com a adicional descarboxilação e desidratação, ocorre a formação do furfural e de ácidos.

As perdas mais significativas no processamento de alimento são o resultado da degradação química. Em alimentos ricos em ácido ascórbico, a perda está associada com as reações de escurecimento não enzimático. No processamento de frutas, a utilização de SO_2 reduz as perdas de ácido ascórbico durante o processamento e armazenamento. Com a adição do SO_2, o ácido dehidroascórbico forma produto de adição, prevenindo sua participação nas reações de escurecimento não enzimático. Outra forma de ação do sulfito, no controle do escurecimento, verifica-se na interrupção da reação de formação de compostos carbonílicos.

O armazenamento de sucos concentrados, por longos períodos, requer condições de congelamento, para evitar as reações de escurecimento não enzimático. O suco concentrado de laranja, por conter maiores níveis de ácido ascórbico, escurece mais rapidamente que o suco de maçã, de pêra e de uva.

A concentração de ácido ascórbico em frutas e vegetais varia com as condições de crescimento, maturação e tratamento pós-colheita. Geralmente, o ácido ascórbico em frutas é mais estável que em vegetais, em razão de sua maior acidez. A origem do suco de fruta, por si só, determina a estabilidade do ácido ascórbico. Por exemplo, a estabilidade no suco de laranja é maior que no suco de maçã; no de abacaxi, é maior que no suco de limão. A razão, entretanto, não está esclarecida ainda. Supõe-se que existam flavonóides atuando na oxidação enzimática (bloqueando a formação de radicais livres) e da não enzimática (complexando metais) e, possivelmente, do ácido cítrico atuando também na complexação de metais.

A destruição anaeróbica do ácido ascórbico deve ser também considerada. A velocidade dessa reação é independente do pH, exceto na faixa entre 3,0 e 4,0, em que há um ligeiro aumento na velocidade da oxidação. Dentre os aceleradores dessa reação, estão a frutose, frutose 6-fosfato, frutose 1,6 difosfato e frutose caramelizada, sendo o produto final da reação o furfural e o CO_2.

A vitamina C é conhecida como a vitamina anti-escorbuto, atuando na prevenção e cura do escorbuto. A integridade da estrutura celular depende da presença do ácido ascórbico, pois ele é responsável pela manutenção da substância do cimento intracelular, pela preservação da integridade capilar, promove a cicatrização de ferimentos, fraturas, contusões, hemorragias e sangramentos da gengiva. Influencia na formação de hemoglobina, na absorção e armazenamento do ferro. Participa da síntese do hormônio tiróide.

6.4 OUTRAS VITAMINAS

6.4.1 Inositol

É um fator essencial à existência, mas sua função biológica no organismo humano ainda é desconhecida (Figura 6.14). Suas melhores fontes são frutas cítricas, gérmen de trigo, soja e tecidos animais. É uma substância doce, solúvel em água e insolúvel em etanol ou éter.

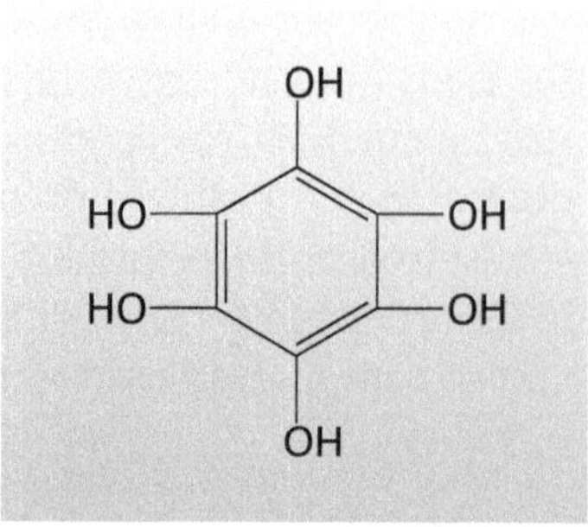

FIGURA 6.14 Estrutura do inositol.

6.4.2 Colina

Seu valor nutricional foi descoberto em 1932. É uma substância que pode ser sintetizada no fígado. A necessidade de ingestão da colina foi demonstrada em muitos animais. É encontrado na gema do ovo, em cereais integrais, em legumes e em carnes.

É um composto importante que participa de várias reações metabólicas, faz parte de vários fosfolípideos e é o ponto inicial para a síntese de acetilcolina, que é um composto intermediário muito importante para a transmissão do impulso nervoso. A colina pode prevenir o acúmulo anormal de gordura no fígado. É solúvel em água e insolúvel em solventes orgânicos.

6.5 ESTABILIDADE DE VITAMINAS

A conversão química das vitaminas a compostos biologicamente inativos, durante o processamento e o armazenamento de alimentos, tem sido muito estudada, porém muitas reações ainda são desconhecidas.

Na Tabela 6.2, é apresentada a estabilidade das vitaminas, em função de pH, da presença de oxigênio, da exposição à luz, do tratamento térmico e suas perdas em função do cozimento.

TABELA 6.2 — *Estabilidade das vitaminas em função de pH, oxigênio, luz e calor*

Vitamina	Efeito do pH			Ar ou oxigênio	Luz	Calor	Perdas no cozimento (%)*
	pH=7,0	pH<7,0	pH>7,0				
A	E	I	E	I	I	I	40
D	E	—	I	I	I	I	40
E	E	E	E	I	I	I	55
K	E	I	I	E	I	E	05
Tiamina	I	E	I	I	E	I	80
Biotina	E	E	E	E	E	I	60
Colina	E	E	E	I	E	E	05
B_{12}	E	E	E	I	I	E	10
Ácido fólico	I	I	E	I	I	I	100
Inositol	E	E	E	E	E	I	95
Niacina	E	E	E	E	E	E	75
Ácido pantotênico	E	I	I	E	E	I	50
B_6	E	E	E	E	I	I	40
Riboflavina	E	E	I	E	I	I	75
Ácido ascórbico	I	E	I	I	I	I	100

Onde: *perdas máximas; E: estável; I: instável (destruição significativa)

Fonte: adaptada de Harris (1971).

6.6 BIBLIOGRAFIA

ARAÚJO, J. M. **Química de Alimentos – Teoria e Prática**. Viçosa, Imprensa Universitária, Universidade Federal de Viçosa, 1985.

BOBBIO, F.O.; BOBBIO, P. A. **Introdução à química de alimentos**. 2.ª ed. São Paulo, Livraria Varela, 1989.

FOX, P.F.; McSWEENEY, P.L.H. **Dairy Chemistry and Biochemestry**. London, Blackie Academic & Professional, 1998.

GREGORY, J. F. **Chemical changes of vitamins during food processing.** In: RICHARDSON, T.; FINLEY, J. W. (ed.). **Chemical changes in food during processing**. New York-USA, Van Nostrand Reinhold Company, Inc., 1985.

HARRIS, R. S. **General discussion on the stability of nutrients**. In HARRIS, R. S.; LOESECKE, H. (ed.). **Nutritional Evaluation of Food Processing**. Westport-USA, The Avi Publishing Co., 1971.

HENDLER, S. S. **A enciclopédia de vitaminas e minerais**. Rio de Janeiro, RJ: Campus, 1994.

KRAUSE, M.V.; MAHAN, L. K. **Alimentos: nutrição e dietoterapia**. São Paulo, Livraria Roca Ltda., 1985.

SANT'ANA, H. M. P.; PENTEADO, M. V. C.; STRINGHETA, P. C. Tiamina, riboflavina e niacina em carnes. Uma revisão. **Higiene Alimentar 12** (58): 15-24, 1998.

SEDAS, V. T. P. *et. al.* Ascorbic acid loss and sensory changes in intermediate moisture pineapple during storage at 30-40°C. **International Journal of Food Vitamins**. Switzerland, Nestlé Products Technical Assistance. 1987.

http://www.qmc.ufsc/qmcweb/artigos/vitaminas/vitaminas_frame.html